中国职教学会教学工作委员会自动化类专业研究会规划教材
国家级精品课程主讲教材
全国高职高专院校机电类专业规划教材

供配电技术

李高建　王静静　主　编
张振远　副主编

GONGPEIDIAN JISHU

中国铁道出版社有限公司
CHINA RAILWAY PUBLISHING HOUSE CO., LTD.

内 容 简 介

本书主要讲述了供配电系统的技术知识，全书共分 5 个项目，14 个任务，主要内容包括：供配电系统概念的认知、供配电设备的运行与维护、供配电线路的运行与维护、变压器的运行与维护、供配电系统的保护等。

为了方便学生学习本书相关内容，书中提供了大量的微课、PPT 教学课件等数字化资源。读者可登录中国铁道出版社网站实现“纸质+数字资源”的立体化学习，使学习更加高效。

本书适合作为高职院校电气自动化技术、电力系统自动化技术等工科专业学生的教材，也可作为供配电相关领域工程技术人员的自学和培训用书。

图书在版编目（CIP）数据

供配电技术/李高建，王静静主编. —北京：中国铁道出版社有限公司，2018.6（2025.2 重印）

中国职教学会教学工作委员会自动化类专业研究会规划教材　国家级精品课程主讲教材　全国高职高专院校机电类专业规划教材

ISBN 978-7-113-24497-2

Ⅰ. ①供…　Ⅱ. ①李…　②王…　Ⅲ. ①供电-高等职业教育-教材②配电系统-高等职业教育-教材　Ⅳ. ①TM72

中国版本图书馆 CIP 数据核字（2018）第 102641 号

书　　名：**供配电技术**

作　　者：李高建　王静静

策　　划：祁　云　　　　　编辑部电话：（010）63549458

责任编辑：祁　云　绳　超

封面设计：付　巍

封面制作：刘　颖

责任校对：张玉华

责任印制：赵星辰

出版发行：中国铁道出版社有限公司（100054，北京市西城区右安门西街 8 号）

网　　址：https://www.tdpress.com/51eds

印　　刷：河北宝昌佳彩印刷有限公司

版　　次：2018 年 6 月第 1 版　2025 年 2 月第 3 次印刷

开　　本：787 mm×1092 mm　1/16　印张：16　字数：383 千

书　　号：ISBN 978-7-113-24497-2

定　　价：42.00 元

中国职教学会教学工作委员会自动化类专业研究会规划教材

编审委员会

出版说明

IMPRINT

随着我国高等职业教育改革的不断深入，我国高等职业教育的发展进入了一个新的阶段。教育部下发的《关于全面提高高等职业教育教学质量的若干意见》教高[2006]16号文件，旨在阐述社会发展对高素质技能型人才的需求，以及如何推进高职人才培养模式改革，提高人才培养质量。

教材的出版工作是整个高等职业院校教育教学工作中的重要组成部分，教材是课程内容和课程体系的载体，对课程改革和建设具有推动作用，所以提高课程教学水平和教学质量的关键在于出版高水平、高质量的教材。

出版面向高等职业教育的“以就业为导向，以能力为本位”的优质教材一直是中国铁道出版社的一项重要工作。我社本着“依靠专家、研究先行、服务为本、打造精品”的出版理念，于2007年成立了“中国铁道出版社高职机电类课程建设研究组”，并经过多年的充分调查研究，策划编写、出版了本系列教材。

本系列教材主要涵盖高职高专机电类的公共课、专业基础课，以及电气自动化专业、机电一体化专业、生产过程自动化专业、数控技术专业、模具设计与制造专业、数控设备应用与维护专业等六个专业的专业课。本系列教材作者包括高职高专自动化教指委委员、国家级教学名师、国家级和省级精品课负责人、知名专家教授、职教专家、一线骨干教师。他们针对相关专业的课程，结合多年教学中的实践经验，吸取了高等职业教育改革的最新成果，因此无论教学理念的导向、教学标准的开发、教学体系的确立、教材内容的筛选、教材结构的设计，还是教材素材的选择都极具特色和先进性。

本系列教材的特点归纳如下:

（1）围绕培养学生的职业技能这条主线设计教材的结构，理论联系实际，从应用的角度组织编写内容，突出实用性，并同时注意将新技术、新成果纳入教材。

（2）根据机电类课程的特点，对基本理论和方法的讲述力求简单、易于理解，以缓解繁多的知识内容与偏少的学时之间的矛盾。同时，增加了相关技术在实际生产、生活中的应用实例，从而激发学生的学习热情。

（3）将“问题引导式”“案例式”“任务驱动式”“项目驱动式”等多种教学方法引入教材体例的设计中，融入启发式的教学方法，力求好教、好学、爱学。

（4）注重立体化教材的建设。本系列教材通过主教材、配套光盘、电子教案等教学资源的有机结合，来提高教学服务水平。

总之，本系列教材在策划出版过程中得到了教育部高职高专自动化技术类专业教学指导委员会以及广大专家的指导和帮助，在此表示深深的感谢。希望本系列丛书的出版能为我国高等职业院校教育改革起到良好的推动作用，欢迎使用本系列教材的老师和同学们提出宝贵的意见和建议。书中如有不妥之处，敬请批评指正。

中国铁道出版社
2014年8月

PREFACE

前　言

本书是根据高职院校对供配电技术课程的教学要求，结合现阶段高职教育培养目标而编写的。在编写过程中，充分考虑到实际教学时数少（仅60学时），而供配电技术课程内容又十分丰富的实际情况，力求做到理论知识合理精练，注重培养学生解决实际问题的能力。

全书共分5个项目，14个任务，主要内容包括：供配电系统概念的认知，供配电设备的运行与维护、供配电线路的运行与维护、变压器的运行与维护、供配电系统的保护。为了方便学生学习，更为直观地理解供配电系统相关设备，书中配有大量微课、PPT等数字化资源，实现了资源的立体化。读者可登录中国铁道出版社网站获取相关内容。

在本书的编写过程中，结合供配电技术的发展，对相关的前沿技术进行了介绍，拓展了读者的视野；注重加强理论知识和实践技能的联系，理论知识以够用为度，实践技能注重针对性和应用性；力求做到重点突出，取材新颖，做到教学模块化，各模块具备可组合性、可选择性。在知识点分布上，力求覆盖供配电技术的全部重点内容，同时结合各行业供配电技术系统运行与管理的实际，增加实践性较强的高新技术内容。通过本书的学习，读者可以掌握供配电系统的理论知识，初具供配电系统的运行、管理和工程设计能力，能掌握基本技能并具备分析和解决问题的能力，还能了解和学习相关企业的新技术。

本书由泰山学院李高建、淄博职业学院王静静任主编，淄博职业学院张振远任副主编。具体分工如下：李高建编写项目一、项目二，王静静编写项目三、项目四，张振远编写项目五。全书由李高建统稿。

在本书编写过程中，编者借鉴了一些兄弟院校教材的部分内容，在此向相关作者表示由衷的感谢。

由于编者的水平有限，书中疏漏之处在所难免，恳请广大读者批评指正。

编　者

2018年1月

CONTENTS

目 录

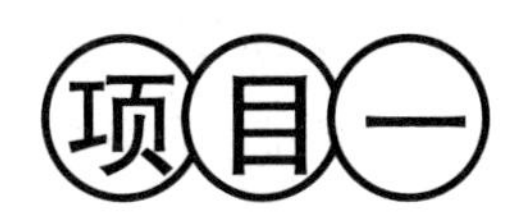

项目一 供配电系统概念的认知

首先来学习一下电力系统的基本知识。

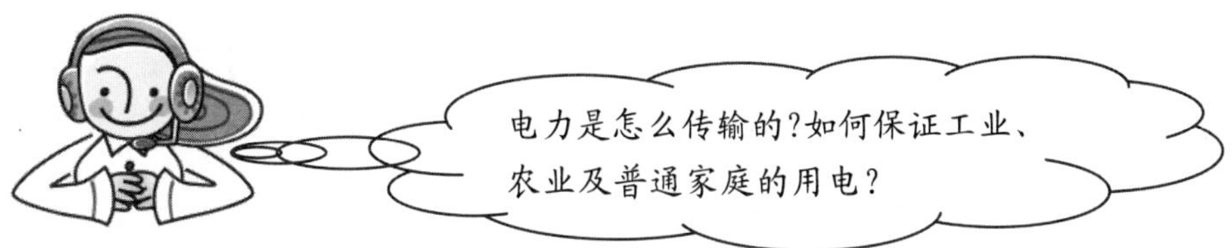

电力是怎么传输的?如何保证工业、
农业及普通家庭的用电?

项目目标

- 掌握电力系统的基本概念、组成和作用。
- 了解电力系统中发电厂、电力网和用户之间的关系。
- 掌握电力系统运行的基本要求。
- 了解供配电系统电压的选择要求。

任务一 电力系统概念的认知

电力系统包括不同类型的发电机，配电装置，输、配电线路，升压及降压变配电所和用户，它们组成一个整体，对电能进行不间断的生产、传输、分配和使用。

学习目标：

- 掌握电力系统的基本组成。
- 了解电力系统与供配电系统的联系和区别。
- 了解电力系统的电压要求。
- 掌握为工厂供配电系统选择配电电压的方法。

子任务一 电力系统组成的认知

子任务目标：

- 了解电力系统的组成。
- 了解电力系统重要组成部分（如发电厂、电力网等）的主要任务及功能。

电力系统通常是由发电厂、高低压控制装置、电气线路、变配电所和电力负荷（用户）等部分组成的。工厂供配电系统是指从电源线路进厂起到高低压用电设备进线端止的整个电路系统，是由工厂变配电所、配电线路和用电设备构成的整体，以实现工厂电能的接收、分配、变换、输送和使用。工厂供配电系统是电力系统的主要组成部分，也是电力系统的主要用户。

一、电力系统概述

图 1-1 为电力系统示意图。点画线框内即为工厂供配电系统。工厂供配电系统中，变配电所担负着接收电能、变换电压和分配电能的任务；配电线路承担着输送和分配电能的任务；用电设备指的是消耗电能的电动机、照明设备等。

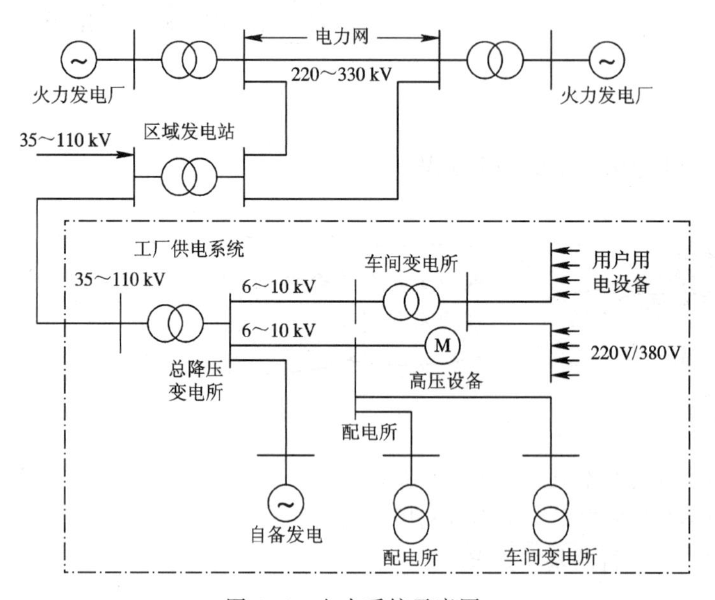

图 1-1　电力系统示意图

不同类型的工厂，其供电系统组成各不相同。

大型工厂及某些电源进线电压为 35 kV 及以上的中型工厂，一般经过两次降压，也就是电源进厂以后，先经总降压变电所，将 35 kV 及以上的电源电压降为 6～10 kV 的配电电压，然后通过高压配电线路将电能送到各个车间变电所，也有的经高压配电所再送到车间变电所，最后经配电变压器降为一般低压用电设备所需的电压等级。

一般中型工厂的电源进线电压是 6～10 kV。电能先经高压配电所集中，然后再由高压配电线路将电能分送到各车间变电所或由高压配电线路直接供给高压用电设备。车间变电所内装设电力变压器，将 6～10 kV 的高压降为一般低压用电设备所需的电压（如 220 V/380 V），然后由低压配电线路将电能分送给各用电设备使用。

对于一般小型工厂，由于所需容量多数都不会大于 1 000 kV · A，因而通常只设一个降压变电所，将 6～10 kV 电压降为低压用电设备所需的电压。当工厂所需容量不大于 160 kV · A 时，一般采用低压电源进线，因此工厂只需设一个低压配电间。

对工厂供配电系统的基本要求是安全、灵活、可靠、经济。

想一想：大型工厂和中型工厂电源进线电压的区别？

二、电力系统的组成

电力系统是电能的生产、输送、分配、变换和使用的一个统一整体。电力系统由发电厂、变电站、电力网和用户组成。图 1-2 为电力系统及动力系统示意图。

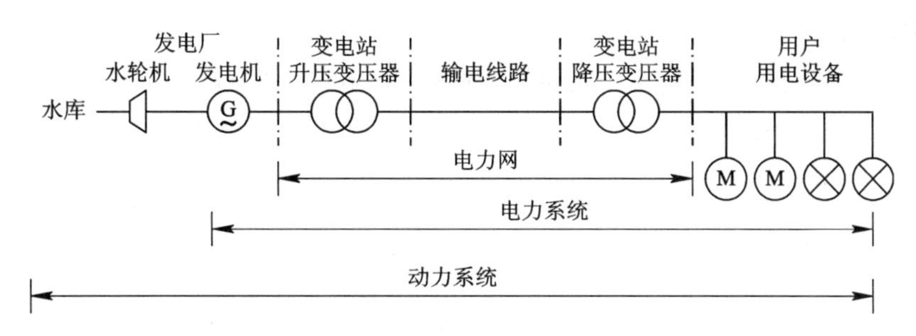

图 1-2　电力系统及动力系统示意图

下面分别介绍电力系统的各组成部分。

1. 发电厂

发电厂是生产电能的地方。发电厂又称“发电站”，是将自然界蕴藏的各种天然能源（又称“一次能源”）转换为电能（属“二次能源”）的工厂。发电厂按其利用的能源不同，分为火力发电厂、水力发电厂、核能发电厂、地热发电厂、潮汐发电厂、风力发电厂、太阳能发电厂等；按发电厂的规模和供电范围又可以分为区域性发电厂、地方发电厂和自备专用发电厂等。

（1）火力发电厂

火力发电厂是将燃料（如煤、石油、天然气、油页岩等）的化学能转换成电能的工厂。

火力发电厂能量的转换过程如下：

燃烧化学能 —锅炉→ 热能 —汽轮机→ 机械能 —发电机→ 电能

通常将锅炉、汽轮机和发电机称为火力发电厂的三大主机，其中汽轮机又被称为原动机。火力发电厂可分为凝汽式火力发电厂（通常称“火电厂”）和供热式火力发电厂（通常称热电厂）。

（2）水力发电厂

水力发电厂简称水电厂。水电厂就是把水的位能和动能转变成电能的工厂。

水电厂能量的转换过程如下：

水流位能 —水轮机→ 机械能 —发电机→ 电能

按集中落差的方式分为堤坝式水电厂、引水式水电厂和混合式水电厂；按运行方式的不同又可分为有调节水电厂、无调节水电厂和抽水蓄能水电厂。

① 堤坝式水电厂。在河流的适当位置上修建拦河水坝，利用坝的上下游水位形成的较大落差，引水发电。堤坝式水电厂可以分为坝后式（如刘家峡、丹江口水电厂）和河床式（如葛洲坝水电厂）两种。

② 引水式水电厂。水电厂建在水流湍急的河道上，或河床坡度较陡的地方，由引水管道引入厂房。

③ 抽水蓄能水电厂。这种水电厂由高落差的上下两个水库和具备水轮机–发电机或电动机–水泵两种工作方式的可逆机组组成。抽水蓄能水电厂一般作为调峰电厂运行。此外，抽水蓄能水电厂还可以作为系统的备用容量、调频、调相等用途。目前广州抽水蓄能水电厂是世界上最大的抽水蓄能水电厂。

（3）核能发电厂

核能发电厂简称核电厂。核电厂是利用核能发电的电厂，核电机组与普通火力发电机组不同的是以核反应堆和蒸汽发生器替代了锅炉设备，而汽轮机和发电机部分基本相同。

核电厂的能量转换过程如下：

核裂变能 —核反应堆→ 热能 —汽轮机→ 机械能 —发电机→ 电能

核电厂的建设费用虽然高于火电厂，但其燃料费用远低于火电厂，因此，核电厂的综合发电成本普遍比火电厂低，能取得较大的经济效益。1 kg 铀-235 所产生的电能约等于 2 700 t 标准煤所产生的电能。以 1 000 MW 压水堆核电厂为例，它 1 年约需 1 t 铀，而普通火电厂 1 年则需 3×10^6 t 燃料。我国已建成发电的核电厂有大亚湾和秦山核电厂等。

2. 电力网

电力网由变配电所和各种不同电压等级的线路组成，它的任务是将发电厂生产的电能输送、变换和分配到电能用户。电力网按电压高低和供电范围的大小又分为区域网和地方网。区域网供电范围大，且电压一般在 220 kV 以上；地方网供电范围小，最高电压一般不超过 110 kV。

3. 变电站

变压器是发电厂和变电站的主要电气设备。一般来说，大型火电厂和水电站要建造在煤矿附近或水力资源丰富的地区，在容量一定的情况下，电压越高，电流越小，其损耗越小，因此为了提高输电效率，减少损耗，希望输电线路的电压越高越好，例如 110 kV、220 kV 或更高。但是发电厂的发电机出口电压不可能很高，一般为 10～18 kV，最高不超过 27 kV。所以必须利用升压变压器将发电机出线端电压升高，再远距离传送。而用户的用电设备电压却较低，有 6 kV、380 V、220 V 几种，这又需要利用变压器将几十万伏的输电线路电压降下来，以适应用电设备的要求。

4. 用户

用户是指将电能转换为所需要的其他形式能量的工厂或用电设备。

随着电力系统的发展，各国建立的电力系统，其容量及范围越来越大。建立大型电力系统可以经济合理地利用一次能源，降低发电成本，减少电能损耗，提高电能质量，实现电能的灵活调节和调度，大大提高供电可靠性。

想一想：电力系统由发电厂、________、________、________和用户构成。

子任务二　了解电力系统的基本要求

子任务目标：

- 了解电力系统的电压要求。
- 掌握工厂供配电系统配电电压的选择标准及要求。
- 掌握工厂供配电系统对电压的质量要求。

根据受电设备和供电设备的额定电压，国家标准 GB/T 156—2007《标准电压》规定了交流电力网和电力设备的额定电压等级，国家标准的制定为在全国范围内形成一个标准统一、功能完善的综合电力系统网络奠定了基础。

一、电力系统的电压要求

1. 三相交流电网和电力设备的额定电压

按照 GB/T 156—2007《标准电压》规定的我国三相交流电网和电力设备的额定电压如表 1-1 所示。在电力系统中，通常把 1 kV 以下的电压称为低压，1 kV 以上的电压称为高压，220 kV 以上的电压称为超高压，1 000 kV 以上的电压称为特高压。三相电力设备的额定电压不做特别说明时均指线电压。

表 1-1　三相交流电网和电力设备常用的额定电压

分类	电网和用电设备电压/kV	发电机额定电压/kV	电力变压器额定电压/kV	
			一次绕组	二次绕组
低压	0.38 0.66	0.40 0.69	0.38 0.66	0.40 0.69
高压	3 6 10 — 35 66 110 220 330 500 750	3.15 6.3 10.5 13.8, 15.75,18, 20, 22, 24, 26	3 及 3.15 6 及 6.3 10 及 10.5 13.8, 15.75,18,20,22,24,26 35 66 110 220 330 500 750	3.15 及 3.3 6.3 及 6.6 10.5 及 11 — 38.5 72.6 121 242 363 550 820

想一想：表 1-1 中所给的电压是相电压还是线电压？

（1）电网（电力线路）的额定电压（rated voltage）

电网的额定电压是确定其他一切电力设备额定电压的基本依据，它是国家根据国民经济发展的需要以及电力工业的现有水平，经过全面的技术分析后确定的。

（2）电力设备的额定电压

用电设备的额定电压规定与同级电网的额定电压相同。

发电机的额定电压规定高于同级电网额定电压的 5%，以补偿线路上的电压损失。

变压器的额定电压分为一次绕组额定电压和二次绕组额定电压。

① 变压器一次绕组额定电压分两种情况：当变压器直接与发电机相连时（见图 1-3 中的变压器 T_1），其额定电压与发电机的额定电压相同，即高于同级电网额定电压的 5%；当变压器连接在线路上时（见图 1-3 中的变压器 T_2），成为电网上的一个负荷，其一次绕组额定电压与电网额定电压相同。

② 变压器二次绕组额定电压也分两种情况：当变压器二次侧供电线路较长时（见图 1-3 中的变压器 T_1），其额定电压应高于同级电网额定电压的 10%，5%用来补偿变压器二次绕组的内阻抗压降，5%用来补偿线路上的电压损失；当变压器二次侧供电线路不太长时（见图 1-3 中的变压器 T_2），其额定电压只需高于电网额定电压的 5%即可，用于补偿变压器内部的电压损耗。

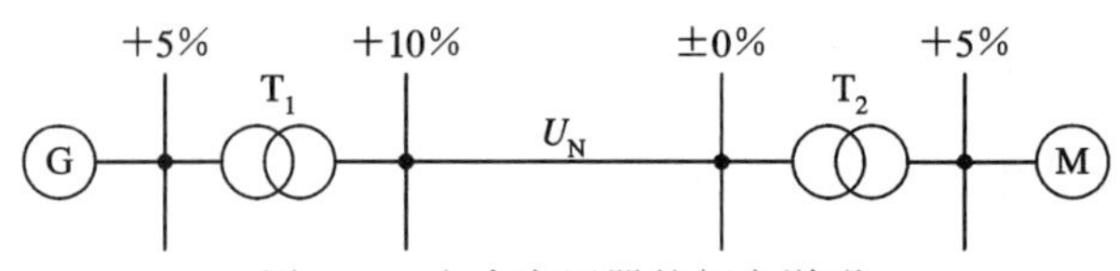

图 1-3　电力变压器的额定说明

2. 电压分类及高低电压的划分

按国家标准规定，额定电压分为三类：

第一类额定电压为 100 V 及以下，如 12 V、24 V、36 V 等，主要用于安全照明、潮湿工地建筑内部的局部照明及小容量负荷。

第二类额定电压为 100 V 以上、1 000 V 以下，如 127 V、220 V、380 V、600 V 等，主要用作低压动力电源和照明电源。

第三类额定电压为 1 kV 以上，有 6 kV、10 kV、35 kV、110 kV、220 kV、330 kV、500 kV、750 kV 等，主要用于高压用电设备、发电及输电设备。

想一想：确定图 1-4 中电力系统各元件的额定电压。

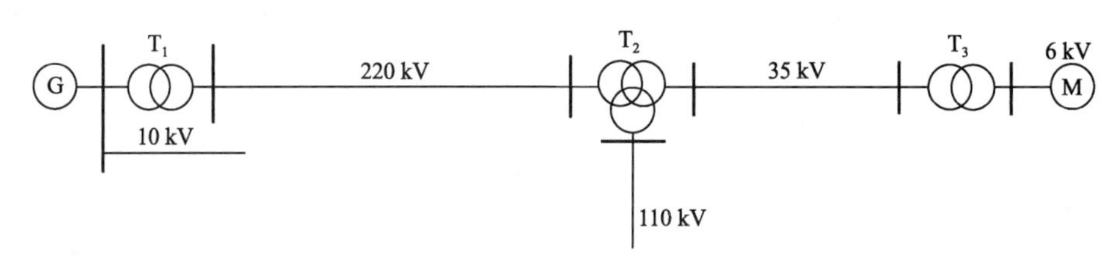

图 1-4　电力系统

二、工厂供配电系统配电电压的选择

1. 高压配电电压的选择

工厂供配电系统的高压配电电压主要取决于当地供电电源电压以及工厂高压用电设备的电压、容量和数量等因素。中、小型工厂采用的高压配电电压通常为 6～10 kV，从技术经济指标来看，最好采用 10 kV 配电电压。由于同样的输送功率和输送距离条件下，配电电压越高，线路电流越小，线路所采用的导线或电缆截面越小，因而采用 10 kV 配电电压可以减少线路的初投资和金属消耗量，还可以减少线路的电能损耗和电压损耗。从设备的选型及将来的发展来说，10 kV 更优于 6 kV。对于一些厂区面积大、负荷大且集中的大型厂矿，若厂区的环境条件允许，可采用 35～220 kV 架空线直接深入工厂负荷中心配电，这样可以分散建立总降压变电所，简化供电环节，节约有色金属，降低功率损耗和电压损失。

2. 低压配电电压的选择

工厂供配电系统的低压配电电压一般采用 220 V/380 V 的标准电压等级，但在某些特殊的场合，如矿井，因负荷中心远离变电所，为保证负荷端的电压水平，故采用 660 V 电压作为配电电压，这样不仅可以减少线路的电压损耗，降低线路有色金属消耗量，而且能够增加配电半径，提高供电能力，简化供配电系统。另外，在某些场合，由于安全的原因，可以采用特殊的安全低电压配电。

三、工厂供配电系统的质量要求

为了使工办企业供配电工作很好地为生产服务，切实保证工矿企业生产和群众生活用电的需要，并节约能源，工厂供配电系统必须保证以下几点质量要求：

1. 安全性

切实保证工矿企业生产和群众生活用电的需要，在电能的供应、分配和使用过程中，不应发生人身事故和设备事故。

2. 电压的质量要求

（1）电压标准

国家标准 GB/T 12325—2008《电能质量 供电电压偏差》规定了不同电压等级的允许电压偏差：

35 kV 及以上供电电压，正、负偏差的绝对值之和不超过额定电压的 10%；10 kV 及以下三相供电电压允许偏差为±7%；220 V 单相供电电压允许偏差为+7%、–10%。

（2）电压不稳定所造成的危害

电压偏差过大的不稳定运行状态会带来很多危害，原因主要是当电流通过线路和变压器等电气设备时，都要产生电压降，使用户的受端电压低于送端电压，同时供电系统负荷的变化也会使供电系统的电压损失产生变化。负荷最大时，系统电压损失增大，用户端电压降低；负荷减小时，系统电压损失减小，用户端电压升高。当系统电压偏移超过允许值时，用电设备运行特性恶化。在一般情况下，离电源越远、负荷越大，则用户电压越低。如果加在用电设备上的电压与用电设备的额定电压差值较大时，用电设备将不能正常工作，甚至造成危害。例如，加在白炽灯两端的电压低于额定电压 5%时，发光效率约降低 18%；低于额定电压 10%时，发光效率降低 35%。当电压降低时，电动机转矩急剧减小，转速下降，可能会导致工厂的产品报废，甚至会造成重大事故。电压降低还会使电动机本身起动困难，使它在运行中温度升高，加速绝缘老化，甚至烧坏电动机。当电压降低而输送功率不变时，线路中电流增大，电功率和电能损失增加，加大工厂生产成本。当加在电气设备上的电压高于它的额定电压时，同样会对电气设备造成过电压危害，使其使用寿命缩短，并使其有功功率损失，无功消耗增大。

（3）保证电压质量的方法

为了保证较好的电压质量，满足用电设备对电压偏移的要求，可采用下述方法调整电压：正确选择变压器的电压比和分接头，使变压器的二次线圈输出电压高于用电设备的额定电压，高出的电压可以补偿线路的电压损失，使电压偏移不超出允许范围。

调压方式可分为无载调压和有载调压两种。当供给变压器的电压不符合一次线圈的额定电压时，通过调整一次线圈上的分接头，能使二次线圈的电压接近额定电压。

① 无载调压。此种调压只适于具有停电条件的、供给季节性用户的变配电所或多台变压器并列运行，且容许经常切换操作的变配电所。

② 有载调压。为了保证连续供电和达到自动调压的目的，有条件的大中型工矿企业的总降压变配电所可安装有载调压变压器，以自动调整电压。

③ 合理选择导线截面积，减小系统阻抗，以减小线路电压损失。

④ 尽量使三相负荷平衡。三相负荷分布不平衡，将产生不平衡电压。

3. 频率的要求

我国工业上规定的标准额定电压频率(简称“工频”)为50 Hz，大容量系统允许的频率偏差为±0.2 Hz，中、小容量系统允许的频率偏差为±0.5 Hz。

在有功功率电源不足或缺乏备用容量的电力系统中，当有功负荷增加时，会造成频率下降，使电气设备在低频率下运行。低频率运行除会对发电厂的安全运行造成较大危害外，还会使所有用户的电动机转速相应降低。例如，若电流频率由50 Hz降到48 Hz，电动机转速将降低4%，致使冶金、化工、机械、纺织、造纸等工业的产量和质量都会受到影响。

电压频率的调整主要由发电厂来完成，工厂电力系统的频率指标由电力系统给予保证。

4. 可靠性

安全、可靠，不仅是对工矿企业供电的基本要求，同时也是对电力系统的基本要求。电力系统中的各种动力设备以及发电厂、电力网和用户的电气设备都有发生故障或遇到异常情况（风、暴风雪等）的可能，从而影响电力系统或工矿企业供电系统的正常运行，造成用户供电中断，甚至造成重大或无法挽回的损失。电力系统在实际运行中对供电可靠性的要求根据不同的电能用户，特别是负荷等级不同的工矿企业有所差别。衡量供电可靠性的指标，一般是以全部平均供电时间占全年的百分数表示。例如，全年时间为8 760 h，用户平均停电时间为8.76 h，则停电时间占全年时间的0.1%，即供电的可靠性为99.9%。

根据用户和负荷的重要程度，及对供电可靠性的要求，把电力负荷分为以下三级：

（1）一级负荷（first order load）

一级负荷是指中断供电将造成人身伤亡危险，或造成重大设备损失且难以修复，或给国民经济带来重大损失，或在政治上造成重大影响的电力负荷。如火车站、大会堂、重要宾馆、通信交通枢纽、重要医院的手术室、炼钢炉、国家级重点文物保护场所等。

一级负荷要求由两个独立电源供电，当其中一个电源发生故障时，另一个电源应不致同时受到损坏。对一级负荷中特别重要的负荷，除上述两个电源外，还必须增设应急电源。常用的应急电源有：独立于正常电源的发电机组（如柴油发电机组）、专门的供电线路、蓄电池组、干电池等。

（2）二级负荷（second order load）

二级负荷是指中断供电将在政治、经济上造成较大损失的电力负荷。这种负荷若突然停电，将引起主要设备损坏，使重点企业大量减产或产出大量废品，或导致复杂的生产过程出现长期混乱，需较长时间才能恢复，或因处理不当而发生人身事故等，如纺织厂、抗生素制造厂、水泥厂大窑和化工厂等。

二级负荷要求由双回路供电，供电变压器也应有两台（这两台变压器不一定在同一变电所），两个回路电源线应尽量引自不同的变压器或两段母线，当其中有一条回路或一台变压器发生常见故障时，二级负荷应不致中断供电，或中断供电后能迅速恢复供电。

（3）三级负荷（third order load）

三级负荷是指不属于一级负荷和二级负荷的负荷，停电后造成的损失不大。例如工矿企业的附属车间，日常生活中用电、一般的农业用电等。

三级负荷的电源则无特殊要求。在供电发生矛盾时，为了保证供电质量，应根据负荷的级别，采取适当措施，将部分不十分重要的用户或负荷切除。

想一想：电力负荷划分的依据是什么？生活中常见的一级负荷、二级负荷有哪些？

任务二　工厂供配电系统的运行维护

学习目标：

- 掌握工厂供配电系统的运行方式。
- 了解工厂变配电所的主电路图识读方法。
- 了解变配电所的分类及作用。
- 掌握变配电所的安装及运行。

子任务一　工厂供配电系统运行方式的认知

子任务目标：

- 掌握电力系统的中性点运行方式。
- 掌握低压供配电系统的三种运行方式。

一、电力系统中性点运行方式

中性点不接地方式即电力系统的中性点不与大地相连接。在电力发展史上，最初由于电力系统的容量不大、电压不高、线路不长，所以发电机和变压器都采用中性点不接地的方式作为主要工作方式，它能满足可靠性和用户供电要求。但是随着电力工业的迅速发展，电力系统的容量日益增大，输电电压越来越高，输电距离越来越长。于是，线路对地的电容电流也随之增大，这样，当系统中发生单相接地时，在接地处就有较大的电容电流通过，并产生强烈的电弧不能自行熄火，从而引起事故的进一步扩大。

根据线路对地电容电流的大小，电力系统中性点运行方式分为两大类：一类称为大接地电流系统，另一类称为小接地电流系统。中性点直接接地或经过低阻抗接地的系统称为大接地电流系统；中性点绝缘或经过消弧线圈以及其他高阻抗接地的系统称为小接地电流系统。从运行的可靠性、安全运行和人身安全考虑，目前采用最广泛的有中性点直接接地、中性点经消弧线圈接地和中性点不接地三种运行方式。

中性点直接接地运行方式的主要缺点是供电可靠性低。当系统中发生一相接地故障时，通过故障点和变压器的中性点与大地形成短路回路，出现很大的短路电流，引起线路跳闸。为了减少供电线路事故引起的停电次数，采用中性点不接地的运行方式是有利的。中性点不直接接地系统，当两相故障时，不构成短路回路，故障线路可以继续带故障点运行 2 h，这时其他两个非故障相对地电压变为线电压。因此，中性点不接地系统的电气设备对地绝缘应按线电压考虑。对于电压等级较高的系统，电气设备的绝缘投资对总投资影响较大，降低绝缘水平的要求会带来显著的经济效益。

在我国，110 kV 及以上的系统，一般都采用中性点直接接地的大电流接地方式。对于电压为 6～10 kV 的系统，单相接地电流小于 30 A，20 kV 及以上系统单相接地电流 10 A 时，才采用中性点不接地方式。35～60 kV 的高压电网多采用中性点经消弧线圈接地方式。对于低压用电系统，为了获得 220 V/380 V 两种供电电压，习惯上采用中性点直接接地，构成三相四线制供电方式。下面对三种运行方式的有关情况加以分析。

想一想：工厂 6～10 kV 供电系统属于大电流接地系统。（　　）

1. 中性点不接地的电力系统

（1）正常运行

电力系统中的三相导线之间和各相导线对地之间都存在着分布电容，沿导线全长也都有电容分布。为了讨论方便，假设三相系统是对称的，那么各相对地均匀分布的电容可由集中电容 C 表示，如图 1–5（a）所示。由于导线间电容电流数值较小，可不考虑。

中性点不接地的电力系统正常运行时，三个相电压 $\dot{U}_1$、$\dot{U}_2$、$\dot{U}_3$ 是对称的，三相对地电容电流 $\dot{I}_{C1}$、$\dot{I}_{C2}$、$\dot{I}_{C3}$ 也是对称的，其相量和为零，所以中性点没有电流流过。各相对地电压就是其相电压，如图 1–5（b）所示。

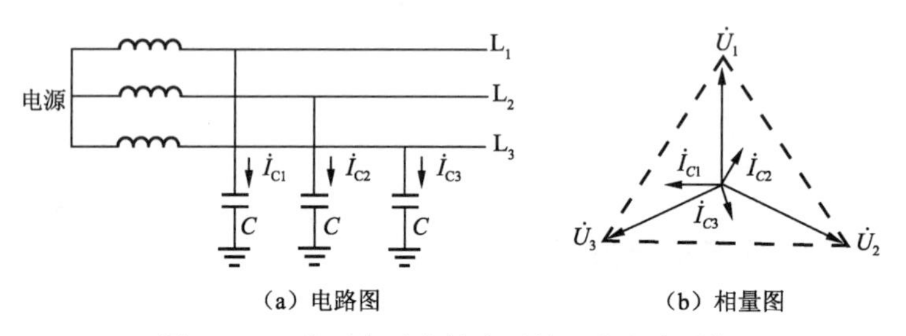

（a）电路图　　（b）相量图

图 1–5　正常运行时中性点不接地的电力系统

（2）故障运行

当系统任何一相绝缘受到破坏而接地时，各相对地电压、对地电容电流都要发生改变。

当故障相（例如第 3 相）完全接地时，如图 1–6 所示。

接地的第 3 相对地电压为零，非接地相第 1 相对地电压和第 2 相对地电压即非接地两相对地电压均升高至原来的 $\sqrt{3}$ 倍，变为线电压，由于第 1、2 两相对地电压升高至原来的 $\sqrt{3}$ 倍，使得该两相对地电容电流也相应地增大至原来的 $\sqrt{3}$ 倍；而接地的第 3 相，对地电容电流为零。

接地的第 3 相对地电压为零，即 $U_3'=0$，但线间电压并没有发生变化。

非接地相：　第 1 相对地电压 $U_1'=U_1+(-U_3)=U_{13}$

第 2 相对地电压 $U_2'=U_2+(-U_3)=U_{23}$

即非接地两相对地电压均升高至原来的 $\sqrt{3}$ 倍，变为线电压。

当第 3 相接地时，由于第 1、2 两相对地电压升高至原来的 $\sqrt{3}$ 倍，使得这两相对地电容电流也相应地增大至原来的 $\sqrt{3}$ 倍。正常情况下，中性点不接地的电力系统单相接地电容电流为正常运行时每相对地电容电流的 3 倍。

中性点不接地的电力系统发生一相接地时有以下特点：

① 经故障相流入故障点的电流为正常时本电压等级每相对地电容电流的 3 倍。

② 中性点对地电压升高为相电压。

③ 非故障相的对地电压升高为线电压。

④ 线电压与正常时的相同。

必须指出：当中性点不接地的电力系统发生单相接地时，由③可知，系统的三个线电压不论其相位和量值都没有改变，因此系统中所用设备可正常运行 1～2 h。但是在这期间，如果另一相又接地短路，这将产生很大的短路电流，可能损坏线路和设备。因此，这种接地系统中的设备必须装设单相接地保护或绝缘监视装置。当系统发生单相接地故障时，发出声光报警，以提醒运行人员注意，及时采取措施查找并消除接地故障。当故障危及人身和设备安全时，应动作与跳闸。

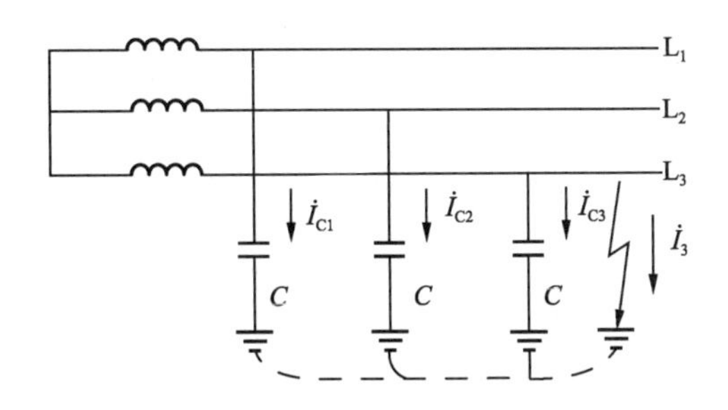

图 1-6　单相接地时的中性点不接地的电力系统

想一想：中性点不接地系统，单相接地电容电流为正常运行时每相对地电容电流的 $\sqrt{3}$ 倍。(　　)

2. 中性点经消弧线圈接地的电力系统

在中性点不接地的电力系统中，单相接地电流超过规定的数值时，电弧将不能自行熄灭。为了减小接地电流，造成故障点自行灭弧条件，一般采用中性点经消弧线圈接地的措施。消弧线圈是一个具有铁芯的可调电感线圈，装设于变压器或发电机的中性点与大地之间，如图 1-7 所示。单相接地电流超过规定的数值时，电弧将不能自行熄灭。

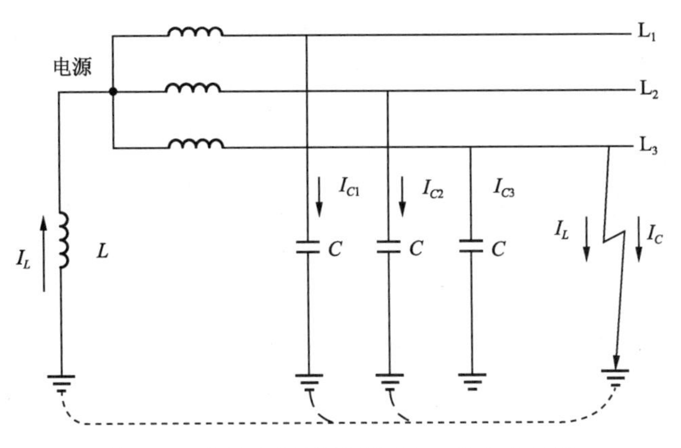

图 1-7　中性点经消弧线圈接地的电力系统

当发生单相接地故障时，可形成一个与接地电流大小近似相等，但方向相反的电感电流，对接地电流起补偿作用，使接地点的电流减小或近于零，从而消除了接地点的电弧及由它所产生的一切危害。此外，当电流过零时电弧熄灭之后，消弧线圈的存在还能减小故障相电压的恢复速度，从而减少电弧重燃的可能性。因此，中性点经消弧线圈接地是确保安全运行的有效措施。

中性点经消弧线圈接地的运行方式，主要应用于 35 ~ 66 kV 的电力系统。

3. 中性点直接接地方式或经低阻抗接地

为了防止单相接地时产生间歇电弧过电压，可以使中性点直接接地，如图 1-8 所示。

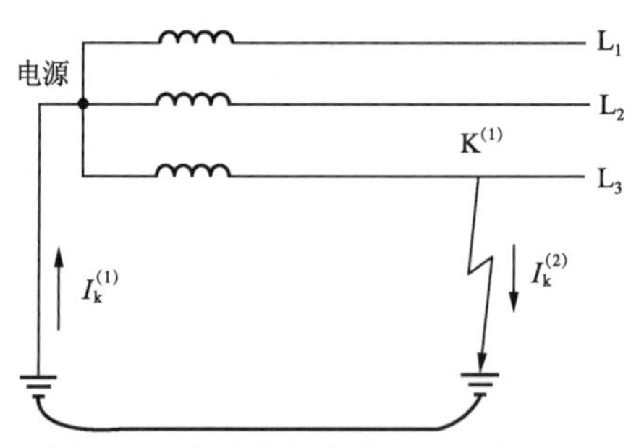

图 1-8　中性点直接接地的电力系统

在中性点直接接地的电力系统中，当发生单相接地时，故障相直接经过大地形成单相短路，继电器保护立即动作，开关跳闸，因此不会产生间歇性电弧。此外，由于中性点直接接地后，中性点电位为接地体所固定，不会产生中性点位移。因此，发生单相接地时，其他两相也不会出现对地电压升高的现象。因此中性点直接接地的系统中的供、用电设备绝缘只需要按相电压考虑，而无须按线电压考虑。这对 110 kV 及以上的超高压系统是很有经济技术价值的。因为高压电器的绝缘问题是影响电器设计和制造的关键。电器绝缘要求的降低，不仅降低了电器的造价，而且改善了电器的性能。因此，我国 110 kV 及以上超高压系统的电源中性点通常都采取直接接地的运行方式。直接接地的运行方式有以下特点：

① 发生单相接地时，形成单相对地短路，开关跳闸、中断供电，影响供电的可靠性。

② 为了弥补上述不足，广泛采用自动重合闸装置。实践经验表明，在高压架空电网中，大多数的一相接地故障都具有瞬时的性质。在故障部分断开后，接地处的绝缘可能迅速恢复，开关自动合闸，系统恢复正常运行，从而确保供电的可靠性。

③ 中性点直接接地系统，单相接地时，短路电流很大，因此开关设备容量要选择大些。同时，由于单相短路电流较大，会引起电压降低，影响系统的稳定性。另外，当大短路电流在导体中流过时，周围形成强大的磁场，会干扰附近通信线路。针对上述缺点，在大容量的电力系统中，为减小接地电流常采用中性点经电抗器接地的方式。

在现代化城市电网中，由于广泛采用电缆取代架空线路，而电缆线路的单相接地电容电流远比架空线路的大，所以采取中性点经消弧线圈接地的方式往往也无法完全消除接地故障点的电弧，从而无法抑制由此引起危险的谐振过电压。因此，我国部分城市的 10 kV 电网中性点采取低电阻接地的运行方式。它接近于中性点直接接地的运行方式，必须装设单相接地故障保护。在系统发生单相接地故障时，动作与跳闸，迅速切除故障线路，同时系统的备用电源投入装置动作，投入备用电源，恢复对重要负荷的供电。由于这类城市电网，通常采用环网供电方式，而且保护装置完善，因此供电可靠性是相当高的。

想一想：在三相系统中，三相短路在中性点直接接地系统中发生的概率最高。（　　）

二、低压配电系统的运行方式

我国 220 V/380 V 低压配电系统，广泛采用中性点直接接地的运行方式，而且引出线有中性线（N 线）、保护线（PE 线）、保护中性线（PEN 线）。

中性线的功能：一是用来接额定电压为系统相电压的单相用电设备；二是用来传导三相系统中的不平衡电流和单相电流；三是减小负荷中性点的电位偏移。

保护线的功能：用来保障人身安全、防止发生触电事故用的接地线。系统中所有设备的外露可导电部分（指正常不带电但故障情况下可能带电的、易被触及的导电部分，例如设备的金属外壳、金属构架等）通过保护线接地，可在设备发生接地故障时减少触电危险。

保护中性线的功能：兼有中性线和保护线的功能。我国通称为“保护零线”，俗称“地线”。

保护接地的形式有两种：一种是设备的外露可导电部分经各自的 PE 线直接接地；另一种是设备的外露可导电部分经公共的 PE 线或 PEN 线接地。根据供电系统的中性点及电气设备的接地方式，保护接地可分为三种不同类型：IT 类、TN 类以及 TT 类。

想一想：低压配电系统中的中性线（N 线）、保护线（PE 线）和保护中性线（PEN 线）各有哪些功能?

1. IT 系统

IT 系统是在中性点不接地的三相三线制系统中采用的保护接地方式，电气设备的不带电金属部分直接经接地体接地，如图 1–9 所示。

2. TN 系统

TN 系统是中性点直接接地的三相四线制系统中采用的保护接地方式。根据电气设备的不同接地方法，TN 系统又分为以下三种形式。

（1）TN–C 系统

TN–C 系统如图 1–10 所示。这种系统的 N 线和 PE 线合用一根导线——保护中性线（PEN 线），所有设备外露可导电部分（如金属外壳等）均与 PEN 线相连。当三相负荷不平衡或只有单相用电设备时，PEN 线上有电流通过。这种系统一般能够满足供电可靠性的要求，而且投资小，节约有色金属，所以在我国低压配电系统中应用最为普遍。

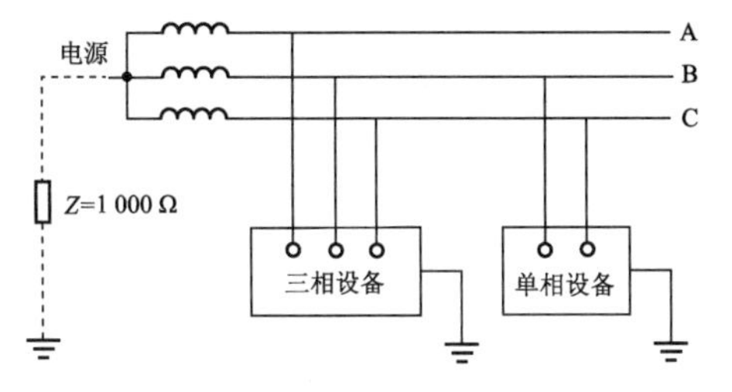

图 1–9　低压配电的 IT 系统

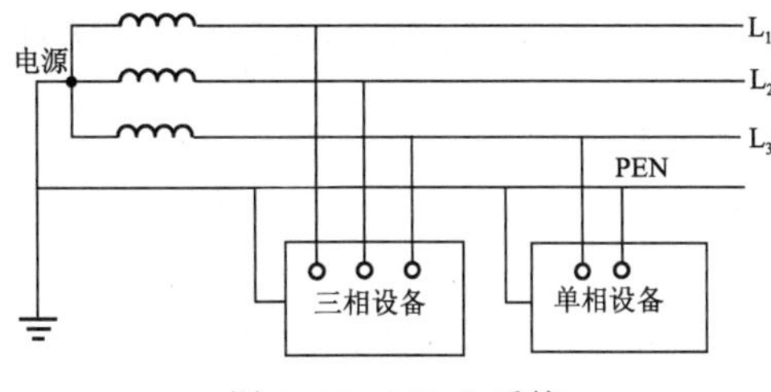

图 1–10　TN–C 系统

（2）TN–S 系统

TN–S 系统如图 1–11 所示。这种系统的 N 线和 PE 线是分开的，所有设备的外露可导电部分均与公共 PE 线相连。这种系统的特点是公共 PE 线在正常情况下没有电流通过，因此不会对接在 PE 线上的其他用电设备产生电磁干扰。此外，由于 N 线与 PE 线分开，因此 N 线即使断线也不影响接在 PE 线上的用电设备，提高系统的安全性。因此，这种系统多用于环境条件较差、对安全可靠性要求高及用电设备对电磁干扰要求较严的场所。

（3）TN–C–S 系统

TN–C–S 系统如图 1–12 所示。这种系统前部为 TN–C 系统，后部为 TN–S 系统（或部分为 TN–S 系统）。它兼有 TN–C 系统和 TN–S 系统的优点，常用于配电系统末端环境条件较差且要求无电磁干扰的数据处理或具有精密检测装置等设备的场所。

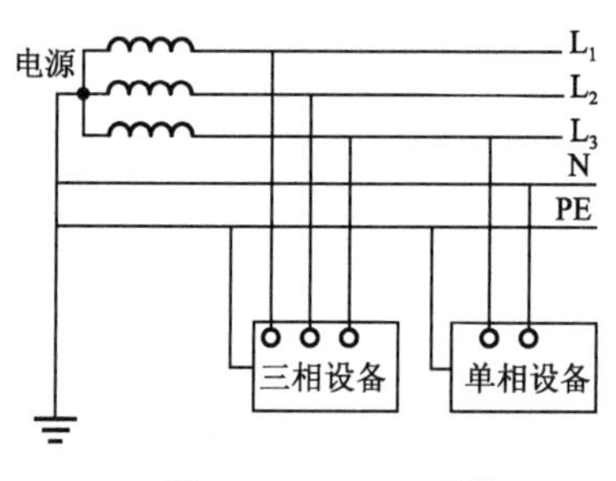

图 1-11　TN-S 系统

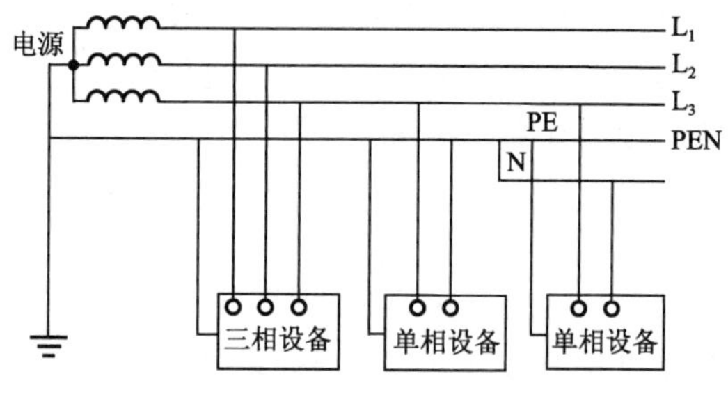

图 1-12　TN-C-S 系统

3. TT 系统

TT 系统是中性点直接接地的三相四线制系统中的保护接地方式。如图 1-13 所示，配电系统的中性线（N）引出，但电气设备的不带电金属部分经各自的接地装置直接接地，与系统接地线无关系。当发生单相接地、机壳带电故障时，通过接地装置形成单相短路电流，使故障设备电路中的过电流保护装置动作，迅速切除故障设备，减少人体触电的危险。

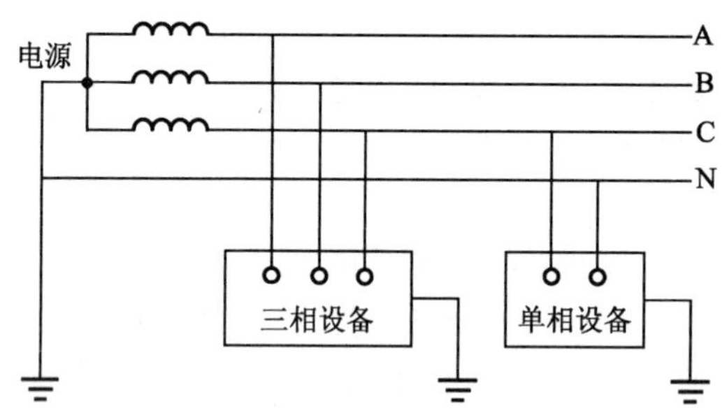

图 1-13　低压配电的 TT 系统

子任务二　工厂变配电所主电路图的认知

子任务目标：

- 了解电气主电路图的基本概念及形式。
- 掌握车间变电所主电路图的识别。
- 掌握总降压变电所主电路图的识别。

工厂变配电所的主电路图（main circuit diagram）是指变配电所中一次设备按照设计要求连接起来，表示供配电系统中电能输送和分配路线的电路图，又称主接线图或一次电路图。主电路图一般绘成单线图，图中设备用标准的图形符号和文字符号表示。

主电路图的形式将影响配电装置的布局、供电的可靠性、运行的灵活性以及二次接线、继电保护等问题。

典型的电气主电路图可分为有母线和无母线两种形式。有母线主电路图主要包括单母线接线和双母线接线方式；无母线主电路图主要有桥形接线等方式。

一、电气主电路图的基本形式

1. 单母线接线

如图 1-14 所示，单母线接线的特点是整个配电装置只有一组母线，所有电源进线和出线都接在同一组母线上。每一回路均装有断路器 QF 和隔离开关 QS。断路器用于在正常或故障情况下接通与断开电路。当停电检查断路器时，隔离开关作为隔离电器隔离电压。单母线接线的特点是接线简单，操作方便，投资少，便于扩建；但可靠性和灵活性较差。当母线和母线隔离开关检修或故障时，各支路都必须停止工作；当引出线的断路器检修时，该支路要停止供电。因此，单母线接线不能满足不允许停电的重要用户的供电要求，只适用于不重要负荷的中、小容量的变配电所。

2. 单母线分段接线

如图 1-15 所示，当引出线数目较多时，为提高供电可靠性，可用断路器将母线分段，即采用单母线分段接线方式。正常工作时，分段断路器可以接通也可以断开。如果正常工作时，分段断路器 QF 是接通的，则当任意段母线故障时，母线继电保护动作跳开分段断路器和接至该母线段上的电源断路器，这样非故障母线段仍能工作。当一个分段母线的电源断开时，连接在该母线上的出线可通过分段断路器 QF 从另一段母线上得到供电。如果正常工作时，分段断路器 QF 是断开的，则当一段母线故障时，连在故障母线段上的电源断路器在继电保护的作用下跳开，非故障母线段仍能照常工作；但当一分段母线的电源断开时，连接在该母线上的出线会全部停电。

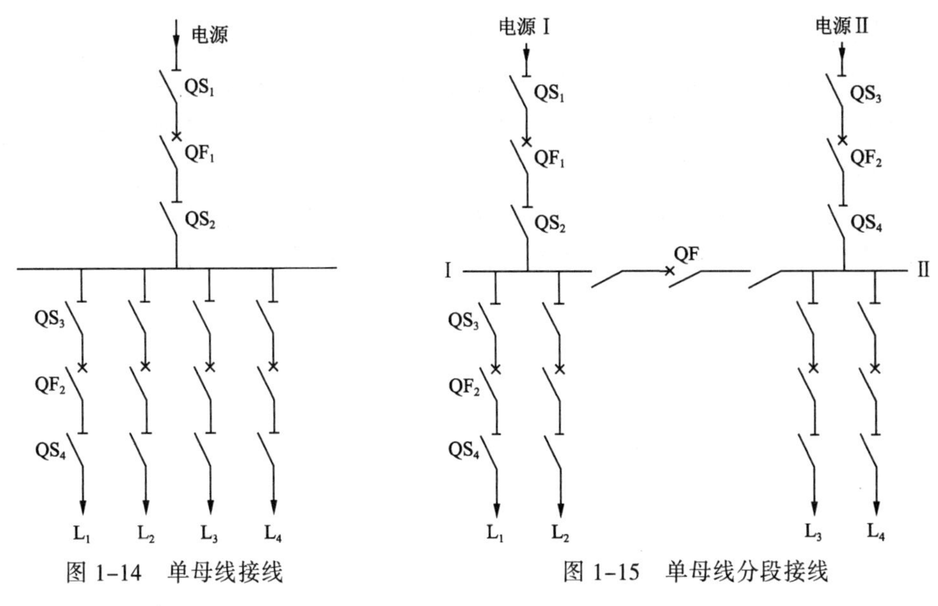

图 1-14　单母线接线　　　　图 1-15　单母线分段接线

3. 双母线接线

如图 1-16 所示，双母线接线有两组母线（母线 I 和母线 II），两组母线之间通过母线联络断路器 QF（以下简称“母联断路器”）连接；每一条引出线和电源支路都经一个断路器与两组母线隔离开关分别接至两组母线上。

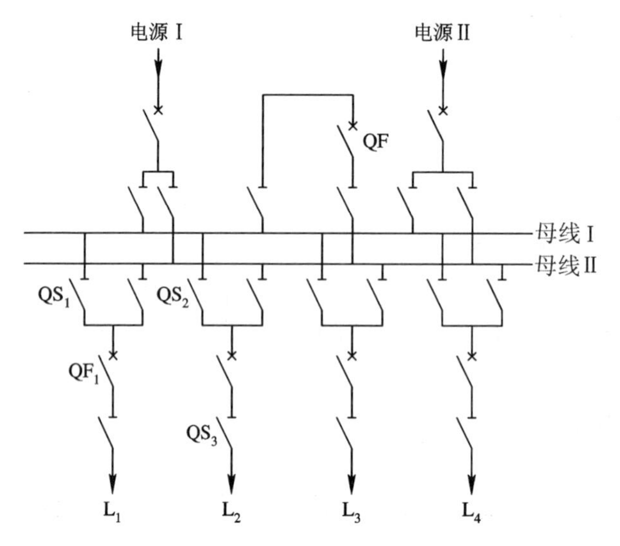

图 1–16　双母线接线

双母线接线的特点：

① 可轮流检修母线而不影响正常供电。

② 检修任一母线侧隔离开关时，只影响该回路供电。

③ 工作母线发生故障后，所有回路短时停电并能迅速恢复供电。

④ 出线回路断路器检修时，该回路要停止工作。

双母线接线有较高的可靠性，广泛用于出线带电抗器的 6～10 kV 配电装置中。当 35～60 kV 配电装置的出线数超过八回和 110 kV 配电装置的出线数为五回及以上时，也采用双母线接线。

想一想：分析图 1–14、图 1–15、图 1–16 所示的三种接线的优缺点及适用范围。

4. 桥形接线

如图 1–17 所示，桥形接线适用于仅有两台变压器和两条出线的装置中。桥形接线仅用三个断路器，根据桥回路（QF_3）的位置不同，可分为内桥和外桥两种接线方式。桥形接线正常运行时，三个断路器均闭合工作。

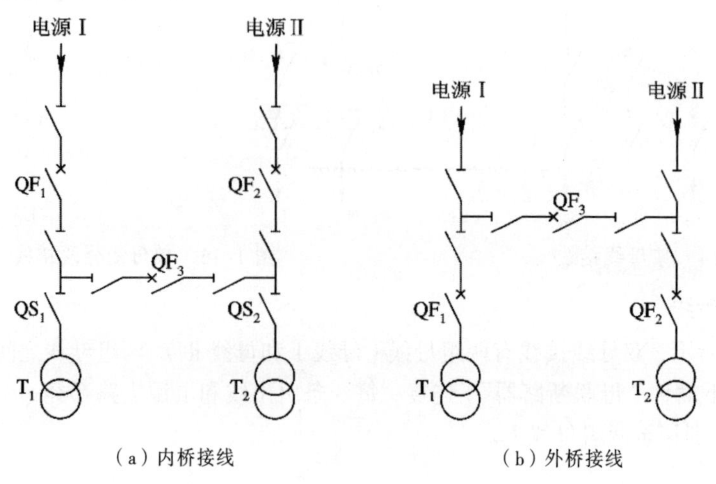

图 1–17　桥形接线

（1）内桥接线

内桥接线如图 1–17（a）所示，桥回路置于线路断路器内侧（靠近变压器侧），此时线路经断路器和隔离开关接至桥接点，构成独立单元。而变压器支路只经隔离开关与桥接点相连，是非独立单元。

内桥接线的特点：

① 线路操作方便。如线路发生故障，仅故障线路的断路器跳闸，其余三回路可继续工作，并保持相互的联系。

② 正常运行时变压器操作复杂。如变压器 T_1 检修或发生故障，则需要断开断路器 QF_1、QF_3，使未故障线路 L_1 供电受到影响，需经倒闸操作，拉开隔离开关 QS_1 后，再闭合 QF_1、QF_3 才能恢复线路 L_1 工作，这将造成该侧线路的短时停电。

③ 桥回路故障或检修时全厂分列为两部分，使两个单元之间失去联系；同时，出线断路器故障或检修时，造成该回路停电。

内桥接线适用于两回路进线两回路出线且线路较长、故障可能性较大和变压器不需要经常切换运行的变电所。

（2）外桥接线

外桥接线如图1–17（b）所示，桥回路置于线路断路器外侧（远离变压器侧），此时变压器经断路器和隔离开关接至桥接点，构成独立单元；而线路支路只经隔离开关与桥接点相连，是非独立单元。

外桥接线的特点：

① 变压器操作方便。当变压器发生故障时，仅故障变压器回路的断路器自动跳闸，其余三回路可继续工作，并保持相互的联系。

② 线路投入与切除时，操作复杂。当线路检修或发生故障时，需断开两个断路器，并使该侧变压器停止运行，需经倒闸操作恢复变压器工作，这会造成变压器短时停电。

③ 当桥回路发生故障或检修时全厂分列为两部分，使两个单元之间失去联系。当出线侧断路器发生故障或检修时，造成该侧变压器停电。

外桥接线适用于两回路出线且线路较短、故障可能性小和变压器需要经常切换运行的变电所。

想一想： 变电所内桥式和外桥式接线各有何特点？各适用于什么情况？

二、车间（或小型工厂）变电所的主电路图

1. 只装有一台主变压器的小型变电所主电路图

只装有一台主变压器的小型变电所，其高压侧一般采用无母线接线。高压侧采用隔离开关–断路器的变电所主电路如图 1–18 所示。这种主电路由于采用了高压断路器，因而变电所的停、送电操作十分灵活方便。同时，高压断路器都配有继电保护装置，在变电所发生短路和过负荷时均能自动跳闸。由于只有一路电源进线，因而此种接线一般只用于三级负荷；如果变电所低压侧有联络线与其他变电所相连，则可用于二级负荷。

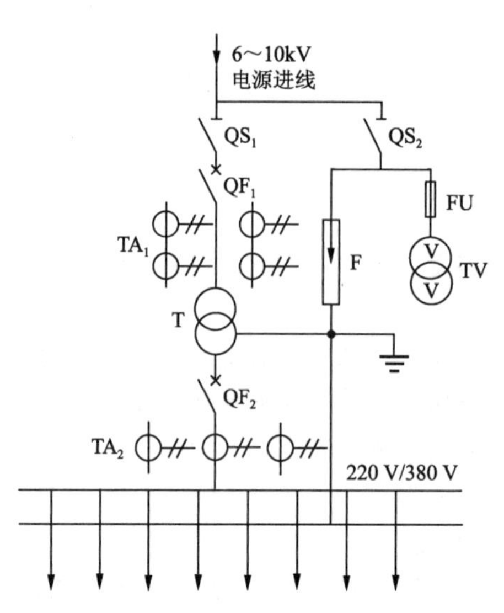

图 1-18　高压侧采用隔离开关－断路器的变电所主电路

2. 装有两台主变压器的小型变电所主电路图

高压侧无母线、低压侧单母线分段的变电所主电路如图 1-19 所示。这种主电路的供电可靠性较高。当任一主变压器或任一电源线停电检修或发生故障时，该变电所通过闭合低压母线分段开关，即可迅速恢复对整个变电所的供电。这种主电路可供一、二级负荷。

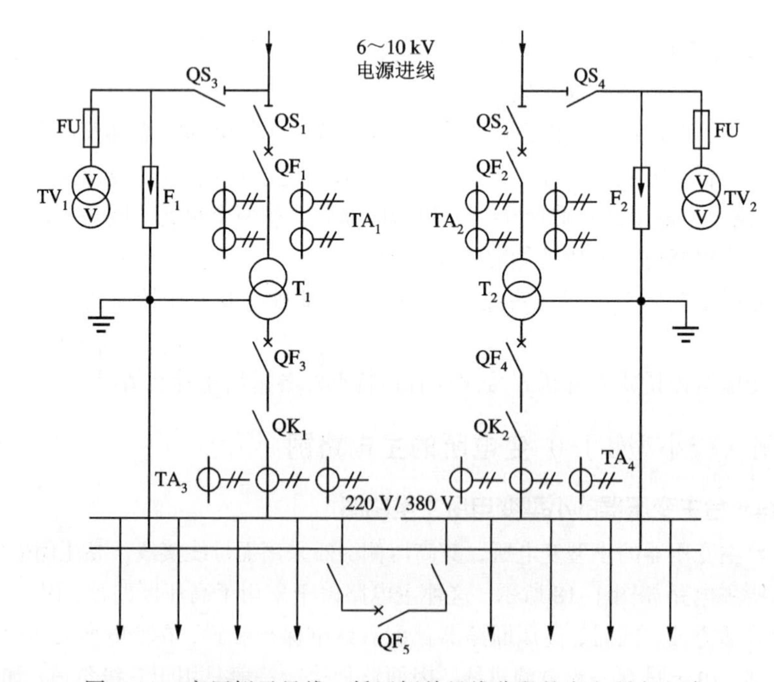

图 1-19　高压侧无母线、低压侧单母线分段的变电所主电路

高压侧单母线、低压侧单母线分段的变电所主电路如图 1-20 所示。这种主电路适用于装有两台及以上主变压器或具有多路高压出线的变电所，其供电可靠性也较高。当任一主变压器检修或发生故障时，通过切换操作，可很快恢复整个变电所的供电，此电路可供二、三级负荷；

有联络线时，可供一、二级负荷。

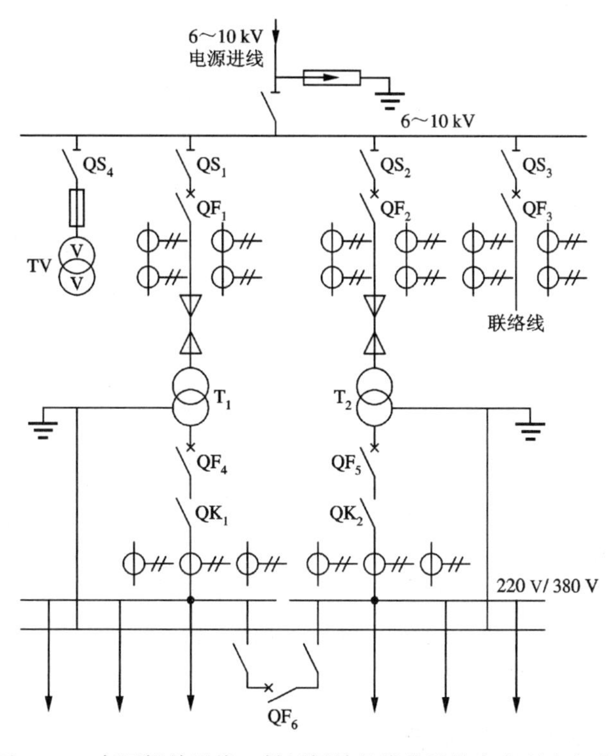

图 1-20　高压侧单母线、低压侧单母线分段的变电所主电路

三、总降压变电所主电路图

对于电源进线电压为 35 kV 及以上的大、中型工厂，通常先经工厂总降压变电所将电压降为 6～10 kV 的高压配电电压，然后经车间变电所降为一般用电设备所需的电压（如 220 V/380 V）。工厂总降压变电所一般设变压器 1～2 台，电源进线 1～2 回，电压通常为 35～110 kV 或者 6～10 kV。

1. 一次侧采用桥形接线、二次侧采用单母线分段的总降压变电所主电路

一次侧采用桥形接线、二次侧采用单母线分段的总降压变电所主电路如图 1-21 所示。在这种主电路中，一次侧的高压断路器 QF_{10} 跨接在两路电源进线之间，内桥接线断路器处在线路断路器 QF_{11} 和 QF_{12} 的内侧，靠近变压器；外桥接线断路器处在线路断路器 QF_{11} 和 QF_{12} 的外侧，靠近电源方向。这种主电路的运行灵活性较好，供电可靠性较高，可供一、二级负荷。

2. 一、二次侧均采用单母线分段的总降压变电所主电路

一、二次侧均采用单母线分段的总降压变电所主电路如图 1-22 所示，这种主电路兼有上述桥形接线运行灵活的优点，但所用高压开关设备较多，可供一、二级负荷，适于一、二次侧进出线较多的总降压变电所。

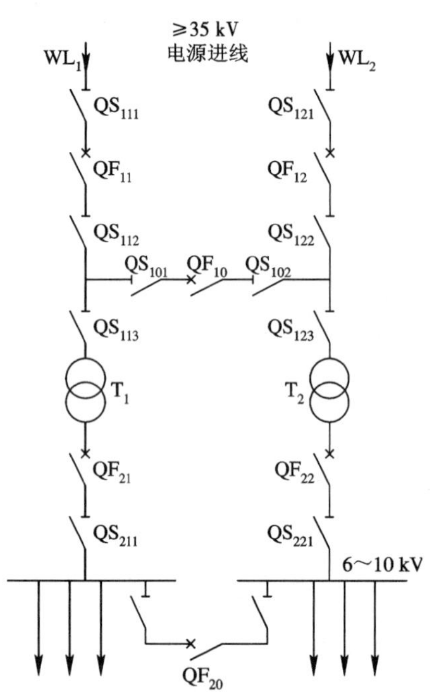

图 1-21　一次侧采用桥形接线、二次侧采用单母线分段的总降压变电所主电路

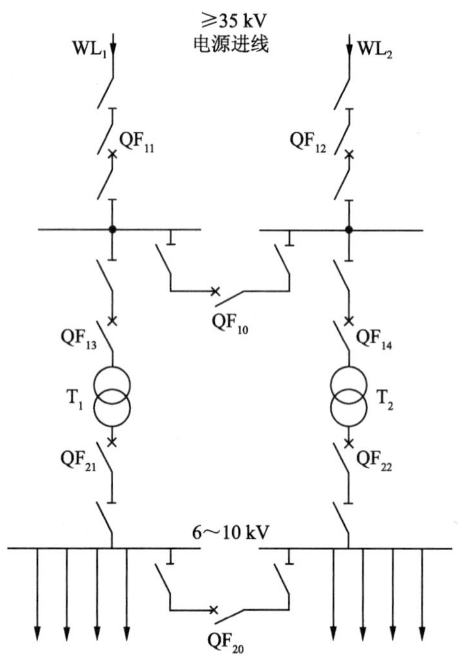

图 1-22　一、二次侧均采用单母线分段的总降压变电所主电路

子任务三　变配电所的安装及运行

子任务目标：

- 了解变配电所的分类及作用。
- 理解并掌握变配电所所址的布置与选择的原则及方法。
- 掌握变配电所主变压器的选择方法。
- 了解变配电所的运行方式及注意事项。

在电力网中，变配电所是联系发电厂和用户的重要中间环节。发电厂的发电机和用户的用电设备额定电压较低，因此为了把电能送到较远的地区，减少送电过程中的电能损耗，需要把发电厂内的电压升高，然后经线路输送到用电地区，经降压变压器降压，再分配给用户。这就是变配电所的主要作用。其中，变电所的作用是接受电能、变换电压和分配电能，而配电所的作用是接受电能和分配电能。两者的区别主要是变配电所设有电力变压器的容量不同。在实际工作中为了节约占地和投资，通常是把变电、配电设备装设在同一设施内，故称为变配电所。

一、变配电所的认识

1. 变配电所的分类及作用

变配电所由电力变压器和室内、外配电装置，以及继电保护、自动装置及监控系统构成。

根据变配电所在电力系统中的地位和作用，可以将其分为升压变配电所和降压变配电所。升压变配电所通常与大型发电厂结合在一起，在发电厂电气部分中装有升压变压器，把发电厂的电压升高，通过高压输电网将电能送向远方；降压变配电所通常设在用电中心，将高压电适当降压后，再向该地区用户供电。因供电范围不同，变配电所可分为一次变配电所（枢纽变配电所）和二次变配电所。工厂企业的变配电所可分为总降压变配电所和车间变配电所。

（1）一次变配电所（枢纽变配电所）

一次变配电所简称“一次变”，位于电力系统的枢纽点，汇集多个电源，连接电力系统高压和中压的几个部分，主要从 220 kV 及以上的输电网受电，电压等级一般为 330～500 kV，经过一次变压后将电压降到 35～110 kV，供给较大范围的用户。一次变通常采用双绕组变压器，也有些装设三绕组变压器，将高压降为两种不同的电压，与相应电压级的网络联系起来。一次变的供电范围较大，是系统与发电厂联系的枢纽，故有时称为枢纽变配电所。

（2）二次变配电所

二次变配电所的电压等级一般为 220～330 kV，汇集 2～3 个电源和若干线路，高压侧起交换功率的作用，或使长距离输电线路分段，同时降压对一个区域供电。

（3）总降压变配电所

总降压变配电所是对工厂企业供电的枢纽，故又称中央变配电所。它与二次变配电所的情况基本相同，也是从一次变单独引出的 35～110 kV 网络直接受电，经电力变压器降压至 6～10 kV，对工厂企业内部供电。一个大型企业，可能要建设多个总降压变配电所，分别对各分厂和车间供电。对于小型企业，可几个企业共用同一个总降压变配电所。

（4）车间变配电所

车间变配电所电压等级一般为 35～110 kV，经降压后直接向用户供电。

车间变配电所位于配电线路末端，接近负荷处，主要从总降压变配电所引出的 6～10 kV 厂区高压配电线路受电，将电压降至低压 220 V/380 V 对各用电设备直接供电。

变配电所的规模一般用电压等级、变压器容量和各级电压的出线回路数表示。

车间变配电所按其主变压器的安装位置来分，有下列类型：

① 车间附设变配电所。

② 车间内变配电所：变配电所四面都在车间内部。车间内变配电所适于负荷很大而且固定的大型车间。

③ 露天变配电所。

④ 独立变配电所：变配电所建在距车间 12～25 m 外的独立的建筑物内。独立变配电所的建筑费用高，一般用于需远离、有腐蚀或易燃、易爆危险的场所。

⑤ 杆上变配电所。

⑥ 地下变配电所。

⑦ 楼上变配电所。

⑧ 成套变配电所。

⑨ 移动式变配电所。

2. 变配电所电气系统的认识

变配电所的电气系统，按其作用的不同分为一次系统和二次系统。一次系统是直接生产、输送和分配电能的设备（如电力变压器、电力母线、高压输电线路、高压断路器等）及其相互间的连接电路；对一次系统的设备起控制、保护、调节、测量等作用的设备称为二次设备，如控制与信号器具、继电保护及安全自动装置，电气测量仪表、操作电源等。二次设备及其相互

间的连接电路称为二次系统或二次回路。二次系统是电力系统安全、经济、稳定运行的重要保障，是发电厂及变配电所电气系统的重要组成部分。二次回路设备通常为低压设备，二次系统是通过电压互感器与电流互感器与一次系统相联系的。

变配电所中承担输送和分配电能任务的电路称为一次电路(primary circuit)又称主电路(主接线)。一次电路中所有的电气设备称为一次设备 (primary equipment) 或一次元件。常用一次设备的图形符号和文字符号如表 1-2 所示。

表 1-2　常用一次设备的图形符号和文字符号

序　号	设备名称	图形符号	文字符号	序　号	设备名称	图形符号	文字符号
1	双绕组变压器		T 或 TM	13	断路器		QF
2	三绕组变压器		T 或 TM	14	隔离开关		QS
3	电抗器		L	15	负荷开关		QL
4	分裂电抗器		L	16	隔离插头或插座		Q 或 QS
5	避雷器		F	17	熔断器		FU
6	火花间隙		F	18	跌落式熔断器		FU
7	电力电容器		C	19	熔断器式负荷开关		Q
8	有一个二次绕组的电流互感器		TA	20	熔断器式隔离开关		Q
9	具有两个二次绕组的电流互感器		TA	21	接触器		K 或 KM
10	电压互感器		TV	22	电缆终端头		W
11	三绕组电压互感器		TV	23	输电线路		WL 或 L
12	母线		WB	24	接地		

一次设备按其功能分为以下几类：

① 变换设备，其功能是按电力系统工作的要求来改变电压或电流。例如，电力变压器、电流互感器、电压互感器等。

② 控制设备，其功能是按电力系统工作的要求来控制一次电路的通、断。例如，各种高低压开关。

③ 保护设备，其功能是用来对电力系统进行过电流和过电压等的保护。例如，熔断器和避雷器等。

④ 成套设备，它是按一次电路接线方案的要求，将有关一次设备及二次设备组合为一体的电气装置。例如，高压开关柜、低压配电屏、动力和照明配电箱等。

二、变配电所所址的布置与选择

1. 变配电所的总体布置

变配电所总体布置的要求：

① 便于运行维护和检修；

② 保证运行安全；

③ 便于进出线；

④ 节约土地和建筑费用；

⑤ 适应发展要求。

2. 变配电所所址选择的一般原则

① 靠近负荷中心，以减少电压损耗、电能损耗及有色金属消耗量；

② 进出线方便；

③ 靠近电源侧；

④ 避免设在多尘和有腐蚀性气体的场所；

⑤ 避免设在有剧烈振动的场所；

⑥ 运输方便；

⑦ 高压配电所应尽量与车间变配电所或有大量高压用电设备的厂房合建在一起；

⑧ 不妨碍工厂或车间的发展，并适当考虑将来扩建的可能；

⑨ 不应设在厕所、浴室或其他经常积水场所的正下方，且不宜与上述场所相邻；

⑩ 不应设在有爆炸危险环境和有火灾危险环境的正上方或正下方。

3. 变配电所所址选择的方法

所址选择是否合理，将影响供电系统的造价和运行。用户的负荷中心，可用负荷指示图或负荷功率矩的计算方法近似确定。

① 负荷指示图法。负荷指示图是将负荷按一定的比例，以负荷圆的面积表明负荷大小的图形。负荷圆半径为

$$r=\sqrt{\frac{P_{30}}{n\pi}}$$

式中　n——负荷圆的比例系数，kW/mm^2。

根据全厂各车间的负荷图，可以直观地确定工厂负荷中心的位置。结合位置选择原则，拟定几个方案，择优选择变电所位置。

② 负荷功率矩法。这是一种近似定量的计算方法，以负荷圆的圆心为负荷点，用求物体重心的方法确定负荷中心。

图 1-23 所示为三个负荷点的负荷功率矩示意图。有功功率 P_1～P_3 分布于直角坐标系中，一般负荷中心为

$$x=\sum P_i=\sum\left(P_i x_i\right)$$

$$y=\sum P_i=\sum\left(P_i y_i\right)$$

$$x=\frac{\sum(P_i x_i)}{\sum P_i}$$

$$y=\frac{\sum(P_i y_i)}{\sum P_i}$$

因此，总负荷中心为 $P(x,y)$。

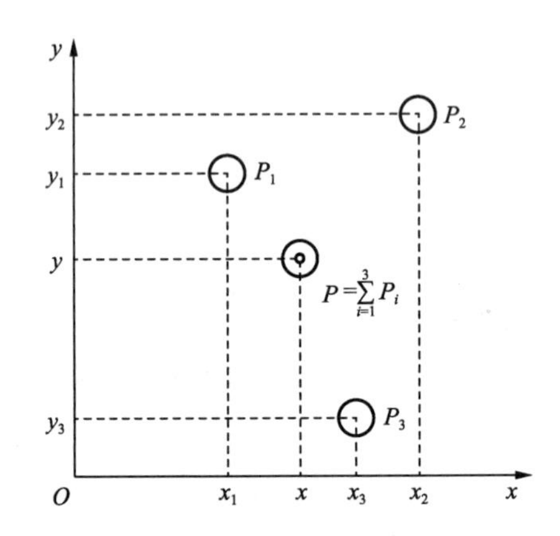

图 1–23　三个负荷点的负荷功率矩示意图

③ 按负荷电能矩确定负荷中心。负荷电能矩法又称静态负荷中心计算法，它只考虑负荷的容量和位置，如再考虑各负荷点的工作时间，便成为用电能矩法确定负荷中心的方法：

$$x=\frac{\sum(P_{ci}T_{Mi}x_i)}{\sum(P_{ci}t_i)}=\frac{\sum(W_{Ni}x_i)}{\sum(A_i)}$$

$$y=\frac{\sum(P_{ci}T_{Mi}y_i)}{\sum P_{ci}t_i}=\frac{\sum(W_{Ni}y_i)}{\sum(A_i)}$$

式中　W_{Ni}——负荷点的电能消耗量，$W_{Ni}=P_{ci}T_{Mi}$；

T_{Mi}——最大负荷利用小时数；

P_{ci}——负荷的有功计算负荷；

t_i——各负荷在同一时间内的实际工作时间；

A_i——各负荷的有功电能消耗量。

实际上影响变配电所位置选择的因素很多，如厂区建筑、车间布置、供电部门的要求等，都可能制约变配电所位置的选择。因此，应结合实际情况，进行技术、经济比较，选出较为理想的变配电所位置。

三、变配电所主变压器的选择

1. 变配电所主变压器台数的选择

选择主变压器台数时应考虑下列原则：

① 应满足用电负荷对供电可靠性的要求。对供有大量一、二级负荷的变配电所，宜采用两台变压器，当一台变压器发生故障或检修时，另一台变压器能对一、二级负荷继续供电。对

只有二级而无一级负荷的变配电所，也可以只采用一台变压器，但必须在低压侧敷设与其他变配电所相连的联络线作为备用电源。

② 对季节性负荷或昼夜负荷变动较大而宜于采用经济运行方式的变配电所，可考虑采用两台变压器。

2. 变配电所主变压器容量的选择

① 只装一台主变压器的变配电所。主变压器容量 S_T 应满足全部用电设备总计算负荷 S_{30} 的需要，即

$$S_T \geqslant S_{30}$$

② 装有两台主变压器的变配电所。每台变压器的容量 S_T 应同时满足以下两个条件：

a. 任一台变压器单独运行时，宜满足总计算负荷 S_{30} 的 60%～70%的需要，即

$$S_T = (0.6 \sim 0.7)S_{30}$$

b. 任一台变压器单独运行时，应满足全部一、二级负荷 $S_{30(\text{I}+\text{II})}$的需要，即

$$S_T \geqslant S_{30(\text{I}+\text{II})}$$

3. 车间变配电所主变压器单台容量的选择

车间变配电所主变压器的单台容量，一方面受到低压断路器断流能力和短路稳定度的限制，另一方面考虑到应使变压器更接近于车间负荷中心，因此容量一般不宜大于 1 250 kV·A。

四、变配电所的运行

1. 变配电所送电和停电的操作

（1）操作的一般要求

① 倒闸操作要填写操作票，且应填写设备的双重名称；

② 开始操作前，应先在模拟图板上进行核对性模拟预演，无误后再进行设备操作；

③ 倒闸操作必须由两人执行，其中对设备较为熟悉者做监护；

④ 操作如发生疑问，应立即停止操作；

⑤ 操作高压开关时应戴绝缘手套；

⑥ 发生人身触电事故时，可不经许可，立即断开电。

（2）变配电所的送电操作

电源侧开关到负荷侧开关，闭合电流小。若变配电所是事故停电以后恢复送电，则操作程序视变配电所所装设的开关类型而定。

（3）变配电所的停电操作

负荷侧开关到电源侧开关，开关的开断电流小。

2. 变配电所的值班与巡查

变配电设备的正常运行，是保证变配电所安全、可靠和经济供配电的关键所在。电气设备的运行维护工作，是用户及用户电工日常最重要的工作。

通过对变配电设备的缺陷和异常情况的监视，及时发现设备运行中出现的缺陷、异常情况和故障，并及早采取相应措施防止事故的发生和扩大，从而保证变配电所能够安全可靠地供电。

（1）工厂变配电所的主要值班方式

① 轮班制：采取三班轮换的值班制度，耗用人力多，不经济。

② 无人值班制：车间变配电所无人值班，仅由工厂的维修电工或企业总变配电所的值班人员每天定期巡视检查。

如果变配电所的自动化程度高、信号监测系统完善就可以采用在家值班制或无人值班制。目前一般工厂变配电所仍然以三班轮换的值班制度为主。车间变电所大多采用无人值班制，由工厂维修电工或高压变配电所值班人员每天定期巡查。有高压设备的变配电所，为确保安全，至少应有两人值班。

（2）巡视检查类型

① 定期巡视。值班人员每天按现场运行规程的规定时间和项目，对运行和备用的设备及周围环境进行定期检查。

② 特殊巡视。这是在特殊情况下增加的巡视。是在设备过负荷或负荷有显著变化，新装、检修或停运后的设备投入运行，运行中有可疑现象及遇到特殊天气时的一种巡视。

③ 夜间巡视。其目的在于发现接点过热或绝缘子污秽放电情况。一般在高峰负荷期和阴雨的夜间进行。

（3）巡视期限规定

① 有人值班的变配电所，应每日巡视一次，每周夜间巡视一次。35 kV 及以上的变配电所，要求每班（三班制）巡视一次。

② 无人值班的变配电所，应在每周高峰负荷时段巡视一次，夜间巡视一次。

③ 在打雷、刮风、雨雪、浓雾等恶劣天气里，应对室外装置进行白天或夜间的特殊巡视。

④ 户外多尘或含腐蚀性气体等不良环境中的设备，巡视次数要适当增加。无人值班的，每周巡视不应少于两次，并应进行夜间巡视。

⑤ 投运或出现异常的变配电设备，要及时进行特殊巡视，密切监视其变化。

技能实训　供配电系统基本认知

一、实训目的

① 了解发电厂、电力系统基本知识。

② 熟悉电能的生产过程。

③ 掌握电力系统中性点的运行方式。

④ 掌握低压配电系统的接地形式。

二、实训所需设备、材料

① 地点：学院配电房、数控车间。

② 设备：电力变压器（10 kV/0.4 kV），数控车间配电系统。

③ 材料：安全帽、绝缘手套、验电笔。

三、实训任务与要求

① 戴上安全帽和绝缘手套，在低压带电体上测试验电笔是否完好。

② 找到并确认变压器的中性点。

③ 检测并判断变压器中性点运行方式。

④ 判断该中性点运行方式与其电压等级是否匹配。

⑤ 用验电笔测试数控车间接地线是否带电。

⑥ 根据其他情况进一步判断其接地形式。

四、实训考核

① 针对完成情况记录成绩。

② 分组完成实训后制作 PPT 并进行演示。

③ 写出实训报告。

思考与练习

1. 什么是电力系统、动力系统和电力网？建立大型电力系统有哪些好处？

2. 水电厂、火电厂和核电厂各采用什么一次能源？各自的能量转换过程是怎么样的？在各种发电厂中，有哪些电厂的能源属于洁净的和可再生的能源？

3. 电力系统的部分接线如图 1-24 所示，各电压级的额定电压及功率输送方向标于图中。

试求：（1）发电机及各变压器高低压绕组的额定电压；

（2）各变压器的额定电压比；

（3）设变压器 T_1 工作于+5%抽头，T_2,T_4 工作于主抽头，T_3 工作于－2.5%抽头时，各变压器的实际电压比。

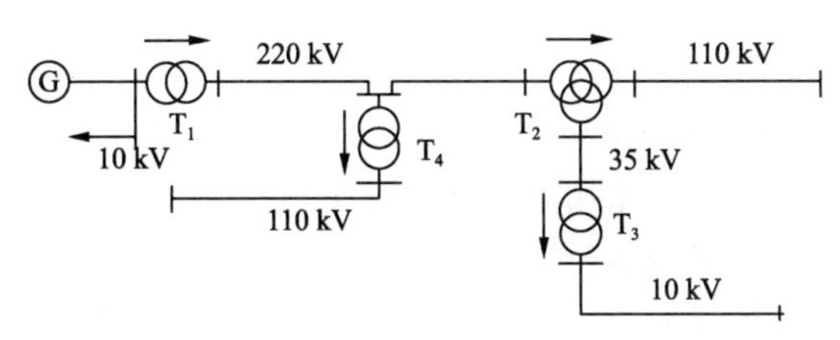

图 1-24　题 3 图

4. 根据供电可靠性，把电力负荷分为哪几个级别？分别有哪些要求？

5. 试分析电力系统与供电系统，输电与配电之间的差别。

6. 低压配电系统的运行方式有哪几种？它们之间有何差别？

7. 电力系统中性点接地方式有哪几种类型？各有何特点？

8. 什么叫工作接地和保护接地？为什么同一低压系统中不能有的采取保护接地，有的采取保护接零？

9. 确定供电系统时，应考虑哪些主要因素?为什么?

10. 电气主接线的基本要求有哪些？

11. 在消弧线圈接地系统中，为什么三相线路对地分布电容不对称，或出现一相断线时，就可能出现消弧线圈与分布电容的串联谐振？为什么一旦系统出现这种串联谐振，变压器的中性点就可能出现高电位？

供配电设备的运行与维护

在电力系统中，人们要实现电力的生产、传输和使用就要使用大量的电气设备，有了它们安全可靠的运行才能保障人们生产生活的正常需要。如何来保障它们的正常运行呢？这就要从本项目的学习开始，下面就一起学习和认识一些供配电设备，掌握它们运行与维护的基本原理和操作方法。

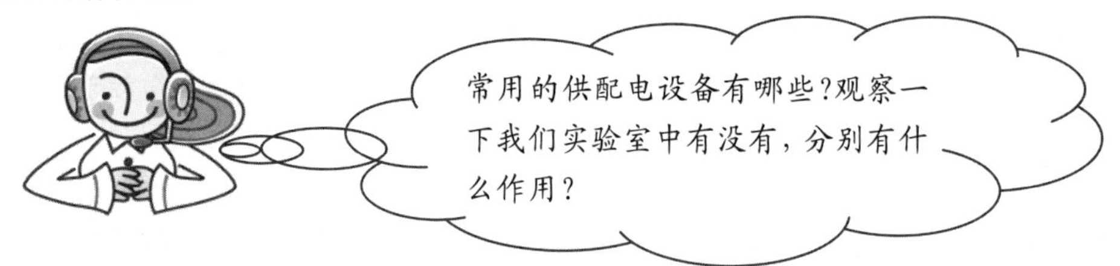

常用的供配电设备有哪些?观察一下我们实验室中有没有，分别有什么作用？

项目目标

- 了解高压开关设备的工作原理及功能、作用及特点。
- 了解高压开关设备的分类、常用型号及使用方法。
- 掌握高压开关设备的参数及运行方式。
- 理解高压开关设备的维护及检修方法。

任务一　高压开关设备的认识与选择

开关设备是一种在正常工作情况下可靠地接通或断开电路的必要设备，它能够在改变运行方式时进行切换操作。当系统中发生故障时迅速切除故障部分，以保证非故障部分的正常运行；在设备检修时隔离带电部分，以保证工作人员的安全。

学习目标：

- 了解开关设备的分类。
- 掌握高压电气设备的选择方法。
- 掌握高压断路器的认识与选择。
- 掌握高压隔离开关的认识与选择。
- 掌握高压负荷开关的认识与选择。
- 掌握高压熔断器的认识与选择。
- 掌握仪用互感器的认识与选择。

子任务一　了解开关设备的分类

子任务目标：

- 了解常用开关设备的分类。
- 掌握电气设备的主要额定参数。

供配电系统中负责输送和分配电力这一主要任务的电路，称为一次电路（又称主电路），供配电系统中用来控制、指示、监测和保护一次电路及其中电气设备运行的电路称为二次电路（又称二次回路）。相应的，一次电路中的所有电气设备称为“一次设备”，二次回路中的所有的电气设备称为“二次设备”

想一想：什么叫一次电路？什么叫二次电路？

开关设备是电力系统中的重要组成部分。开关设备的种类很多，按不同的方法分类如下：

一、按电压等级分类

①额定电压大于或等于 1 kV 的开关设备称为高压开关。如断路器、负荷开关、高压熔断器。

②额定电压低于 1 kV 的开关设备称为低压开关。如自动空气开关、接触器、磁力起动器、闸刀开关、低压熔断器。

二、按安装地点分类

开关设备按安装地点分为屋内式和屋外式两类。

三、按功能分类

供配电系统的主要电气设备是指其一次设备。一次设备按其功能可分为以下几类：

1. 变换设备

指按系统工作要求来改变电压、电流或频率的设备，如电力变压器、电压互感器、电流互感器及变流或变频设备等。

2. 控制设备

指按系统工作要求来控制电路通断的设备，如各种高低压开关。

3. 保护设备

指用来对系统进行过电流和过电压保护的设备，如高低压熔断器和避雷器。

4. 无功补偿设备

指用来补偿系统中的无功功率，提高功率因数的设备，如并联电容。

5. 成套配电装置

指按照一定的线路方案要求，将有关一次设备和二次设备组合为一体的电气装置，如高低压开关柜、动力和照明配电箱等。

想一想：电压互感器属于一次设备。（　　）

四、电气设备的主要额定参数

电气设备的种类虽然很多，但额定电压、额定电流、额定容量是最主要的额定参数。

1. 额定电压

额定电压是国家根据经济发展的需要、技术经济的合理性、制造能力和产品系列性等各种因素所规定的电气设备的标准电压等级。电气设备在它的额定电压(铭牌上所规定的标称电压)下工作时，能保证最佳的技术性与经济性。

我国规定的额定电压，按电压高低和使用范围分为以下三类：

（1）第一类额定电压

100 V 及以下的电压等级，主要用于安全照明、蓄电池及开关设备的直流操作电压。

直流为 6 V、12 V、24 V、48 V；交流单相为 12 V 和 36 V；三相线电压为 36 V。

（2）第二类额定电压

100～1 000 V 之间的电压等级，如表 2-1 所示。

表 2-1　第二类额定电压　　单位：V

用电设备			发电机		变压器			
直流	三相交流		直流	三相交流	单相		三相	
	线电压	线电流			一次绕组	二次绕组	一次绕组	二次绕组
110			115					
	（127）			（133）	（127）			
						（133）	（127）	（133）
		127	230	230	220			
220	220					230	220	230
		220	400	400	380			
	380						380	400
400								

注：括号内电压用于矿井或保安条件要求高的场所。

这类额定电压应用最广、数量最多，如动力、照明、家用电器和控制设备等。

（3）第三类额定电压

第三类额定电压是 1 000 V 及以上的高电压等级，如表 2-2 所示。

表 2-2　第三类额定电压　　单位：kV

用电设备与电网额定电压	交流发电机	变压器		设备最高工作电压
		一次绕组	二次绕组	
3	3.15	3 及 3.15	3.15 及 3.3	3.5
10	10.5	10 及 10.5	10.5 及 11	11.5
	13.8	13.8		
	15.75	15.75		
	18	18		
	20	20		
35		35	38.5	40.5
110		110	121	126
220		220	242	252
330		330	363	363
500		500	550	550
750		750	825	825

主要用于电力系统中的发电机、变压器、输配电设备和用电设备。

对表 2-2 进行分析，可以发现存在以下规律：

① 用电设备（即负荷）的额定电压与电网的额定电压是相等的。

② 发电机的额定电压比其所在电力网的电压高 5%。

③ 变压器的一次绕组接受电能，可看成是用电设备，其额定电压与用电设备的额定电压相等，而直接与发电机相连接的升压变压器的一次绕组电压应与发电机电压相配合。

④ 变压器的二次绕组相当于一个供电电源，它的空载额定电压要比其所在电网的额定电压高 10%。10 kV 电压时，配电线路距离不长，二次绕组的额定电压仅高出电网电压 5%。

2. 额定电流

电气设备的额定电流（铭牌中的规定值）是指在规定的周围环境温度和绝缘材料允许温度下允许通过的最大电流值。当设备周围的环境温度不超过介质的规定温度时，按照设备的额定电流工作，其各部分的发热温度不会超过规定值，电气设备有正常的使用寿命。

3. 额定容量

变压器、发电机和电动机额定容量的规定条件与额定电流相同。变压器的额定容量都是指视在功率（kV · A）值，表明最大线圈的容量；发电机的额定容量可以用视在功率（kV · A）值表示，但一般是用有功功率（kW）值表示，这是因为拖动发电机的原动机（汽轮机、水轮机等）的额定容量是用有功功率表示的；电动机的额定容量通常用有功功率（kW）值表示，因为它拖动的机械的额定容量一般用有功功率表示。

想一想：图 2-1 为某电力变压器的铭牌参数，看看图中给出了变压器哪些参数。

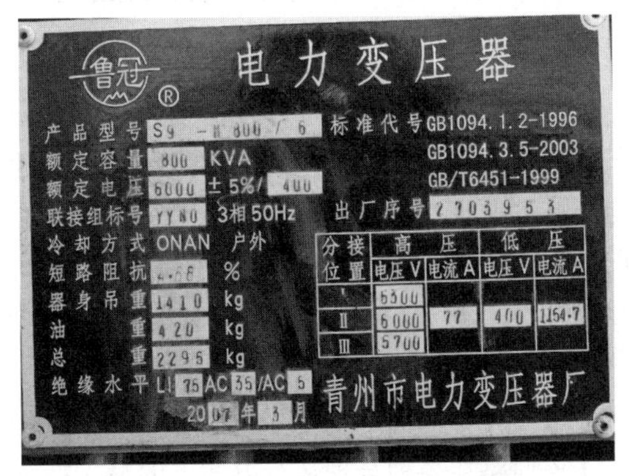

图 2-1　电力变压器的铭牌参数

子任务二　高压电气设备的选择方法

子任务目标：

- 掌握按正常工作条件选择高压电气设备的方法。
- 掌握按短路条件校验选择高压电气设备的方法。

为了保障高压电气设备的可靠运行，高压电气设备选择与校验的一般条件有：按正常工作条件包括电压、电流、频率、开断电流等选择；按短路条件包括动稳定、热稳定校验；按环境工作条件如温度、湿度、海拔等选择。

由于各种高压电气设备具有不同的性能特点，选择与校验条件不尽相同。高压电气设备的选择与校验项目如表 2-3 所示。

表 2-3　高压电气设备的选择与校验项目

设备名称	额定电压	额定电流	开断能力	短路电流校验		环境条件	其他
				动稳定	热稳定		
断路器	√	√	√	○	○	○	操作性能

续表

设备名称	额定电压	额定电流	开断能力	短路电流校验		环境条件	其他
				动稳定	热稳定		
负荷开关	√	√	√	○	○	○	操作性能
隔离开关	√	√		○	○	○	操作性能
熔断器	√	√	√			○	上、下级间配合
电流互感器	√	√		○	○	○	
电压互感器	√					○	二次负荷、准确等级
支柱绝缘子	√			○		○	二次负荷、准确等级
穿墙套管	√	√		○	○	○	
母线		√		○	○	○	
电缆	√	√			○	○	

注：表中“√”为选择项目，“○”为校验项目。

一、按正常工作条件选择高压电气设备

1. 额定电压和最高工作电压

高压电气设备所在电网的运行电压因调压或负荷的变化，常高于电网的额定电压，故所选电气设备允许最高工作电压 U_{alm} 不得低于所接电网的最高运行电压。一般电气设备允许的最高工作电压可达 1.1 ~ 1.15U_N，而实际电网的最高运行电压 U_{sm} 一般不超过 1.1U_{Ns}，因此在选择电气设备时，一般可按照电气设备的额定电压 U_N 不低于装置地点电网额定电压 U_{Ns} 的条件选择，即

$$U_N \geqslant U_{Ns} \tag{2-1}$$

2. 额定电流

电气设备的额定电流 I_N 是指在额定环境温度下，电气设备长期允许通过的电流。I_N 应不小于该回路在各种合理运行方式下的最大持续工作电流 I_{max}，即

$$I_N \geqslant I_{max} \tag{2-2}$$

计算时，有以下几个应注意的问题：

① 由于发电机、调相机和变压器在电压降低 5%时，出力保持不变，故其相应回路的 I_{max} 为发电机、调相机或变压器的额定电流的 1.5 倍；

② 若变压器有过负荷运行可能时，I_{max} 应按过负荷确定（1.3 ~ 2 倍变压器额定电流）；

③ 母联断路器回路一般可取母线上最大一台发电机或变压器的 I_{max}；

④ 出线回路的 I_{max} 除考虑正常负荷电流（包括线路损耗）外，还应考虑事故时由其他回路转移过来的负荷。

3. 按环境工作条件校验

在选择高压电气设备时，还应考虑电气设备安装地点的环境（尤其须注意小环境）条件。当气温、风速、温度、污秽等级、海拔、地震烈度和覆冰厚度等环境条件超过一般电气设备使用条件时，应采取相应措施。例如：当地区海拔超过制造部门的规定值时，由于大气压力、空气密度和湿度相应减少，使空气间隙和外绝缘的放电特性下降。一般当海拔在 1 000 ~ 3 500 m 范围内，若海拔制造厂家规定值每升高 100 m，则电气设备允许最高工作电压要下降 1%。当最

高工作电压不能满足要求时，应采用高原型电气设备，或采用外绝缘提高一级的产品。对于110 kV及以下的电气设备，由于外绝缘裕度较大，可在海拔2 000 m以下使用。

当污秽等级超过使用规定时，可选用有利于防污的电瓷产品；当经济上合理时，可采用屋内配电装置。

当周围环境温度θ_0和电气设备额定环境温度不等时，其长期允许工作电流应乘以修正系数K，即

$$I_{al\theta} = KI_N = \sqrt{\frac{\theta_{max}-\theta_0}{\theta_{max}-\theta_N}} I_N \tag{2-3}$$

我国目前生产的电气设备使用的额定环境温度θ_N=40 ℃。当周围环境温度θ_0高于40 ℃但低于60 ℃时，其允许电流一般可按每增高1 ℃，额定电流减少1.8%进行修正；当周围环境温度低于40 ℃时，环境温度每降低1 ℃，额定电流可增加0.5%，但其最大电流不得超过额定电流的20%。

二、按短路条件校验

1. 短路热稳定校验

短路电流通过电气设备时，电气设备各部件温度(或发热效应)应不超过允许值。满足热稳定的条件为

$$I_t^2 t \geqslant I_\infty^2 t_{dz} \tag{2-4}$$

式中　I_t——由生产厂给出的电气设备在时间t内的热稳定电流；

I_∞——短路稳态电流值；

t——与I_t相对应的时间；

t_{dz}——短路电流热效应等值计算时间。

2. 电动力稳定校验

电动力稳定是电气设备承受短路电流机械效应的能力，又称动稳定。满足动稳定的条件为

$$i_{es} \geqslant i_{ch} \tag{2-5}$$

或

$$I_{es} \geqslant I_{ch} \tag{2-6}$$

式中　i_{ch}、I_{ch}——短路冲击电流幅值及其有效值；

i_{es}、I_{es}——电气设备允许通过的动稳定电流的幅值及其有效值。

下列几种情况可不校验热稳定或动稳定：

① 用熔断器保护的设备，其热稳定是由熔断时间来保证的，故可不校验热稳定。

② 装设在电压互感器回路中的裸导体和电气设备可不校验动、热稳定。

3. 短路电流计算条件

为使所选电气设备具有足够的可靠性、经济性和合理性，并在一定时期内适应电力系统发展的需要，作为校验用的短路电流应按下列条件确定：

① 设备容量的确定要按照电力系统工程设计的最终容量进行计算，并考虑远景发展规划（一般为本工程建成后 5 ~ 10 年）；其接线应采用可能发生最大短路电流的正常接线方式，但不考虑在切换过程中可能短时并列的接线方式（如切换厂用变压器时的并列）。

② 短路种类一般按三相短路验算，若其他种类短路较三相短路严重时，则应按最严重的情况验算。

③ 选择通过设备的短路电流为最大的那些点为短路计算点。

4. 短路计算时间

校验热稳定的等值计算时间 t_{dz} 为周期分量等值时间 t_z 及非周期分量等值时间 t_{fz} 之和。对无穷大容量系统，$I''=I_\infty$（I'' 表示短路次暂态电流的稳定值，I_∞ 表示短路稳态电流），显然 t_z 和短路电流持续时间相等，为继电保护动作时间 t_b 和相应断路器的全开断时间 t_{kd} 之和，即

$$t_z=t_b+t_{kd} \tag{2-7}$$

$$t_{kd}=t_{gf}+t_h$$

式中 t_{kd}——断路器的全开断时间；

t_b——保护动作时间；

t_{gf}——断路器固有分闸时间，可查表；

t_h——断路器开断时电弧持续时间，对少油断路器为 0.04 ~ 0.06 s，对 SF_6 和压缩空气断路器为 0.02 ~ 0.04 s。

开断设备应能在最严重的情况下开断短路电流，考虑到主保护拒动等原因，按最不利情况，取后备保护的动作时间。

子任务三　高压断路器的认识与选择

子任务目标：

- 了解高压断路器的用途、分类、结构及工作原理等。
- 掌握选择高压断路器的有关方法。

一、高压断路器的用途和基本要求

1. 高压断路器的用途

高压断路器是高压设备中最重要的设备，是一次电力系统中控制和保护电路的关键设备。它起着控制和保护电力设备的双重作用。

① 控制作用：根据电力系统运行的需要，将部分和全部电力设备或线路投入或退出运行。

② 保护作用：当电力系统任何部分发生故障时，都应将故障部分从系统中快速切除，防止事故扩大，保护系统中各类电气设备不受损坏，保证系统的安全运行。

2. 高压断路器的基本要求

根据以上所述，高压断路器在电力系统中承担着非常重要的角色，不仅能接通或断开负荷电流，而且还能断开短路电流。因此，高压断路器必须满足以下基本要求：

① 工作可靠。

② 具有足够的开断能力。

③ 具有尽可能短的切断时间。

④ 具有自动重合闸性能。

⑤ 具有足够的机械强度和良好的稳定性能。

⑥ 结构简单、价格低廉。

二、高压断路器的分类和特点

1. 高压断路器的分类

高压断路器按安装地点可分为屋内式和屋外式两种；按高压断路器灭弧原理或灭弧介质可分为六种：

① 油断路器：它是以变压器油来作为灭弧和绝缘介质的断路器，又可分为多油和少油两种类型。

② 压缩空气断路器：它是以高速流动的压缩空气来作为灭弧介质的断路器。

③ 真空断路器：它是以高真空度的介质来熄弧的断路器。指触点在高真空中关合和开断的断路器。

④ SF_6（六氟化硫）断路器：它是以 SF_6 气体作为灭弧和绝缘介质的断路器。

⑤ 自产气断路器：它是利用固体介质受电弧作用分解气体来熄弧的断路器。

⑥ 磁吹断路器：它是利用电磁力驱使电弧进入绝缘狭缝中，拉长、冷却电弧来熄弧的断路器。

2. 高压断路器的特点

（1）结构特点

① 多油断路器：结构简单，制造方便，便于在套管上加装电流互感器，配套性强。

② 少油断路器：结构简单，制造方便，可配用各种操作传动机构。

③ 压缩空气断路器：结构复杂，工艺和材料要求高；需要装设专用的空气压缩系统。

④ 真空断路器：灭弧室材料及工艺要求高；体积小、质量小；触点不易氧化；灭弧室的机械强度比较差，不能承受较大的冲击振动。

⑤ SF_6 断路器：结构简单，工艺及密封要求严格，对材料要求高；体积小、质量小；用于封闭式组合设备时，可大量节省占地面积。

（2）技术性能特点

① 多油断路器：额定电流不易做得很大；开断小电流时，燃弧时间较长；开断速度较慢。

② 少油断路器：开断电流大，全开断时间较短。

③ 压缩空气断路器：额定电流和开断电流较大，动作快，全开断时间短；快速自动重合闸时断流容量不降低；无火灾危险。

④ 真空断路器：可连续多次操作，开断性能好；灭弧迅速，开断时间短；开断电流及断口电压不易做得很高，目前只生产 35 kV 及以下电压等级的产品；开距小；所需操作能量小；开断时产生的电弧能量小；灭弧室的机械寿命和电气寿命都很高。

⑤ SF_6 断路器：额定电流和开断电流都可以做得很大；开断性能好，适合于各种工况开断；SF_6 气体灭弧、绝缘性能好，故断口电压可做得较高；断口开距小。

（3）运行维护特点

① 多油断路器：运行维护简单；噪声低；检修周期短；需配备一套油处理装置。

② 少油断路器：运行经验丰富，易于维护；噪声低；油质容易劣化；需配油处理装置。

③ 压缩空气断路器：维修周期长；噪声较大；需配气源装置；运行费用大。

④ 真空断路器：运行维护简单，灭弧室不需要检修；噪声低；运行费用低；无火灾和爆炸危险。

⑤ SF_6断路器：维护工作量小；噪声低；检修周期长；运行稳定，安全可靠，使用寿命长；可频繁操作。

三、高压断路器的技术参数和型号

1. 高压断路器的技术参数

（1）额定电压（U_N）

额定电压是指断路器长时间运行时能承受的正常工作电压（也就是指断路器长期工作的标准电压）。

（2）最高工作电压（U_{alm}）

最高工作电压是指断路器在运行中应能长期承受的最高电压。由于电网不同地点的电压可能高出额定电压10%左右，故制造厂规定了断路器的最高工作电压。对于220 kV及以下的设备，其值为额定电压的1.15倍；对于330 kV的设备，其值为额定电压1.1倍。

（3）额定电流（I_N）

额定电流是指铭牌上标明的断路器可长期通过的工作电流。断路器长期通过额定电流时，各部分的发热温度不会超过允许值。额定电流也决定了断路器触头及导电部分的截面。额定电流的取值大小由有国家标准规定。具体等级为200 A、400 A、600 A、（1 000 A）、1 250 A、（1 500 A）、1 600 A、2 000 A、2 500 A、（3 000 A）、3 150 A、4 000 A、5 000 A、6 300 A、8 000 A、10 000 A、12 500 A、16 000 A、20 000 A，括号内数字目前已不采用，它们只适用于老产品。

（4）额定开断电流（I_{Nbr}）

额定开断电流是指断路器在额定电压下能正常开断的最大短路电流的有效值。它表征断路器的开断能力。开断电流与电压有关。当实际电压不等于额定电压时，断路器能可靠切断的最大短路电流有效值，称为该电压下的开断电流；当实际电压低于额定电压时，开断电流比额定开断电流有所增大。

（5）额定断流容量（S_{Nbr}）

额定断流容量也表征断路器的开断能力。在三相系统中，它和额定开断电流的关系为

$$S_{Nbr}=\sqrt{3}U_N I_{Nbr} \tag{2-8}$$

式中 U_N——断路器所在电网的额定电压；

I_{Nbr}——断路器的额定开断电流。

由于U_N不是残压，故额定断流容量不是断路器开断时的实际容量。

（6）关合电流（i_{Ncl}）

保证断路器能关合短路而不至于发生触头熔焊或其他损伤，所允许接通的最大短路电流。

(7) 动稳定电流 (i_{es})

动稳定电流是指断路器在合闸位置时，允许通过的短路电流最大峰值。它是断路器的极限通过电流，其大小由导电和绝缘等部分的机械强度所决定，也受触头结构形式的影响。

(8) 热稳定电流 (i_t)

热稳定电流是指在规定的某一段时间内，允许通过断路器的最大短路电流。热稳定电流表明了断路器承受短路电流热效应的能力。

(9) 全开断（分闸）时间 (t_{kd})

全开断时间是指断路器接到分闸命令瞬间起到各相电弧完全熄灭为止的时间间隔，它包括断路器固有分闸时间 t_{gf} 和燃弧时间 t_h，即 $t_{kd}=t_{gf}+t_h$。断路器固有分闸时间是指断路器接到分闸命令瞬间到各相触头刚刚分离的时间；燃弧时间是指断路器触头分离瞬间到各相电弧完全熄灭的时间。图 2-2 所示为断路器开断单相电路时间示意图，图中时间 t_b 为继电保护装置动作时间。

全开断时间 t_{kd} 是表征断路器开断过程快慢的主要参数。t_{kd} 越小，越有利于减小短路电流对电气设备的危害、缩小故障范围、保持电力系统的稳定。

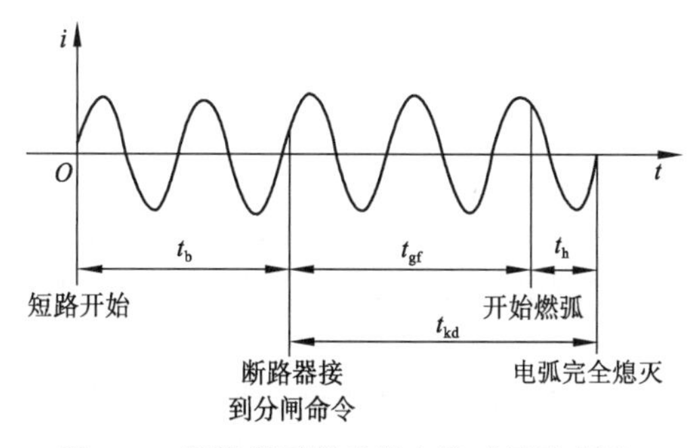

图 2-2 断路器开断单相电路时间示意图

(10) 合闸时间

合闸时间是指从操动机构接到合闸命令瞬间起到断路器接通为止所需的时间。合闸时间决定于断路器的操动机构及中间传动机构。一般合闸时间大于分闸时间。

(11) 操作循环

操作循环也是表征断路器操作性能的指标。我国规定断路器的额定操作循环如下所述：

① 自动重合闸操作循环：分—θ—合分—t—合分。

② 非自动重合闸操作循环：分—t—合分—t—合分。

以两种操作循环中，“分”表示分闸操作；“合分”表示合闸后立即分闸的动作；θ 表示无电流间隔时间，标准值为 0.3 s 或 0.5 s；t 表示强送电时间，标准时间为 180 s。

2. 高压断路器的型号

高压断路器的型号主要由以下七个单元组成：

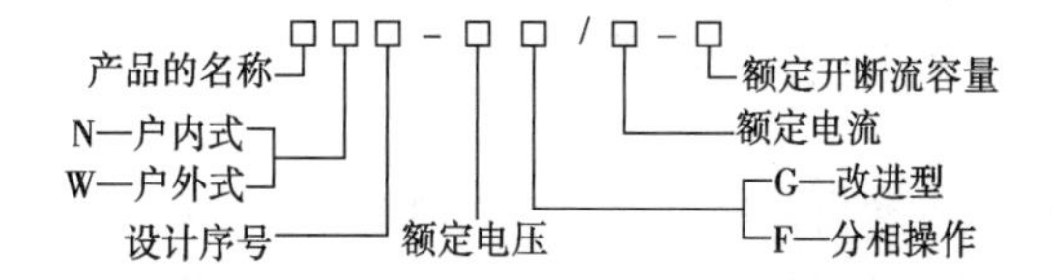

第一单元是产品的名称代号：S 表示少油断路器；D 表示多油断路器；K 表示空气断路器；

L 表示 SF_6 断路器；Z 表示真空断路器；Q 表示自产气断路器；C 表示磁吹断路器。

第二单元是装设地点代号：N 表示户内式；W 表示户外式。

第三单元是设计序号:以数字表示。

第四单元是额定电压：kV。

第五单元是其他补充工作特性标志：G 表示改进型；F 表示分相操作。

第六单元是额定电流：kA。

第七单元是额定开断电流容量：kV·A。

例如：型号为 SN10-10/3000-750 的高压断路器，其含义为：少油断路器、户内式、设计序号 10，额定电压 10 kV，额定电流 3 000 kA，开断容量 750 kV·A。

想一想：高压断路器有何功用？少油断路器和多油断路器中的油各起什么作用？

四、开关电弧的产生和熄灭

1. 电弧的产生

当开关电器开断电路时，电压和电流达到一定值时，触头刚刚分离后，触头之间就会产生强烈的白光，称为电弧。电弧的实质是一种气体放电现象。

产生电弧的游离方式有：

（1）热电子发射

当断路器的动、静触头分离时，触头间的接触压力及接触面积逐渐缩小，接触电阻增大，使接触部位剧烈发热，导致阴极表面温度急剧升高而发射电子，形成热电子发射。

（2）强电场发射

开关电器分闸的瞬间，由于动、静触头的距离很小，触头间的电场强度就非常大，使触头内部的电子在强电场作用下被拉出来，就形成强电场发射。

（3）碰撞游离

从阴极表面发射出的电子在电场力的作用下高速向阳极运动，在运动过程中不断地与中性质点（原子或分子）发生碰撞。当高速运动的电子积聚足够大的动能时，就会从中性质点中打出一个或多个电子，使中性质点游离，这一过程称为碰撞游离。

（4）热游离

弧柱中气体分子在高温作用下产生剧烈热运动，动能很大的中性质点互相碰撞时，将被游离而形成电子和正离子，这种现象称为热游离。弧柱导电就是靠热游离来维持的。

2. 电弧的熄灭

电弧的去游离过程包括复合和扩散两种形式。

（1）复合

复合是正、负带电质点相互结合变成不带电质点的现象。复合过程的快慢，主要决定于离子运动的速度。使弧柱场强减小，降低电弧温度，增大气体压力，升高气体密度等，均可减小离子运动速度，增加离子间接触机会，加强复合。

（2）扩散

扩散是弧柱中的带电质点逸出弧柱以外，进入周围介质的现象。扩散有三种形式：

① 温度扩散，由于电弧和周围介质间存在很大温差，使得电弧中的高温带电质点向温度

低的周围介质中扩散，减少了电弧中的带电质点。

② 浓度扩散，这是因为电弧和周围介质存在浓度差，带电质点就从浓度高的地方向浓度低的地方扩散，使电弧中的带电质点减少。

③ 利用吹弧扩散，在断路器中采用高速气体吹弧，带走电弧中的大量带电质点，以加强扩散作用。

加强弧隙的去游离，或减小弧隙电压的恢复速度，都可以促进电弧熄灭。吹弧是广泛采用的灭弧方法。在断路器中，常制成各种形式的吹弧室，使气体或液体产生较高的压力，有力地吹向弧隙。吹动电弧的方法有纵吹和横吹，吹动方向与弧柱轴线平行的称为纵吹；吹动方向与轴线垂直的称为横吹。纵吹主要是使电弧冷却变细，最后熄灭；而横吹则将电弧拉长，表面积增大并加强冷却，熄弧效果较好。采用纵横混合吹弧方法，熄弧效果更好。

想一想：熄灭电弧的条件是什么？熄灭电弧的去游离方式有哪些？

五、高压 SF_6 断路器的认识

高压 SF_6 断路器（以下简称“SF_6 断路器”）是利用 SF_6 气体为绝缘介质和灭弧介质的无油化开关设备。图 2-3 所示为各种 SF_6 断路器的实物图。该类型断路器中所使用的 SF_6 是一种无色、无味、无毒，且不易燃的惰性气体，在 150 ℃以下时，其化学性能相当稳定，但 SF_6 在电弧高温作用下会发生分解，分解出的氟（F_2）有较强的腐蚀性和毒性，且能与触头的金属蒸气化合为一种具有绝缘性能的白色粉末状的氟化物。因此，这种断路器的触头一般都设计成具有自动净化的作用。然而由于上述的分解和化合作用所产生的活性杂质，大部分能在电弧熄灭后几微秒的极短时间内自动还原，而且残余杂质可用特殊的吸附剂（如活性氧化铝）清除，因此对人身和设备都不会有什么危害。SF_6 不含碳元素（C），这对于灭弧和绝缘介质来说，是极为优越的特性。而油断路器是用油作为灭弧和绝缘介质的，油在电弧高温作用下要分解出碳，使油中的含碳量增高，从而降低了油的绝缘和灭弧性能。因此，油断路器在运行中要经常注意监视油色，适时分析油样，必要时要更换新油。SF_6 断路器就无这些麻烦。SF_6 又不含氧元素（O），因此它不存在触头氧化的问题。因此，SF_6 断路器较之空气断路器，其触头的磨损较少，使用寿命较长。SF_6 除具有上述优良的物理化学性能外，还具有优良的绝缘性能，在 300 kPa 下，其绝缘强度与一般绝缘油的绝缘强度大体相当。SF_6 气体是电负性气体，即其分子和原子具有很强的吸附自由电子的能力，可以大量吸附弧隙中参与导电的自由电子，生成负离子。由于负离子的运动要比自由电子慢得多，因此很容易和正离子复合成中性的分子和原子，大大加快了电流过零时弧隙介质强度的恢复，即 SF_6 在电流过零时，电弧暂时熄灭后，具有迅速恢复绝缘强度的能力，从而使电弧难以复燃而很快熄灭。SF_6 断路器的结构，按其灭弧方式分，有双压式和单压式两类。双压式具有两个气压系统，压力低的作为绝缘，压力高的作为灭弧；单压式只有一个气压系统，灭弧时，SF_6 的气流靠压气活塞产生。单压式的结构简单，LN1、LN2 型断路器均为单压式。

图 2-4 是 LN2.10 型户内式 SF_6 断路器的实物图及外形结构图，其灭弧室结构和工作示意图，如图 2-5 所示。从 SF_6 断路器灭弧室结构可以看出，断路器的静触头和灭弧室中的压气活塞是相对固定不动的。分闸时，装有动触头和绝缘喷嘴的气缸由断路器操作机构通过连杆带动，离开静触头，造成气缸与活塞的相对运动，压缩 SF_6 气体，使之通过喷嘴吹弧，从而使电弧迅速熄灭。SF_6 断路器与油断路器比较，具有断流能力大、灭弧速度快、绝缘性能好和检修周期长等优点，

适于频繁操作，且无易燃、易爆危险；其缺点是，要求制造加工的精度很高，对其密封性能要求更严，因此价格较高。SF_6断路器主要用于需要频繁操作及有易燃易爆危险的场所，特别是用作全封闭式组合设备。SF_6断路器配用 CD10 等型电磁操动机构或 CT7 等型弹簧操作机构。

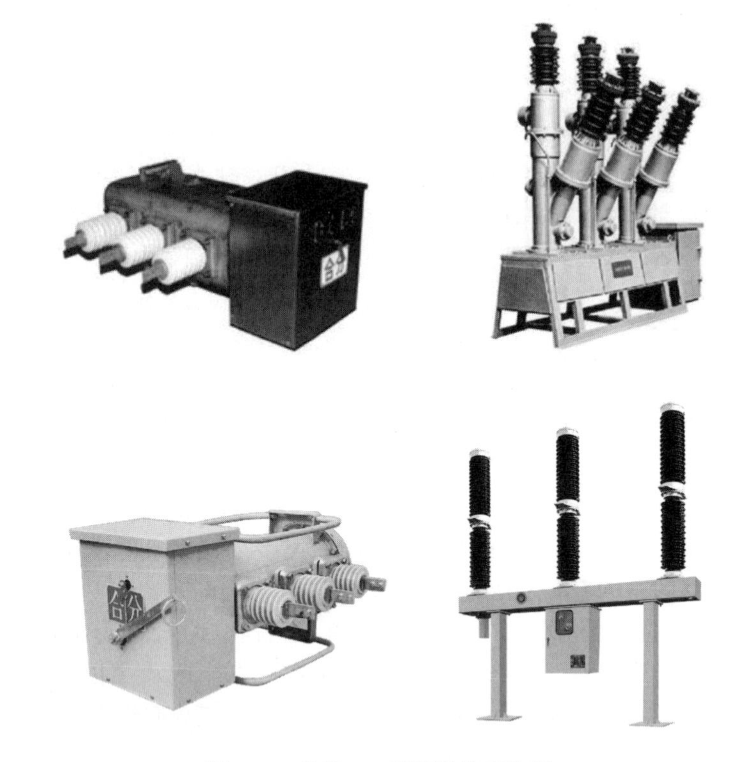

图 2-3　各种 SF_6 断路器的实物图

（a）实物图

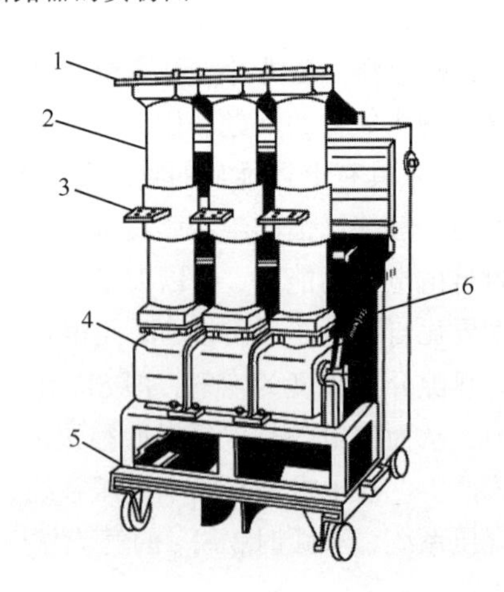

（b）外形结构图

图 2-4　LN2.10 型户内式 SF_6 断路器的实物图及外形结构图

1—接线端子；2—绝缘筒（内有气缸和触头）；3—下接线端子；4—操动机构箱；5—小车；6—断路弹簧

图 2-6 为 CT7 型弹簧操作机构的外形尺寸图，图 2-7 是其操作传动机构内部结构示意图。

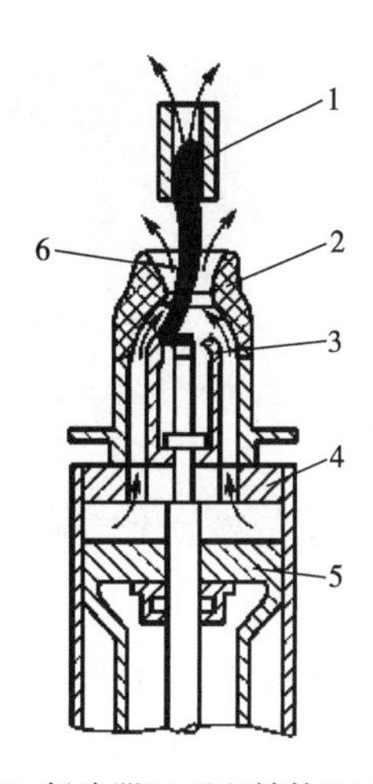

图 2-5　SF_6断路器灭弧室结构和工作示意图

1—静触头；2—绝缘喷嘴；3—动触头；

4—气缸（连同动触头由操动机构传动）；

5—压气活塞（固定）；6—电弧

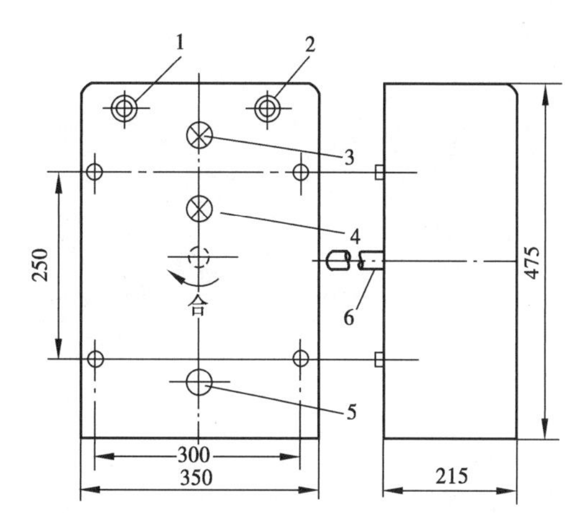

图 2-6　CT7 型弹簧操作机构的外形尺寸图（单位：mm）

1—合闸按钮；2—分闸按钮；3—储能指示灯；

4—分合闸指示灯；5—手动储能转轴；6—输出轴

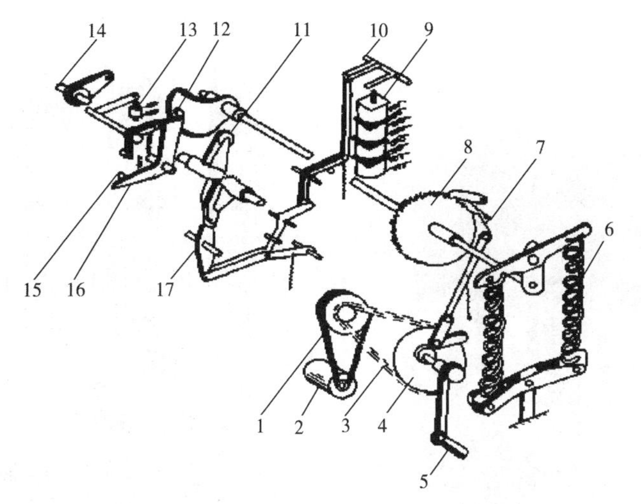

图 2-7　CT7 型弹簧操作传动机构内部结构示意图

1—传动带；2—储能电动机；3—传动链；4—偏心轮；5—操作手柄；

6—合闸弹簧；7—棘爪；8—棘轮；9—脱扣器；10 - 连杆；11—拐臂；

12—偏心凸轮；13—合闸电磁铁；14—输出轴；15—掣子；16—杠杆；17—连杆

六、高压真空断路器认识

高压真空断路器是利用真空度约为 10^{-4} Pa（运行中不低于 10^{-2} Pa）的高真空作为内绝缘和灭弧介质的，其触头装在真空灭弧室内。图 2-8 为各种高压真空断路器实物图。当灭弧室内被抽成 10^{-4} Pa 的高真空时，其绝缘强度要比绝缘油、一个大气压力下的 SF_6 和空气的绝缘强度高很多，而且由于真空中不存在气体游离的问题，所以该断路器的触头断开时很难发生电弧。

图 2-8　各种高压真空断路器实物图

图 2-9 是 ZN3.10 型户内式高压真空断路器的实物图及外形结构图。其真空灭弧室结构图如图 2-10 所示。真空灭弧室的中部，有一对圆盘状的触头。在触头刚分离时，由于高电场发射和热电发射而使触头间发生电弧。电弧温度很高，可使触头表面产生金属蒸气。随着触头的分开和电弧电流的减小，触头间的金属蒸气密度也逐渐减小。当电弧电流过零时，电弧暂时熄灭，触头周围的金属离子迅速扩散，凝聚在四周的屏蔽罩上，以致在电流过零后仅几微秒的极短时间内，触头间隙实际上又恢复了原有的高真空度。因此，当电流过零后虽然很快加上高电压，但是触头间隙也不会再次击穿，即真空电弧在电流第一次过零时就能完全熄灭。

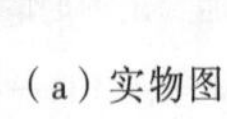

（a）实物图

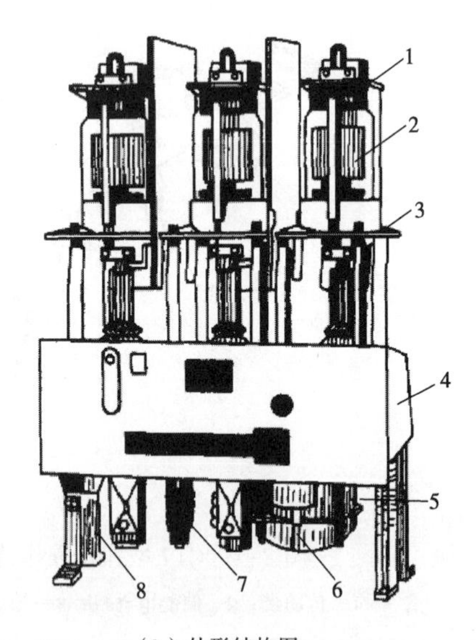

（b）外形结构图

图 2-9　ZN3.10 型户内式高压真空断路器的实物图及外形结构图

1—上接线端子（后面出线）；2—真空灭弧室（内有触头）；3—下接线端子（后面出线）；

4—操作机构箱；5—合闸电磁铁；6—分闸电磁铁；7—断路弹簧；8—底座

高压真空断路器具有体积小、动作快、寿命长、安全可靠和便于维护检修等优点，但价格较高，主要适用于频繁操作的场所。

高压真空断路器与高压 SF_6 断路器一样，配用 CD10 等型电磁操动机构或 CT7 等型弹簧操动机构。

想一想：________断路器适用于频繁操作、安全要求较高的场所。

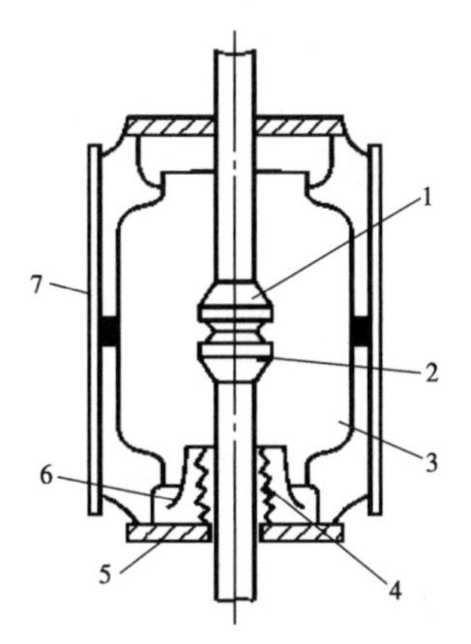

图 2-10 高压真空断路器的真空灭弧室结构图

1—静触头；2—动触头；3—屏蔽罩；4—波纹管；5—与外壳封接的金属法兰盘；6—波纹管屏蔽罩；7—玻壳

七、高压断路器的选择

高压断路器选择及校验条件除额定电压、额定电流、热稳定、动稳定校验外，还应注意以下几点：

1. 高压断路器种类和型式的选择

高压断路器应根据断路器安装地点、环境和使用条件等要求选择其种类和型式。由于少油断路器制造简单、价格便宜、维护工作量较少，故在 3 ~ 220 kV 系统中应用较广，但近年来，真空断路器在 35 kV 及以下电力系统中得到了广泛应用，有取代油断路器的趋势。SF_6断路器也已在向中压 10 ~ 35 kV 发展，并在城乡电网建设和改造中获得了应用。

高压断路器的操动机构，大多数是由制造厂配套供应的，仅部分少油断路器有电磁式、弹簧式或液压式等几种型式的操动机构可供选择。一般电磁式操动机构需配专用的直流合闸电源，但其结构简单可靠；弹簧式结构比较复杂，调整要求较高；液压操动机构加工精度要求较高。操动机构的型式，可根据安装调试方便和运行可靠性进行选择。

2. 额定开断电流选择

高压断路器的额定开断电流 I_{Nbr}，不应小于实际开断瞬间的短路电流周期分量 I_{zt}，即

$$I_{Nbr} \geqslant I_{zt} \tag{2-9}$$

当断路器的 I_{Nbr} 较系统短路电流大很多时，为了简化计算，也可用次暂态电流 I'' 进行选择，即

$$I_{Nbr} \geqslant I'' \tag{2-10}$$

我国生产的高压断路器在做型式试验时，仅计入了 20%的非周期分量。一般中、慢速断路器，由于开断时间较长（>0.1 s），短路电流非周期分量衰减较多，能满足国家标准规定的非周期分量不超过周期分量幅值 20%的要求。使用快速保护和高速断路器时，其开断时间小于 0.1 s，当在电源附近短路时，短路电流的非周期分量可能超过周期分量幅值的 20%，因此需要进行验算。短路全电流的计算方法可参考有关手册，如计算结果非周期分量超过周期分量幅值的 20%以上时，订货时应向制造部门提出要求。

装有自动重合闸装置的断路器，当操作循环符合厂家规定时，其额定开断电流不变。

3. 短路关合电流的选择

在断路器合闸之前，若线路上已存在短路故障，则在断路器合闸过程中，动、静触头间在未接触时即有巨大的短路电流通过（预击穿），更容易发生触头熔焊和造成电动机的损坏。且

断路器在短路关合电流时，不可避免地在接通后又自动跳闸，此时还要求能够切断短路电流，因此，额定关合电流是高压断路器的重要参数之一。为了保证高压断路器在关合短路时的安全，断路器的额定关合电流 i_{Ncl} 不应小于短路电流最大冲击值 i_{ch} ，即

$$i_{Ncl} \geqslant i_{ch} \tag{2-11}$$

子任务四　高压隔离开关的认识与选择

子任务目标：

- 了解高压隔离开关的用途、分类、结构及工作原理等。
- 掌握选择高压隔离开关的有关方法。

高压隔离开关（high voltage disconnector，文字符号为 QS）的功能，主要是隔离高压电源，以保证其他设备和线路的安全检修。图 2-11 为户内式高压隔离开关实物图。因此其结构特点是断开后有明显可见的断开间隙，而且断开间隙的绝缘及相间绝缘都是足够可靠的，能充分保障人身和设备的安全。但是高压隔离开关没有专门的灭弧装置，因此它不允许带负荷操作。

图 2-11　户内式高压隔离开关实物图

一、高压隔离开关的主要作用与要求

在电力系统中，高压隔离开关的主要作用有：

① 隔离电源。

② 倒闸操作。

③ 接通和断开小电流电路。

按照高压隔离开关所担负的任务，应满足以下要求：

① 高压隔离开关应具有明显的断开点，便于确定被检修的设备或线路是否与电网断开。

② 高压隔离开关断开点之间应有可靠的绝缘，以保证在恶劣的气候条件下也能可靠工作，并在过电压及相间闪络的情况下，不致从断开点击穿而危及人身安全。

③ 高压隔离开关应具有足够的热稳定性和动稳定性，尤其不能因电动力的作用而自动断开，否则将引起严重事故。

④ 高压隔离开关的结构要简单，动作要可靠。

⑤ 带有接地闸刀的高压隔离开关必须有联锁机构，以保证先断开高压隔离开关后，再合上接地闸刀，先断开接地闸刀后，再合上高压隔离开关的操作顺序。

⑥ 高压隔离开关要装有和断路器之间的联锁机构，以保证正确的操作顺序，杜绝高压隔离开关带负荷操作的事故发生。

二、高压隔离开关的主要技术参数、分类和型号

1. 高压隔离开关的主要技术参数

① 额定电压：指高压隔离开关长期运行时所能承受的工作电压。

② 最高工作电压：指高压隔离开关能承受的超过额定电压的最高电压。

③ 额定电流：指高压隔离开关可以长期通过的工作电流。

④ 热稳定电流：指高压隔离开关在规定的时间内允许通过的最大电流。

⑤ 极限通过电流峰值：指高压隔离开关所能承受的最大瞬时冲击短路电流。

2. 高压隔离开关的分类

① 按安装场所的不同，可分为户内式和户外式两种。

② 按绝缘支柱数目，可分为单柱式、双柱式和三柱式三种。

③ 按动触头运动方式，可分为水平旋转式、垂直旋转式、摆动式和插入式等。

④ 按有无接地闸刀，可分为无接地闸刀、一侧有接地闸刀、两侧有接地闸刀三种。

⑤ 按操动机构的不同，可分为手动式、电动式、气动式和液压式等。

⑥ 按极数，可分为单极、双极、三极三种。

⑦ 按安装方式，可分为平装式和套管式等。

3. 高压隔离开关的型号

高压隔离开关型号的表示和含义如下：

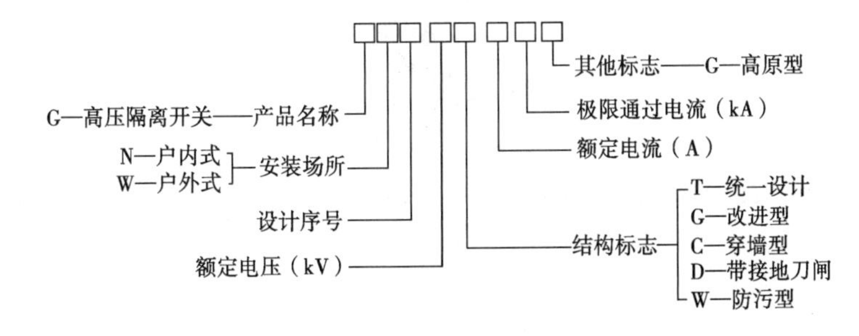

三、户内式高压隔离开关的认识

户内式高压隔离开关采用闸刀形式，有单极和三极两种。闸刀的运动方式为垂直旋转式。其基本结构包括导电回路、传动机构、绝缘部分和底座等。图 2-12 所示为 GN8.10/600 型户内式高压隔离开关实物图及外形结构图。

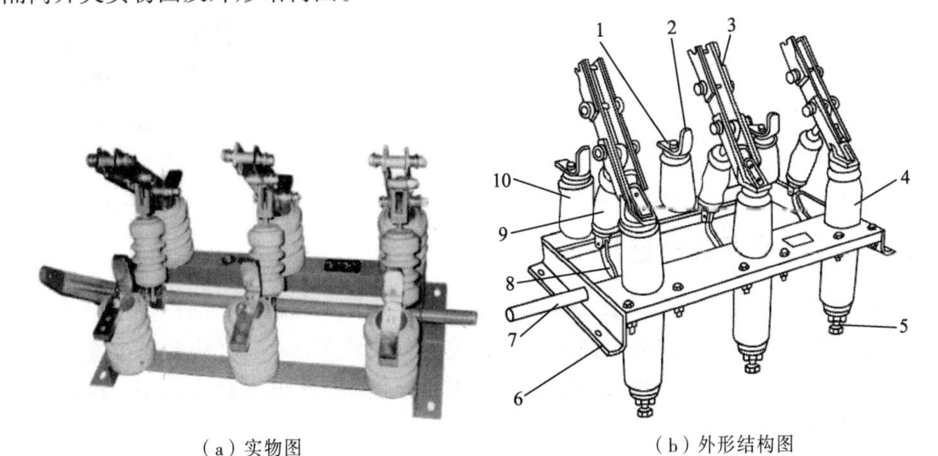

（a）实物图　　（b）外形结构图

图 2-12　GN8.10/600 型户内式高压隔离开关实物图及外形结构图

1—上接线端子；2—静触头；3—闸刀；4—绝缘套管；5—下接线端子；

6—框架；7—转轴；8—拐臂；9—升降瓷瓶；10—支柱瓷瓶

户内式高压隔离开关通常采用 CS6 型（操作机构型号含义：C 表示操作机构；S 表示手动；6 表示设计序号）手动操作机构进行操作，而户外式高压隔离开关则大多采用绝缘钩棒（俗称“令克棒”）手工操作。

图 2-13 所示是 CS6 型手动操作机构与 GN8 型高压隔离开关配合的一种安装方式。

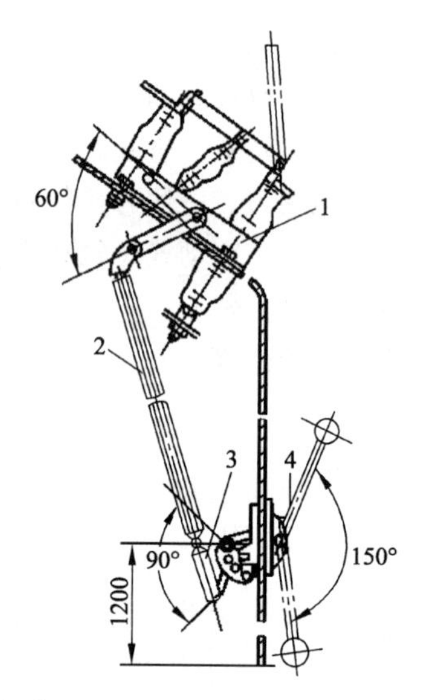

图 2-13　CS6 型手动操作机构与 GN8 型高压隔离开关配合的一种安装方式

1—GN8 型高压隔离开关；2—传动连杆（920 mm 焊接钢管）；

3—调节杆；4—CS6 型手动操作机构

四、户外式高压隔离开关

户外式高压隔离开关分为单柱式、双柱式、V 形式和三柱式等。图 2-14 为 GW5-35 型高压隔离开关实物图。它采用双柱式结构，制成单极形式，借助连杆构成三相连动。每极有两个棒式绝缘子，并组成 V 形装在同一个底座内的两个轴承座上。闸刀做成两段式，分别固定在棒式绝缘子的顶端，可动触头成楔形连接。操动机构在动作时，两个棒式绝缘子同速反向旋转 90°，使高压隔离开关断开或接通。

图 2-14　GW5-35 型高压隔离开关实物图

五、高压隔离开关的选择

高压隔离开关选择及校验条件除额定电压、额定电流、热稳定、动稳定校验外，还应注意其种类和型式的选择，尤其户外式高压隔离开关的型式较多，对配电装置的布置和占地面积影响很大，因此其型式应根据配电装置特点和要求以及技术、经济条件来确定，在进行高压隔离开关选型时可参考表 2-4。

表 2-4　高压隔离开关选型参考表

使用场合		特点	参考型号
户内	户内配电装置成套高压开关柜	三级，<10 kV	GN2，GN6，GN8，GN19

续表

使　用　场　合		特　点	参　考　型　号
户内	发电机回路，大电流回路	单极，大电流 3 000~13 000 A	GN10
		三级，15 kV，200~600 A	GN11
		三级，10 kV，大电流 2 000~3 000 A	GN18，GN22，GN2
		单极，插入式结构，带封闭罩 20 kV，大电流 10 000~13 000 A	GN14
户外	220 kV 及以下各型配电装置	双柱式，≤220 kV	GW4
	高型，硬母线布置	V 形式，35~110 kV	GW5
	硬母线布置	单柱式，220~500 kV	GW6
	20 kV 及以上中型配电装置	三柱式，220~500 kV	GW7

【例 2-1】如图 2-15 所示为降压变电所中一台变压器，容量为 7 500 kV·A，其短路电压百分值为 $U_d\%=7.5$，二次母线电压为 10 kV，变电所由无限大容量系统供电，二次母线上短路电流为 $I''=I_\infty=5.5$ kA。作用于高压断路器的定时限保护装置的动作时限为 1 s，瞬时动作的保护装置的动作时限为 0.05 s，拟采用高速动作的高压断路器，其固有开断时间为 0.05 s，灭弧时间为 0.05 s，断路器全开断时间为 $t_{kd}=(0.05+0.05)$s=0.1 s，试选择高压断路器与高压隔离开关。

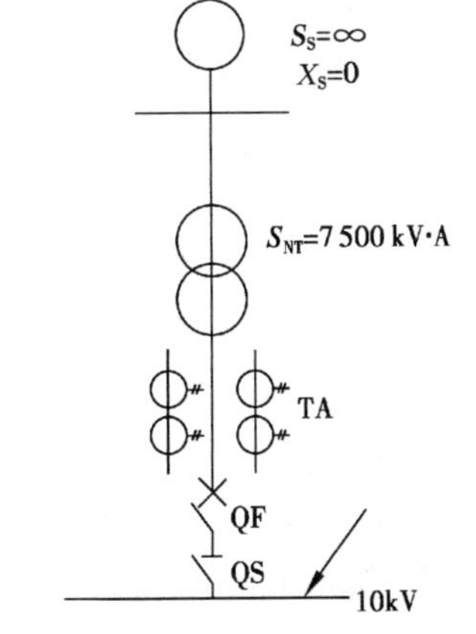

图 2-15　降压变电所中一台变压器

解：所选断路器的工作电流为

$$I_{max}=\frac{7\ 500}{\sqrt{3}U_N}=\frac{7\ 500}{\sqrt{3}\times 10}\text{A}=433\text{ A}$$

短路电流冲击值为

$i_{ch}=2.55\quad I''=14$kA

短路电流热效应的等值计算时间为

$t_z=t=t_b+t_{kd}=(1+0.1)$ s=1.1 s＞1 s，可忽略 t_{fz}，t_z，则 $t_{dz}=t_z=1.1$ s。

根据上述计算数据结合具体情况和选择条件，通过查阅产品样本库选择户内式 SN10-10I-600 型高压断路器和 GN2.10-600 型高压隔离开关，经短路稳定性校验，均合格。将计算数据和其额定数据列于表 2-5 中，并选取 CD10 与 CS2.1T 型操作机构。

表 2-5　选用 SN10-10I-600 型高压断路器和 GN2.10-600 型高压隔离开关数据表

计　算　数　据	SN10-10I-600 型高压断路器	GN2.10-600 型高压隔离开关
安装网路的额定电压 10 kV	$U_N=10$ kV	$U_N=10$ kV
通过设备的工作电流 433 A	$I_N=600$ A	$I_N=600$ A
短路电流 $I''=I_\infty=5.5$kA	$I_{Ncl}=20.2$ kA	
短路电流冲击值 $i_{ch}=14$ kA	$i_{max}=52$kA	$i_{max}=52$ kA
热校验计算值 $I_\infty^2 t_{dz}=5.5^2\times 1.1$ kA²·s=33.3 kA²·s	$I_t^2 t=20.2^2\times 4$ kA²·s=1 632 kA²·s	$I_t^2 t=20^2\times 5$ kA²·s=2 000 kA²·s

子任务五　高压负荷开关的认识与选择

子任务目标：

- 了解高压负荷开关的用途、分类、结构及工作原理等。
- 掌握选择高压负荷开关的有关方法。

一、高压负荷开关的认识

高压负荷开关（high voltage load switch，文字符号为 QL），具有简单的灭弧装置，因而能通断一定的负荷电流和过负荷电流。但是它不能断开短路电流，所以它一般与高压熔断器串联使用，借助熔断器来进行短路保护。高压负荷开关断开后，与高压隔离开关一样，也具有明显可见的断开间隙，因此它也具有隔离高压电源、保证安全检修的功能。

高压负荷开关的类型较多，下面着重介绍一种应用最多的户内压气式高压负荷开关。图 2-16 是 FN3.10RT 型户内压气式高压负荷开关的实物图及外形结构图。由图可以看出，上半部为负荷开关本身，外形与高压隔离开关类似，实际上它就是在高压隔离开关基础上加一个简单的灭弧装置构成的。高压负荷开关上端的绝缘子就是一个简单的灭弧室，其内部结构图如图 2-17 所示。该绝缘子不仅起支柱绝缘子的作用，而且内部是一个气缸，装有由操动机构主轴传动的活塞，其作用类似打气筒。绝缘子上部装有绝缘喷嘴和弧静触头。当高压负荷开关分闸时，在闸刀一端的弧动触头与绝缘子上的弧静触头之间产生电弧。由于分闸时主轴转动带动活塞，压缩气缸内的空气而从喷嘴往外吹弧，使电弧迅速熄灭。当然分闸时还有电弧迅速拉长及本身电流回路的电磁吹弧作用。但总体来说，高压负荷开关的断流灭弧能力是有限的，只能分断一定的负荷电流和过负荷电流，因此高压负荷开关不能配以短路保护装置来自动跳闸，但可以装设热脱扣器用于过负荷保护。

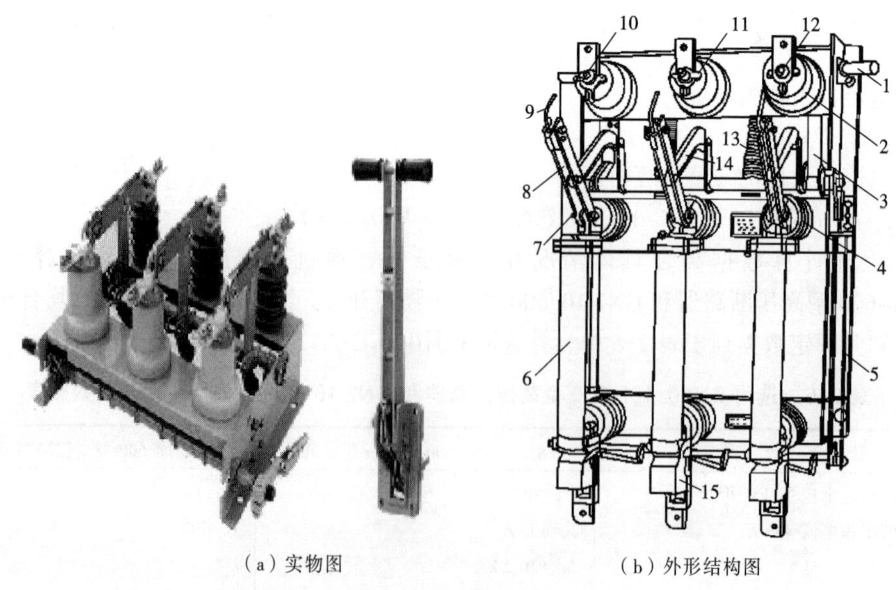

（a）实物图　　（b）外形结构图

图 2-16　FN3.10RT 型户内压气式高压负荷开关的实物图及外形结构图

1—主轴；2—上绝缘子兼气缸；3—连杆；4—下绝缘子；5—框架；6—RN1 型高压熔断器；7—下触座；8—闸刀；9—弧动触头；10—绝缘喷嘴（内有弧静触头）；11—主静触头；12—上触座；13—断路弹簧；14—绝缘拉杆；15—热脱扣器

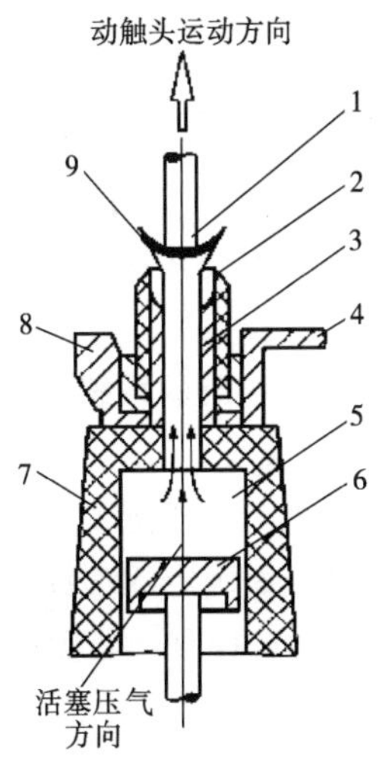

图 2-17　FN3.10RT 型户内压气式高压负荷开关的内部结构图

1—弧动触头；2—绝缘喷嘴；3—弧静触头；4—接线端子；

5—气缸；6—活塞；7—上绝缘子；8—主静触头；9—电弧

高压负荷开关型号的表示和含义如下：

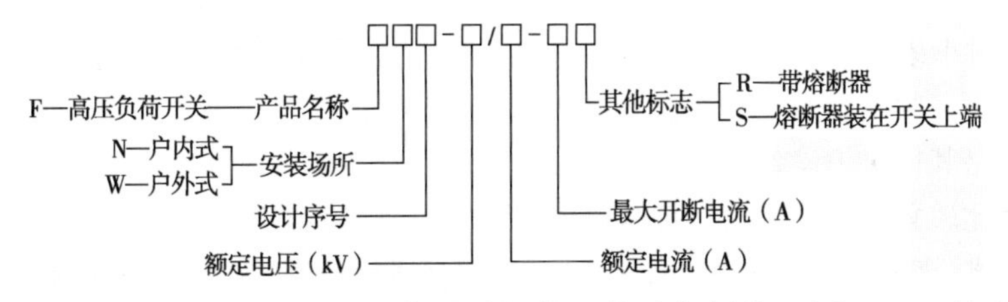

上述高压负荷开关一般配用 CS2 型等手动操作机构进行操作。图 2-18 所示是 CS2 型手动操作机构的外形及其与 FN3 型负荷开关配合的一种安装方式。

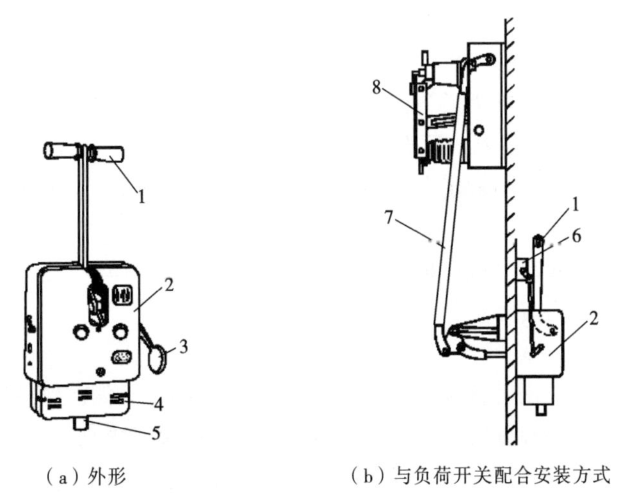

（a）外形　　（b）与负荷开关配合安装方式

图 2-18　CS2 型手动操作机构的外形及其与 FN3 型负荷开关配合的一种安装方式

1—操作手柄；2—操作机构外壳；3—分闸指示牌（掉牌）；4—脱扣器盒；

5—分闸铁芯；6—辅助开关（联动触头）；7—传动连杆；8—负荷开关

二、高压负荷开关的选择

这里主要介绍一下重合器和分段器两种高压负荷开关的选择方法。

1. 重合器的选择

选用重合器时，要使其额定参数满足安装场所的系统条件，具体要求有：

（1）额定电压

重合器的额定电压应等于或大于安装场所的系统最高运行电压。

（2）额定电流

重合器的额定电流应大于安装场所的预期长远的最大负荷电流。除此，还应注意重合器的额定电流是否满足触头载流、温升等因素而确定的参数。为满足保护配合要求，还应选择好串联线圈和电流互感器的额定电流。通常，选择重合器额定电流时留有较大的裕度。选择串联线圈时应以实际预期负荷为准。

（3）确定安装场所最大故障电流

重合器的额定短路开断电流应大于安装场所的长远规划最大故障电流。

（4）确定保护区域末端最小故障电流

重合器的最小分闸电流应小于保护区域最小故障电流。对液压控制重合器，这主要涉及选择串联线圈额定电流问题：电流裕度大时，可适应负荷的增加并可避免对涌流过于敏感；电流裕度小时，可对小故障电流反应敏感。有时，可将重合器保护区域的末端直接选在故障电流至少为重合器最小分闸电流的 1.5 倍处，以保证满足该项要求。

（5）与线路其他保护设备配合

这主要是比较重合器的电流-时间特性曲线、操作顺序和复归时间等特性，与线路上其他重合器、分段器、熔断器的保护配合，以保证在重合器后备保护开关动作或在其他线路元件发生损坏之前，重合器能够及时分断。

2. 分段器的选择

选用分段器时，应注意以下问题：

（1）起动电流

分段器的额定起动电流应为后备保护开关最小分闸电流的 80%。当液压控制分段器与液压控制重合器配合使用时，分段器与重合器选用相同额定电流的串联线圈即可。因为液压控制分段器的起动电流为其串联线圈额定电流的 1.6 倍，而液压控制重合器的最小分闸电流为其串联线圈额定电流的 2 倍。

电子控制分段器的起动电流可根据其额定电流直接整定，但必须满足上述“80%”的原则。电子控制重合器整定值为实际动作值，应考虑配合要求。

（2）计数次数

分段器的计数次数应比后备保护开关的重合次数少一次。当数台分段器串联使用时，负荷侧分段器应依次比其电源侧分段器的计数次数少一次。在这种情况下，液压控制分段器通常不用降低其起动电流值的方法来达到各串联分段器之间的配合，而是采用不同的计数次数来实现，以免因网络中涌流造成分段器误动。

（3）记忆时间

必须保证分段器的记忆时间大于后备保护开关动作的总累积时间，否则分段器可能部分地

“忘记”故障开断的分闸次数，导致后备保护开关多次不必要的分闸或分段器与前级保护都进入闭锁状态，使分段器起不到应有的作用。

液压控制分段器的记忆时间不可调节，它由分闸活塞的复位快慢所决定。复位快慢又与液压机构中油的黏度有关。

想一想：高压负荷开关能通断一定的________和________，它具有________，保证________的功能。

子任务六　高压熔断器的认识与选择

子任务目标：

- 了解高压熔断器的用途、分类、结构及工作原理等。
- 掌握选择高压熔断器的有关方法。

一、熔断器的作用与特点

熔断器（fuse，文字符号为 FU）是一种在电路电流超过规定值并经一定时间后，使其熔体（fuse element，文字符号为 FE）熔化而分断电流、断开电路的一种保护设备。熔断器的功能主要是对电路及电路设备进行短路保护，有的熔断器还具有过负荷保护的功能。

熔断器的优点是：结构简单、体积小、布置紧凑、使用方便；动作直接，不需要继电保护和二次回路相配合；价格低。

熔断器的缺点是：每次熔断后须停电更换熔体才能再次使用，增加了停电时间；保护特性不稳定，可靠性低；保护选择性不易配合。

熔断器按电压等级可分为高压熔断器和低压熔断器。

二、高压熔断器的基本结构、工作原理和保护特性

1. 基本结构

熔断器主要由金属熔件（熔体）、支持熔件的触头、灭弧装置和绝缘底座等部分组成。其中决定其工作特性的主要是熔体和灭弧装置。

熔体是熔断器的主要部件。熔体应具备材料熔点低、导电性能好、不易氧化和易于加工等特点。一般选用铅、铅锡合金、锌、铜、银等金属材料。

铜的导电、导热性能良好，可以制成截面较小的熔体，熔断时产生的金属蒸气少，有利于提高熔断器的切断能力。但铜的熔点高，易损坏触头系统或其他部件。通常采用熔体的表面上焊有小锡（铅）球的办法，即当熔体温度升高到锡或铅的熔点时，锡或铅熔化并渗入铜熔体内，形成电阻大、熔点低的铜锡（铅）合金。结果在熔体的锡（铅）球处率先熔断，继而产生电弧使铜熔体在电弧的高温下熔化和汽化。

银的熔点为 960 ℃，略低于铜的熔点，其导电和导热性能更好，而且不易氧化，但因价格较高，故只使用在高压、小电流的熔断器中。

熔断器必须采取措施熄灭熔体熔断时产生的电弧，否则，会引起事故的扩大。熔断器的灭弧措施可分为两类：一类是在熔断器内装有特殊的灭弧介质，如产气纤维管、石英砂等，它利用了吹弧、冷却等灭弧原理；另一类是采用特殊形状的熔体，如上述焊有小锡（铅）球的熔体、

变截面的熔体、网孔状的熔体等，其目的在于减小熔体熔断后的金属蒸气量，或者把电弧分成若干串、并联的小电弧，并与石英砂等灭弧介质紧密接触，提高灭弧效果。

2. 工作原理和保护特性

熔断器安装在被保护设备或线路的电源侧。熔体熔化时间的长短，取决于熔体熔点的高低和所通过电流的大小。熔体材料的熔点越高，熔体熔化就越慢，熔断时间就越长。熔体熔断电流和熔断时间之间呈现反时限特性，即电流越大，熔断时间就越短，其关系曲线称为熔断器的保护特性，又称安秒特性。图 2-19 所示为 6 ~ 35 kV 熔丝安秒特性曲线。

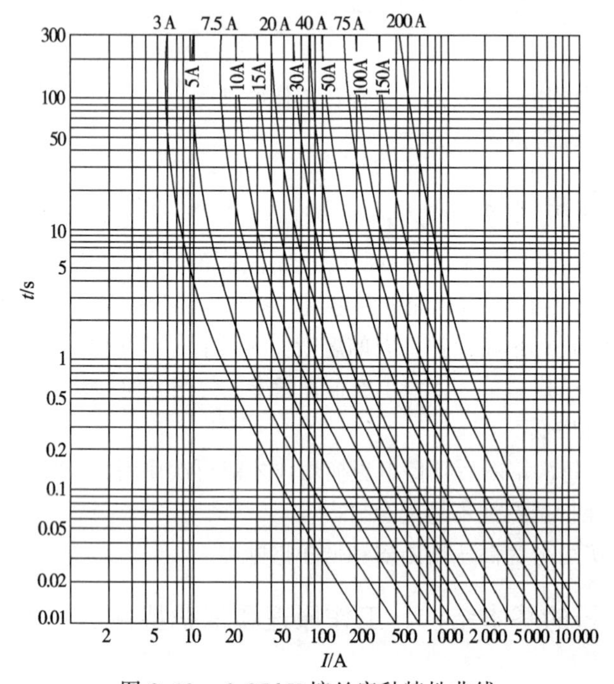

图 2-19　6~35 kV 熔丝安秒特性曲线

熔断器的工作全过程由以下三个阶段组成：

① 正常工作阶段，熔体通过的电流小于其额定电流，熔断器长期可靠地运行不应发生误熔断现象。

② 过负荷或短路时，熔体升温并导致熔化、汽化而开断。

③ 熔体熔断汽化时发生电弧，又使熔体加速熔化和汽化，并将电弧拉长，这时高温的金属蒸气向四周喷溅并发出爆炸声。熔体熔断产生电弧的同时，也开始了灭弧过程。直到电弧被熄灭，电路才真正被断开。

按照保护特性选择熔体才能获得熔断器动作的选择性。所谓选择性，是指当电网中有几级熔断器串联使用时，分别保护各电路中的设备，如果某一设备发生过负荷或短路故障时，应当由保护该设备（离该设备最近）的熔断器熔断，切断电路，即为选择性熔断；如果保护该设备的熔断器不熔断，而由上级熔断器熔断或者断路器跳闸，即为非选择性熔断。发生非选择性熔断时，扩大了停电范围，造成不应有的损失。

三、高压熔断器的分类和技术参数

高压熔断器按照安装场所可分为户内式和户外式；按照是否有限流作用又可分为限流式和非限流式。

1. 分类及用途

① RN1 型。户内管式，充有石英砂，用于电力线路及设备的短路和过负荷保护。

② RN2 型。户内管式，充有石英砂，用于电压互感器的短路保护。

③ RN5 型。户内管式，充有石英砂，是 RN1 型的改进型，性能优于 RN1 型，用于电力线路及设备的短路和过负荷保护。

④ RN6 型。户内管式，充有石英砂，是 RN2 型的改进型，性能优于 RN2 型，用于电压互感器的短路保护。

⑤ RW1 型。户外式，与负荷开关配合可代替断路器。RW1-35Z（或 60Z）型户外自动重合闸熔断器，具有一次自动重合闸功能。

⑥ RW3 ~ RW7 型。户外自动跌落式，用于电力输电线路和电力变压器的短路和过负荷保护。

⑦ RW10-10 型。户外自动跌落式，包括普通型和防污型两种，用于电力输电线路和电力变压器的短路和过负荷保护，同时亦可用于分、合空载及小负荷电路。

⑧ RW11 型。户外自动跌落式，用于电力输电线路和电力变压器的短路和过负荷保护。

⑨ PRWG1 型。户外自动跌落式，用于电力输电线路和电力变压器的短路和过负荷保护，同时亦可用于分、合空载及小负荷电路。

⑩ PRWG3 型。户外自动跌落式，用于配电线路和配电变压器的短路和过负荷保护及隔离电源，负荷型还可用于分、合 1.3 倍负荷电流的开关。

⑪ RXW0-35/0.5 型、RW10-35/0.5 型。户外高压限流式熔断器，用于电压互感器的短路保护。

⑫ RXW0-35/2 ~ 10 型、RW10-35/2 ~ 10 型。户外高压限流式熔断器，用于户外用电负荷的短路和过负荷保护。

高压熔断器型号的表示和含义如下：

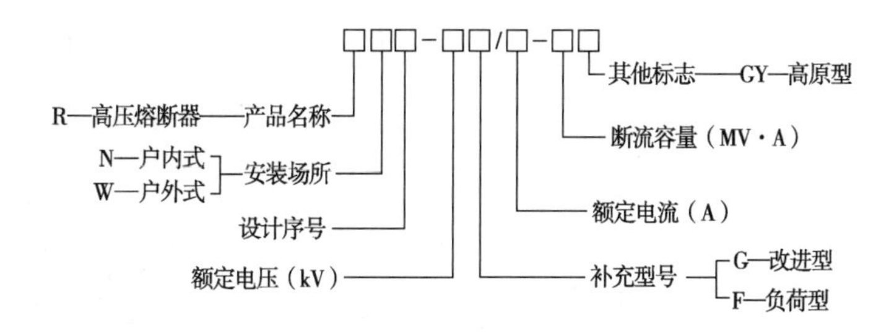

2. 技术参数

熔断器的主要技术参数如下：

① 熔断器的额定电压：它既是绝缘所允许的电压等级，又是熔断器允许的灭弧电压等级。

② 熔断器的额定电流：它是指一般环境温度（不超过 40 ℃）下熔断器壳体的载流部分和接触部分允许通过的长期最大工作电流。

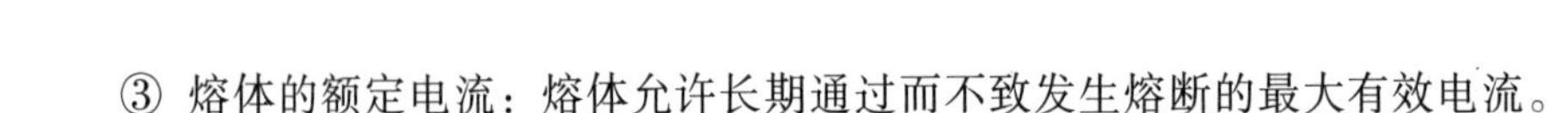

③ 熔体的额定电流：熔体允许长期通过而不致发生熔断的最大有效电流。

④ 熔断器的开断电流：熔断器所能正常开断的最大电流。

想一想：熔断器的文字符号是 FU，低压断路器的文字符号是 QK。(　　)

四、户内式高压熔断器的认识

在工厂供配电系统中，户内广泛采用 RN1、RN2 等型高压管式熔断器，RN1 和 RN2 型的结构基本相同，都是瓷质熔管内充石英砂、硅砂填料的密闭管式熔断器，其实物图及外形结构图如图 2-20 所示。

(a) 实物图

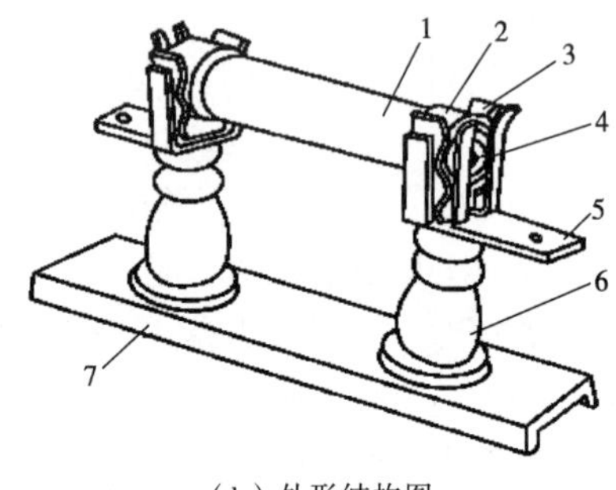

(b) 外形结构图

图 2-20　RN1 和 RN2 型户内高压管式熔断器外形结构图

1—瓷熔管；2—金属管帽；3—弹性触座；4—熔断指示器；5—接线端子；6—支柱瓷瓶；7—底座

RN1 型主要用作高压电路和设备的短路保护，并能起过负荷保护的作用，其熔体要通过主电路的大电流，因此其结构尺寸较大，额定电流可达 100 A。而 RN2 型只用作高压电压互感器一次侧的短路保护。由于电压互感器二次侧全部连接阻抗很大的电压线圈，致使它接近于空载工作，其一次侧电流很小，因此 RN2 型的结构尺寸较小，其熔体额定电流一般为 0.5 A。

RN1 和 RN2 型高压管式熔断器的熔管断面示意图如图 2-21 所示。由图可知，熔断器的工作熔体（铜熔丝）上焊有小锡球。锡是低熔点金属，过负荷时锡球受热首先熔化，包围铜熔丝，铜锡分子相互渗透而形成熔点较铜的熔点低的铜锡合金，使铜熔丝能在较低的温度下熔断，这就是所谓“冶金效应”（metallurgical effect）。它使熔断器能在不太大的过负荷电流和较小的短路电流下动作，从而提高了保护灵敏度。又由图 2-21 可知，该熔断器采用多根熔丝并联，熔断时能产生多根并行的电弧，利用粗弧分细灭弧法可加速电弧的熄灭。而且该熔断器熔管内充填石英砂，熔丝熔断时产生的电弧完全在石英砂内燃烧，因此其灭弧能力很强，能在短路后不到半个周期，即短路电流未达

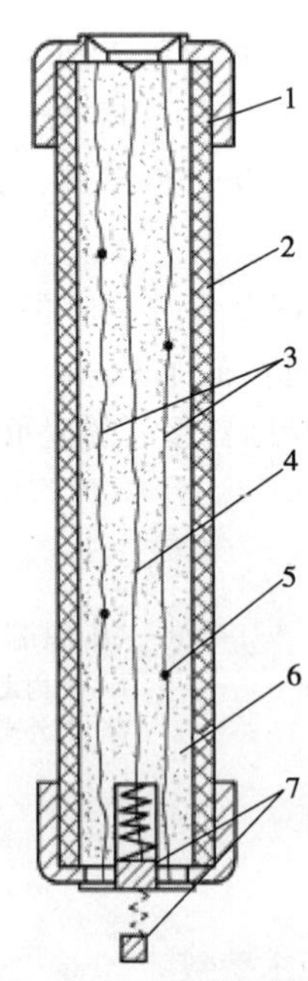

图 2-21　RN1 和 RN2 型高压管式熔断器的熔管断面示意图

1—管帽；2—瓷管；3—工作熔体；4—指示熔体 5—锡球；6—石英砂填料；7—熔断指示器

冲击值 i_{sh} 之前即能完全熄灭电弧，切断短路电流，从而使熔断器本身及其所保护的电气设备不必考虑短路冲击电流的影响，因此这种熔断器属于“限流”熔断器。

当短路电流或过负荷电流通过熔断器的熔体时，工作熔体熔断后，指示熔体相继熔断，其红色的熔断指示器弹出，如图 2-21 中虚线所示，给出熔断的指示信号。

五、户外式高压熔断器的认识

在工厂供电系统中，户外广泛采用 RW4.10、RW10(F).10 型等高压跌开式熔断器和 RW10.35 型等高压限流熔断器。

跌开式熔断器（dropout fuse，文字符号：一般型为 FD，负荷型为 FDL），又称跌落式熔断器，广泛用于环境正常的户外场所。其功能是，既可作为 6 ~ 10 kV 线路和设备的短路保护，又可在一定条件下，直接用高压绝缘钩棒来操作熔管的分合，起高压隔离开关的作用。

图 2-22 所示是 RW4.10（G）型高压跌开式熔断器的实物图及其基本结构。

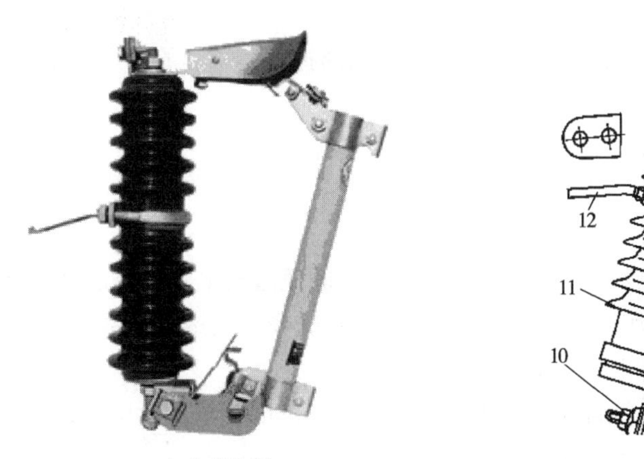

（a）实物图　　（b）基本结构

图 2-22　RW4.10（G）型高压跌开式熔断器的实物图及基本结构

1—上接线端子；2—上静触头；3—上动触头；4—管帽（带薄膜）；5—操作环；6—熔管（外层为酚醛纸管或环氧玻璃布管，内套纤维质消弧管）；7—铜熔丝；8—下动触头；9—下静触头；10—下接线端子；11—绝缘瓷瓶；12—固定安装板

这种跌开式熔断器还采用了“逐级排气”结构。其熔管上端在正常运行时是被一薄膜封闭的，可以防止雨水浸入。在分断小的短路电流时，由于上端封闭而形成单端排气，使管内保持足够大的气压，这样有利于熄灭小的短路电流所产生的电弧；而在分断大的短路电流时，由于管内产生的气压大，使上端薄膜冲开而形成两端排气，这样有助于防止分断大的短路电流时可能造成的熔管爆裂，从而较好地解决了自产气熔断器分断大小故障电流的矛盾。

RW10（F）.10 型高压跌开式熔断器是在一般跌开式熔断器的上静触头上面加装一个简单的灭弧室，因而能够带负荷操作。这种负荷型跌开式熔断器既能实现短路保护，又能带负荷操作，且能起隔离开关的作用，因此有推广应用的趋向。跌开式熔断器依靠电弧燃烧使产气消弧管分解产生的气体来熄灭电弧，即使是负荷型跌开式熔断器加装有简单的灭弧室，其灭弧能力都不强，灭弧速度不快，不能在短路电流达到冲击值之前熄灭电弧，因此它属“非限流”熔断器。

六、高压熔断器的选择

高压熔断器按额定电压、额定电流、开断电流和选择性等项来选择和校验。

1. 额定电压选择

对于一般的高压熔断器，其额定电压 U_N 必须大于或等于电网的额定电压 U_{Ns}。但是对于充填石英砂有限流作用的熔断器，则不宜使用在低于熔断器额定电压的电网中，这是因为限流式熔断器灭弧能力很强，在短路电流达到最大值之前就将电流截断，致使熔体熔断时因截流而产生过电压，其过电压倍数与电路参数及熔体长度有关，一般在 $U_{Ns}=U_N$ 的电网中，过电压倍数为 2 ~ 2.5 倍，不会超过电网中电气设备的绝缘水平；但在 $U_{Ns}<U_N$ 的电网中，因熔体较长，过电压值可达 3.5 ~ 4 倍相电压，可能损坏电网中的电气设备。

2. 额定电流选择

熔断器的额定电流选择，包括熔管额定电流和熔体额定电流的选择。

（1）熔管额定电流的选择

为了保证熔断器载流及接触部分不致过热和损坏，在选择时其熔管的额定电流应满足：

$$I_{Nft} \geqslant I_{Nfs} \tag{2-12}$$

式中 I_{Nft}——熔管的额定电流；

I_{Nfs}——熔体的额定电流。

（2）熔体额定电流的选择

为了防止熔体在通过变压器励磁涌流和保护范围以外的短路及电动机自起动等冲击电流时误动作，保护 35 kV 及以下电力变压器的高压熔断器，在选择时其熔体的额定电流应满足：

$$I_{Nfs}=KI_{max} \tag{2-13}$$

式中 K——可靠系数（不计电动机自起动时 K=1.1 ~ 1.3，考虑电动机自起动时 K=1.5 ~ 2.0）；

I_{max}——电力变压器回路最大工作电流。

用于保护电力电容的高压熔断器的熔体，当系统电压升高或波形畸变引起回路电流增大或运行过程中产生涌流时不应误熔断，在选择时其熔体的额定电流应满足：

$$I_{Nfs}=KI_{Nc} \tag{2-14}$$

式中 K——可靠系数（对限流式高压熔断器，当一个电力电容时 K=1.5 ~ 2.0，当一组电力电容器时 K=1.3 ~ 1.8）；

I_{Nc}——电力电容回路的额定电流。

3. 熔断器开断电流校验

$$I_{Nbr} \geqslant I_{ch}\text{（或 }I''\text{）} \tag{2-15}$$

式中 I_{Nbr}——熔断器的额定开断电流；

I_{ch}——冲击电流的有效值。

对于没有限流作用的熔断器，选择时用冲击电流的有效值 I_{ch} 进行校验；对于有限流作用的熔断器，在电流达最大值之前已截断，故可不计非周期分量影响，而采用 I''进行校验。

4. 熔断器选择性校验

为了保证前后两级熔断器之间或熔断器与电源（或负荷）保护装置之间动作的选择性，应进行熔体选择性校验。各种型号熔断器的熔体熔断时间可从制造厂提供的安秒特性曲线上查出。

对于保护电压互感器用的高压熔断器，只需按额定电压及断流容量两项来选择。

子任务七　仪用互感器的认识与选择

子任务目标：

- 了解仪用互感器的用途、分类、结构及工作原理等。
- 掌握选择仪用互感器的有关方法。

仪用互感器是一种用于测量的专用设备，是一种特殊的变压器，它被广泛应用于供电系统中，向测量仪表和继电器的电压线圈或电流线圈供电，常用于在许多自动控制系统中检测信号。

依据用途的不同，仪用互感器分为两大类：一类是电流互感器，它是将一次侧的大电流，按比例变为适合通过仪表或继电器使用的额定电流为 5 A 的低压小电流的设备；另一类是电压互感器，它是将一次侧的高电压降到线电压为 100 V 的低电压，供给仪表或继电器用电的专用设备。

使用互感器测量的目的一是为了工作人员和仪表的安全，将测量回路与高压电网隔离；二是可以使用小量程的电流表、电压表分别测量大电流和高电压。互感器的规格多种多样，我国规定电流互感器二次侧额定电流都是 5 A 或 1 A，电压互感器二次侧额定电压都是 100 V。

一、电压互感器的认识

1. 电压互感器的分类

电压互感器按绝缘及冷却方式来分，有干式和油浸式；按相数来分，有单相和三相等。以环氧树脂浇注绝缘的干式电压互感器应用最广泛的是单相干式电压互感器。JD-10 型电压互感器实物图及结构图如图 2-23 所示。

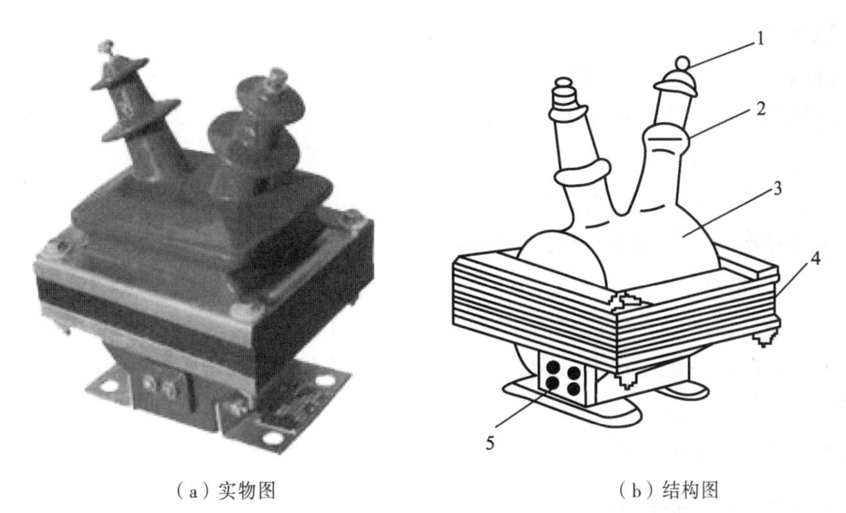

（a）实物图　　（b）结构图

图 2-23　JDZ-10 型电压互感器实物图及结构图

1—一次接线端；2—高压绝缘套管；3—二次绕组；4—铁芯；5—二次接线端

2. 电压互感器的工作原理

图 2-24 所示为电压互感器的原理图。电压互感器的一次侧直接并联在被测的高压电路上，二次侧接电压表或功率表的电压线圈。其结构特点是一次绕组匝数很多，二次绕组匝数很少。

由于电压表或功率表的电压线圈内阻抗很大，因而电压互感器实际上相当于一台二次侧处于空载状态的特殊降压变压器。

如果忽略漏阻抗压降，则有

$$U_1=\frac{N_1}{N_2}U_2=k_uU_2 \tag{2-16}$$

式中　k_u——电压互感器的电压比，为常数。

这就是说，把电压互感器的二次电压数值乘上常数 k_u，即可作为一次侧被测电压的数值。量测 U_2 的电压表可按 k_uU_2 来刻度，从表上直接读出被测电压。实际的电压互感器有电压比误差和相位误差这两类误差，误差大小与励磁电流和一、二次侧漏阻抗的大小有关。为减小误差，铁芯可采用高度硅钢片且使铁芯工作在不饱和状态。根据实际误差的大小，电压互感器的精度分 0.2、0.5、1.0 和 3.0 几个等级。每个等级的允许误差可参考相关技术标准。

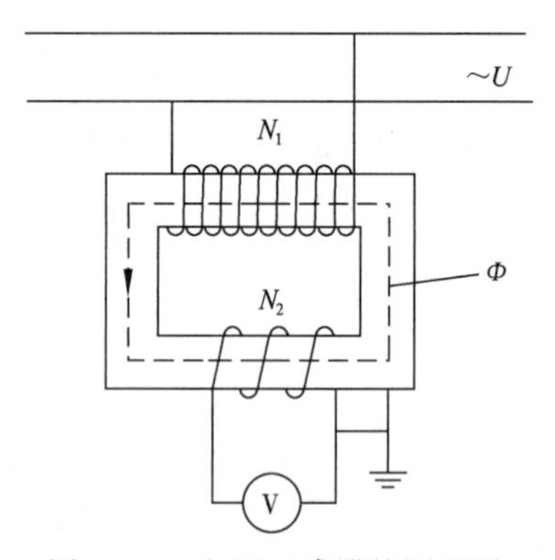

图 2-24　电压互感器的原理图

3. 注意事项

电压互感器在使用中应注意的主要事项：

① 二次侧不允许短路。由于电压互感器正常运行时接近空载，因而若二次侧短路，则会产生很大的短路电流，烧毁绕组。

② 为安全起见，电压互感器二次绕组连同铁芯一起必须可靠接地。

③ 电压互感器的二次侧不宜接过多的仪表，以免电流过大引起较大的漏阻抗压降，影响电压互感器的测量精度。

④ 电压互感器接线时，应注意一、二次侧接线端子的极性，以保证测量的准确性。

⑤ 电压互感器的一、二次侧通常都应装设熔丝作为短路保护，同时一次侧应装设隔离开关作为安全检修用。

⑥ 电压互感器一次侧并联在线路中。

二、电压互感器的选择

（1）电压互感器一次侧额定电压的选择

为了确保电压互感器安全和在规定的准确级下运行，电压互感器一次绕组所接电力网电压应在（0.9～1.1）U_{N1} 范围内变动，即满足下列条件

$$0.9U_{N1}< U_{Ns}<1.1U_{N1} \tag{2-17}$$

式中　U_{N1}——电压互感器一次侧额定电压。

选择时，满足 $U_{N1}=U_{Ns}$ 即可。

（2）电压互感器二次侧额定电压的选择

电压互感器二次侧额定线间电压为 100 V，要和所接用的仪表或继电器相适应。

（3）电压互感器种类和型式的选择

电压互感器的种类和型式应根据装设地点和使用条件进行选择，例如：在 6 ~ 35 kV 户内配电装置中，一般采用油浸式或浇注式；110 ~ 220 kV 配电装置通常采用串级式电磁式电压互感器；220 kV 及以上配电装置，当容量和准确级满足要求时，也可采用电容式电压互感器。

（4）准确级选择

供功率测量、电能测量以及功率方向保护用的电压互感器应选择 0.5 级或 1 级的，只供估计被测值的仪表和一般电压继电器的选择 3 级电压互感器为宜。

（5）按准确级和额定二次容量选择

首先根据仪表和继电器接线要求选择电压互感器接线方式，并尽可能将负荷均匀分布在各相上，然后计算各相负荷大小，按照所接仪表的准确级和容量选择互感器的准确级额定容量。有关电压互感器准确级的选择原则，可参照电流互感器准确级选择。一般供功率测量、电能测量以及功率方向保护用的电压互感器应选择 0.5 级或 1 级的，只供估计被测值的仪表和一般电压继电器的选择 3 级电压互感器为宜。

电压互感器的额定二次容量（对应于所要求的准确级）S_{N2}，应不小于电压互感器的二次负荷 S_2，即

$$S_{N2} \geqslant S_2 \tag{2-18}$$

$$S_2 = \sqrt{(\Sigma S_0 \cos\varphi)^2 + (\Sigma S_0 \sin\varphi)^2} = \sqrt{(\Sigma P_0)^2 + (\Sigma Q_0)^2} \tag{2-19}$$

式中　S_0、P_0、Q_0——各仪表的视在功率、有功功率和无功功率。

$\cos\varphi$——各仪表的功率因数。

如果各仪表和继电器的功率因数相近，或为了简化计算起见，也可以将各仪表和继电器的视在功率直接相加，得出大于 S_2 的近似值，如果其大小不超过 S_{N2}，则实际值更能满足要求。

由于电压互感器三相负荷常不相等，为了满足准确级要求，通常以最大相负荷进行比较。

计算电压互感器各相的负荷时，必须注意互感器和负荷的接线方式。

【例 2-2】已知某 35 kV 变电所低压侧 10 kV 母线上自左向右依次接有负荷分配、电压互感器、仪表接线以及有功功率表 3 只、无功功率表 1 只、有功电能表 10 只、母线电压表及频率表各 1 只，绝缘监视电压表 3 只，其连接方式如图 2-25 所示。各仪表读数如表 2-6 所示。试选择供 10 kV 母线测量用的电压互感器。

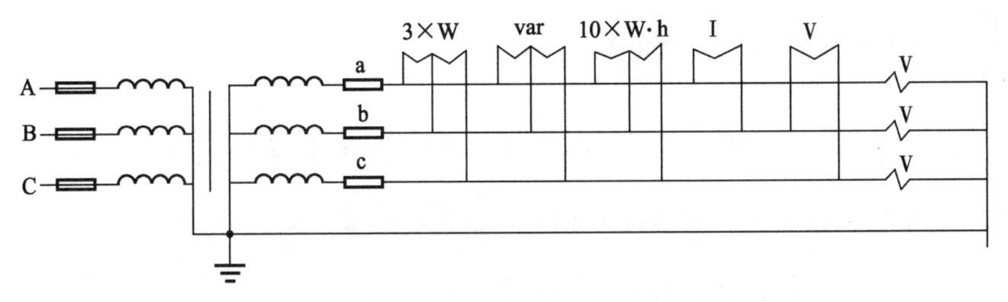

图 2-25　测量仪表与电压互感器的连接方式

解：鉴于 10 kV 为中性点不接地系统，电压互感器除供测量仪表外，还用来做交流电网绝缘监视，所以这里选用 JSJW-10 型三相五柱式电压互感器（也可选用 3 只单相 JDZJ-10 型浇注绝缘 TV，但不能用 JDJ 或 JDZ 型 TV 接成星形），由于回路中接有计费用电能表，故电压互感器选用 0.5 准确级。与此对应，电压互感器三相总的额定容量为 120V · A。电压互感器接线为 Y_N，y_n，d_0。查表得各仪表型号及参数，连同初步计算结果列于表 2-6 中。

表 2-6　电压互感器各相负荷分配（不完全星形负荷部分）

仪表名称及型号	每线圈消耗功率/（V·A）	仪表电压线圈		仪表数目	AB 相		BC 相	
		$\cos\varphi$	$\sin\varphi$		P_{ab}	Q_{ab}	P_{bc}	Q_{bc}
有功功率表 46D1-W	0.6	1		3	1.8		1.8	
无功功率表 46D1-var	0.5	1		1	0.5		0.5	
有功电能表 DS1	1.5	0.38	0.925	10	5.7	13.9	5.7	13.9
频率表 46L1-Hz	1.2	1		1	1.2			
电压表 16L1-V	0.3	1		1			0.3	
总计					9.2	13.9	8.3	13.9

根据表 2–6 可求出不完全星形部分负荷为

$$S_{ab}=\sqrt{P_{ab}^2+Q_{ab}^2}=\sqrt{9.2^2+13.9^2}\ \text{V·A}=16.7\ \text{V·A}$$

$$\cos\varphi_{ab}=P_{ab}/S_{ab}=9.2/16.7=0.55 \qquad \varphi_{ab}=56.6^\circ$$

$$S_{bc}=\sqrt{P_{bc}^2+Q_{bc}^2}=\sqrt{8.3^2+13.9^2}\ \text{V·A}=16.2\ \text{V·A}$$

$$\cos\varphi_{bc}=P_{bc}/S_{bc}=8.3/16.2=0.51 \qquad \varphi_{bc}=59.2^\circ$$

由于每相上还接有绝缘监视电压表 V（P'=0.3W，Q'=0），故 A 相负荷为

$$P_A=\frac{1}{\sqrt{3}}S_{ab}\cos(\varphi_{ab}-30^\circ)+P'_a=\left[\frac{1}{\sqrt{3}}\times16.7\cos(56.6^\circ-30^\circ)+0.3\right]\text{W}=8.62\ \text{W}$$

$$Q_A=\frac{1}{\sqrt{3}}S_{ab}\sin(\varphi_{ab}-30^\circ)=\frac{1}{\sqrt{3}}\times16.7\sin(56.6^\circ-30^\circ)\ \text{var}=4.3\ \text{var}$$

B 相负荷为

$$P_B=\frac{1}{\sqrt{3}}[S_{ab}\cos(\varphi_{ab}+30^\circ)+S_{bc}\cos(\varphi_{bc}-30^\circ)]+P'_b$$

$$=\left\{\frac{1}{\sqrt{3}}[16.7\cos(56.6^\circ+30^\circ)+16.2\cos(59.2^\circ-30^\circ)]+0.3\right\}\text{W}=9.04\ \text{W}$$

$$Q_B=\frac{1}{\sqrt{3}}[S_{ab}\sin(\varphi_{ab}+30^\circ)+S_{bc}\sin(\varphi_{bc}-30^\circ)]$$

$$=\left\{\frac{1}{\sqrt{3}}[16.7\sin(56.6^\circ+30^\circ)+16.2\sin(59.2^\circ-30^\circ)]\right\}\text{var}=14.2\ \text{var}$$

显而易见，B 相负荷较大，故应按 B 相总负荷进行校验：

$$S_B=\sqrt{P_B^2+Q_B^2}=\sqrt{9.04^2+14.2^2}\ \text{V·A}=16.8\ \text{V·A}<\frac{120}{3}\ \text{V·A}$$

故所选 JSJW-10 型电压互感器满足要求。

三、电流互感器的认识

电流互感器均为单相，以便使用。按一次绕组的匝数，可分为单匝（母线式、芯柱式、套管式）和多匝（线圈式、线环式、串级式）；按绝缘可分为干式、浇注式和油浸式；按一次电压分为高压和低压等。图 2-26 为电流互感器实物图。

图 2-26　电流互感器实物图

1. 电流互感器的结构

LQZ-10 型电流互感器的结构如图 2-27 所示。

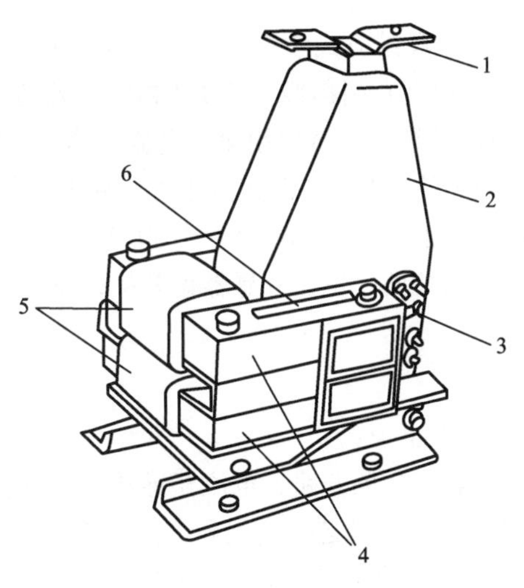

图 2-27　LQZ-10 型电流互感器的结构

1—一次接线端；2—一次绕组；3—二次接线端；4—铁芯；5—二次绕组；6—警示牌

2. 电流互感器的工作原理

图 2-28 所示为电流互感器的工作原理图。电流互感器的一次绕组匝数较少，由一匝或几匝截面较大的导线构成，串联接在需要测量电流的电路中；二次绕组匝数较多，线径较细，与负载（内阻抗极小的电流表或功率表的电流线圈）接成闭合回路。由于二次侧负载阻抗很小，因而可认为电流互感器是一台处于短路运行状态的单相变压器。

如果忽略励磁电流，可以将励磁支路开路，由变压器的磁通势平衡关系得

$$\frac{I_1}{I_2}=\frac{N_2}{N_1}=k_i \quad 或 \quad I_1=k_iI_2 \qquad (2\text{–}20)$$

式中　k_i——电流比。

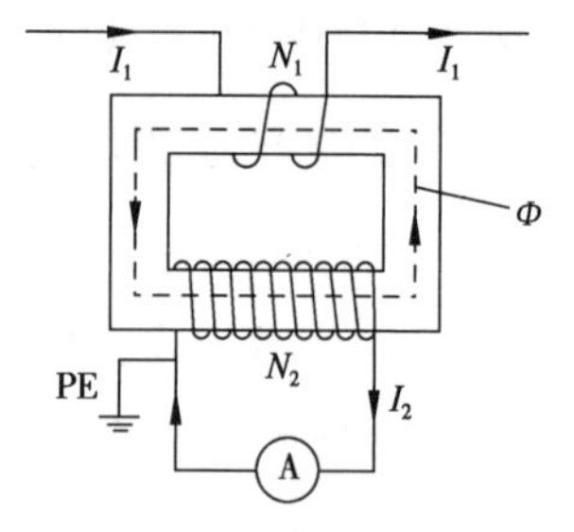

图 2–28　电流互感器的工作原理图

也就是说，把电流互感器的二次电流乘上电流比即可得到被测连接电流的大小。测量 I_2 的电流表可按 k_iI_2 来刻度，从表上直接读出被测电流。由于电流互感器总有一定的励磁电流，故一、二次电流比近似为一个常数，测量的电流总有一定的数值误差和相位误差，而电流互感器的励磁电流是造成检测误差的主要原因。根据误差的大小，电流互感器分为 0.2、0.5、1.0、3.0、10.0 五个标准等级，各级允许的误差请参考国家有关技术标准。

电流互感器的联结方式主要有以下几种：

① 单相式联结。用于三相平衡负载的电路，仅测量一相电流，或在保护中作为过载保护，一般装在第二相上。

② 三相完全星形联结(Y 联结)。用于三相平衡负载或不平衡负载电路及三相四线制电路，可分别测量三相电流。中性线中流过的电流为三相电流的相量和。三相平衡负载时，中性线中的电流为零；不平衡负载或发生故障时，中性线中有电流通过。

③ 两相不完全星形联结（V 联结）。两只电流互感器三只电流表测量三相电流，流入第三块电流表的电流为 L_1、L_2 两相电流的相量和，反映第三相（L_3）的电流，此接线被广泛应用于中性点不接地的三相三线制中。

④ 三角形联结（△联结）。该联结方式使三个电流互感器做三角形联结，回路中零相序电流在三相绕组内循环流动，不会出现在引出线。当变压器需要差动继电器保护时，多采用电流互感器三角形联结；如果在供电系统中无特殊用途，电流互感器一般不采用三角形联结。

⑤ 零相序联结。该联结方式使三个电流互感器并联，测量的是二次侧中性线中的电流，等于三相电流的相量和，反映的是零相序电流。该接线方式用于架空线路单相接地的零相序保护。

⑥ 两相差联结。该联结方式使两个电流互感器做差接，流入继电器中的电流为线电流，一般用于电动机的保护。

3. 注意事项

使用电流互感器时需注意以下事项：

① 二次侧绝对不许开路。若二次侧开路，电流互感器处于空载运行状态，则一次电流全部成为励磁电流，使铁芯的磁通增大，铁芯过分饱和，铁损耗急剧增大，引起电流互感器发热甚至烧毁绕组。同时，因二次绕组匝数很多，将感应出很高的电压，危及操作人员和测量设备安全，故在一次侧电路工作时如需检修和拆换电流表或功率表的电流线圈，则必须先将电流互感器二次侧短路。

② 二次绕组必须可靠接地。这是为了防止绝缘击穿后，电力系统的高电压危及二次测量回路中的设备及人员的安全。

③ 接线时要注意极性。电流互感器一、二次侧的极性端子，都用“±”或字母表明极性。在接线时一定要注意极性标记，否则二次侧所接仪表、继电器中的电流不是预想值，甚至会引起事故。

④ 电流互感器不允许超过额定容量长期运行。当电流互感器处于过负荷状态下运行时，会造成电流互感器铁芯磁通密度饱和或过饱和，进而影响电流互感器的准确性，使误差增大，仪表盘显示不正确，不能准确掌握其真实负荷情况，另外，当磁通密度增大后，铁芯和二次绕组会产生过热现象，会导致电流互感器绝缘层加速老化，甚至使其损坏。

四、电流互感器的选择

1. 电流互感器一次回路额定电压和电流选择

电流互感器一次回路额定电压和电流选择应满足：

$$U_{N1} \geqslant U_{Ns} \tag{2-21}$$

$$I_{N1} \geqslant I_{max} \tag{2-22}$$

式中 U_{N1}，I_{N1}——电流互感器一次回路额定电压、额定电流。

为了确保所供仪表的准确度，电流互感器的一次回路额定电流应尽可能与最大工作电流接近。

2. 二次额定电流的选择

电流互感器的二次额定电流有 5 A 和 1 A 两种，一般强电系统用 5 A，弱电系统用 1 A。

3. 电流互感器种类和型式的选择

在选择电流互感器时，应根据安装地点（如屋内、屋外）和安装方式（如穿墙式、支持式、装入式等）选择相适应的种类和型式。选用母线型电流互感器时，应注意校核窗口尺寸。

4. 电流互感器准确级的选择

为保证测量仪表的准确度，电流互感器的准确级不得低于所供测量仪表的准确级。例如：装于重要回路（如发电机、调相机、变压器、厂用馈线、出线等）中的电能表和计费的电能表一般采用 0.5～1 级表，相应的电流互感器的准确级不应低于 0.5 级；对测量精度要求较高的大容量发电机、变压器、系统干线和 500 kV 级宜用 0.2 级；供运行监视、估算电能的电能表和控制盘上仪表一般皆用 1～1.5 级表，相应的电流互感器应为 0.5～1 级；供只需估计电参数仪表的电流互感器可用 3 级。当所供仪表要求不同准确级时，应按相应最高级别来确定电流互感器的准确级。

5. 二次容量或二次负载的校验

为了保证电流互感器的准确级，电流互感器二次侧所接实际负载 Z_{21} 或所消耗的实际容量负荷 S_2 应不大于该准确级所规定的额定负载 Z_{N2} 或额定容量负荷 S_{N2}（Z_{N2} 及 S_{N2} 均可查阅产品样本库），即

$$S_{N2} \geqslant S_2 = I_{N2}^2 Z_{21} \tag{2-23}$$

或

$$Z_{N2} \geqslant Z_{21} \approx R_{wi} + R_{tou} + R_m + R_r \tag{2-24}$$

式中 R_m——电流互感器二次回路中所接仪表内阻的总和；

R_r——所接继电器内阻的总和；

R_{wi}——电流互感器二次侧连接导线的电阻；

R_{tou}——电流互感器二次侧连线的接触电阻，一般取为 0.1 Ω。

将式（2-24）代入式（2-23）并整理得

$$R_{wi} \leqslant \frac{S_{N2} - I_{N2}^2(R_{tou} + R_m + R_r)}{I_{N2}^2} \tag{2-25}$$

因为 $A=\frac{l_{ca}}{\gamma R_{wi}}$，所以

$$A \geqslant \frac{l_{ca}}{\gamma(Z_{N2}-R_{tou}-R_m-R_r)} \qquad (2\text{-}26)$$

式中　A，l_{ca}——电流互感器二次回路连接导线的截面积（mm^2）及计算长度（mm）。

按规程要求连接导线应采用不得小于 1.5 mm^2 的铜线，实际工作中常取 2.5mm^2 的铜线。当截面积选定之后，即可计算出连接导线的电阻 R_{wi}。有时也可先初选电流互感器，在已知其二次侧连接的仪表及继电器型号的情况下，利用式（2–26）确定连接导线的截面积。但须指出，只用一只电流互感器时电阻的计算长度应取连接长度的 2 倍；如用三只电流互感器接成完全星形联结时，由于中性线电流近于零，则只取连接长度为电阻的计算长度。若用两只电流互感器接成不完全星形联结时，其二次公用线中的电流为两相电流的相量和，其值与相电流相等，但相位差为 60°，故应取连接长度的 $\sqrt{3}$ 倍为电阻的计算长度。

6. 热稳定和内部动稳定校验

① 电流互感器的热稳定校验只对本身带有一次回路导体的电流互感器进行。电流互感器热稳定能力常以 1 s 允许通过的一次额定电流 I_{N1} 的倍数 K_h 来表示，故热稳定应按式（2–27）校验：

$$(K_h I_{N1})^2 \geqslant I_\infty^2 t_{dz} \qquad (2\text{-}27)$$

式中　K_h，I_{N1}——由生产厂给出的电流互感器的热稳定倍数及一次额定电流；

I_∞，t_{dz}——短路稳态电流值及热效应等值计算时间。

② 电流互感器内部动稳定能力，常以允许通过的一次额定电流最大值的倍数 K_{mo} 以动稳定电流倍数表示，故内部动稳定可用式（2–28）校验：

$$\sqrt{2} K_{mo} I_{N1} \geqslant i_{ch} \qquad (2\text{-}28)$$

式中　K_{mo}，I_{N1}——由生产厂给出的电流互感器的动稳定倍数及一次额定电流；

i_{ch}——故障时可能通过电流互感器的最大三相短路电流冲击值。

由于邻相之间电流的相互作用，使电流互感器绝缘瓷套管上受到外力的作用，因此，对于瓷绝缘型电流互感器应校验瓷套管的机械强度。瓷套管上的作用力可由一般电动力公式计算，故外部动稳定应满足：

$$F_{al} \geqslant 0.5 \times 1.73 \times 10^{-7} i_{ch} \frac{l}{a} \qquad (2\text{-}29)$$

式中　F_{al}——作用于电流互感器瓷帽端部的允许力；

l——电流互感器出线端至最近一个母线支柱绝缘子之间的跨距。

a——两导体轴线间的距离。

系数 0.5 表示电流互感器瓷套管端部承受该跨度上电动力的一半。

想一想：电压互感器二次侧不能________，电流互感器二次侧不能________。

任务二　高压配电装置的认识与安装

配电装置是电气一次接线的工程实施，是变电所的重要组成部分。它是按电气主接线的要求，由开关设备、载流导体和必要的辅助设备所组成的电工工厂物，在正常情况下用来接受和

分配电能；发生事故时能迅速切断故障部分，以恢复非故障部分的正常工作。

学习目标：

- 了解高压配电装置的分类及要求。
- 认识高压配电装置。
- 知道高压配电装置的布置与安装方法。

子任务一 了解配电装置的分类及要求

子任务目标：

- 了解配电装置的分类及特点。
- 掌握配电装置的基本要求。

配电装置按电气设备的安装场所分为户内配电装置和户外配电装置。

一、配电装置的特点

下面分别介绍户内外配电装置的特点：

① 户内配电装置的特点：由于允许的安全净距小，能分层布置，因而占地面积比户外布置小；维修、操作和巡视都在户内进行，不受气候条件的影响；电气设备不易受外界污秽空气环境的影响，维护工作量小；电气设备之间的距离小，通风散热条件差，且不便于扩建；房屋工厂投资大，但可采用价格较低、59° 弧的户内型设备，能减小一些设备的投资。

② 户外配电装置的特点：无须设配电装置室，节省原材料和降低土建费用，一般建设周期短；相邻设备之间距离大，减少故障蔓延的危险性，且便于带电作业；巡视设备清楚，且便于扩建；易受外界气候条件的影响，设备运行条件差，须加强绝缘；气候变化给设备维修和操作带来困难；占地面积大。

选择配电装置的型式，应考虑所在地区的地理情况及环境条件，因地制宜、节约用地，并结合运行及检修要求，通过技术、经济比较确定。

二、配电装置的基本要求

① 保证工作的可靠性。配电装置的可靠性，直接反映着故障的可能性及其影响范围。发生故障的可能性和影响范围越小，配电装置的可靠性越高。而配电装置是按照电气主接线所选定的电气设备和连接方式进行布置的，所以要保证配电装置工作的可靠性，必须正确设计电气主接线和继电保护装置，合理地选择电气设备和其他元件，并在运行中严格执行操作规程。

② 保证运行安全和操作巡视方便。配电装置布置要整齐清晰，并能在运行中满足对人身和设备的安全要求，如保证各种电气安全净距，装设防误操作的闭锁装置，采取防火、防爆和蓄油、排油措施，考虑设备防冻、防阵风、抗振、耐污等性能。配电装置一旦发生事故时，能将事故限制到最小范围和最低程度，并使运行人员在正常操作和处理事故的过程中不致发生意外情况，在检修维护过程中不致损坏设备。

③ 节约用地。我国人口众多，但耕地不多。因此，在安全可靠的前提下，配电装置的布置应合理、紧凑，少占地，不占良田和避免大量的土石方开挖。在土地紧张的情况下，占地可能成为设计配电装置的主要制约因素。

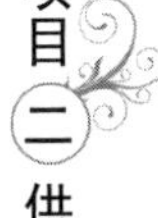

④ 节约投资和运行费。配电装置的投资较高，其要求和建造条件往往差别很大，因此，应根据电压等级、设备制造水平和自然条件等因素，通过技术经济比较，决定采用配电装置的型式。尽可能节省设备和器材，尤其是节省绝缘材料、有色金属和钢材；尽量选用预制构件和成套设备，采用先进技术和先进的施工方法，尽可能降低投资和运行费。

⑤ 便于扩建和分期过渡。配电装置应考虑能够在不影响正常运行和不需要经大规模改建的条件下，进行扩建和完成分期过渡。

三、配电装置的最小安全净距

为了安全可靠，高压配电装置规程中规定了户内外配电装置的安全净距。所谓安全净距是以保证不放电为条件，该级电压允许的在空气中的物体边缘的最小电气距离。它不但保证正常运行的绝缘需要，而且也保证运行人员的安全需要。《高压配电装置设计规范》规定了各种安全净距 A，其中最基本的是带电部分对接地部分之间和不同相带电部分之间的最小安全净距 A_1 和 A_2 值。在这一距离下，无论是正常最高工作电压或者出现内外过电压，都不会使空气间隙击穿。其他电气距离是在 A 值的基础上再考虑一些实际因素决定的。户外配电装置中各有关部分之间的最小安全净距见表 2-7。

表 2-7 户外配电装置中各有关部分之间的最小安全净距

符号	适 用 范 围	额 定 电 压 /kV								
		3 ~ 10	15 ~ 20	35	60	110J	110	220J	330J	500J
A_1/mm	①带电部分至接地之间； ②网状遮拦向上延伸线距地 2.5 m 处，与遮拦上方带电部分之间	200	300	400	650	900	1 000	1800	2 500	3 800
A_2/mm	①不同相的带电部分之间； ②断路器和隔离开关的断口两侧引线带电部分之间	200	300	400	650	1 000	1 100	2 000	2 800	4 300

注：J 指中性点直接接地电网。

在实际配电装置中，为考虑短路电流电动力的影响和施工误差等因素，户内配电装置各相带电体之间的距离通常为 A 值的 2 ~ 3 倍；对户外配电装置的软绞线在短路电动力、风摆、温度等因素作用下，使相间及对地距离减小，通常也比 A 值大。

子任务二 高压配电装置的认识

子任务目标：

- 掌握固定式高压开关柜的结构、功能及特点。
- 掌握手车式高压开关柜的结构、功能及特点。

高压开关柜（high voltage switch gear）是按一定的线路方案将有关一、二次设备组装在一起构成的一种高压成套配电装置，在发电厂和变配电所中作为控制和保护发电机、变压器和高压线路用，也可作为大型高压交流电动机的起动和保护用，其中安装有高压开关设备、保护设备、监测仪表和母线、绝缘子等。高压开关柜实物图如图 2-29 所示。

图 2-29　高压开关柜实物图

从 20 世纪 80 年代以来，我国设计生产了一些符合 IEC 标准的新型高压开关柜，例如：KGN□.10（F）型等固定式金属铠装开关柜、XGN 型箱式固定式开关柜、KYN□.10(F) 型等移开式金属铠装开关柜、JYN□.10（F）型等移开式金属封闭间隔型开关柜和 HXGN 型环网柜等。其中，环网柜适用于 10 kV 环形电网中，在城市电网中得到了广泛应用。

老系列的高压开关柜型号的表示和含义如下：

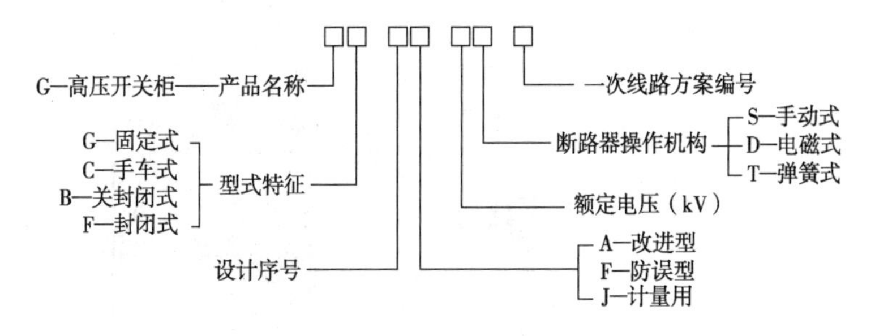

新系列的高压开关柜型号的表示和含义如下：

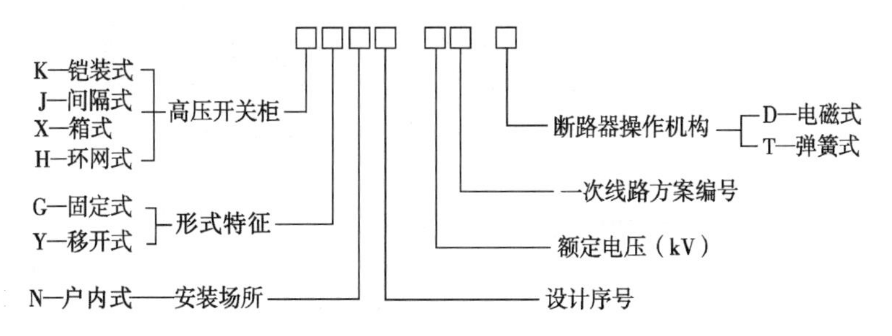

按主开关的安装方式分为：固定式和移开式（又称手车式）。

按开关柜隔室结构分为：铠装式、间隔式和箱式。

按开关柜内绝缘介质分为：空气绝缘和复合绝缘。

高压开关柜内配用的主开关为真空断路器、SF_6 断路器和少油断路器。目前少油断路器已逐渐被真空断路器和 SF_6 断路器取代。柜型和主开关的选择，应根据工程设计、造价、使用场所、保护对象来确定。

一、固定式高压开关柜

固定式高压开关柜的主要设备（包括断路器、互感器和避雷器）及其他设备都是固定安装的，如 GG-1A（F）、XGN、KGN 等型开关柜。固定式高压开关柜具有结构比较简单、制造成本较低的优点，但是当主要设备如断路器发生故障或需要检修试验时，则必须中断供电，直到故障消除或检修试验完成后才能恢复供电，因此这类固定式高压开关柜主要应用于中小变配电所及负荷不是很重要的场所。目前在一般中小型工厂中普遍采用较为经济的固定式高压开关柜。

1. GG.1A(F).07S 型固定式高压开关柜

我国现在大量生产和广泛应用的固定式高压开关柜主要为 GG.1A（F）型。图 2-30 所示为 GG.1A（F）07S 型高压开关柜。这种防误型高压开关柜装设了防止电气误操作和保障人身安全的闭锁装置，即所谓“五防”：防止误分、误合断路器；防止带负荷误拉、误合隔离开关；防止带电误挂接地线；防止带接地线误合隔离开关；防止人员误入带电间隔。

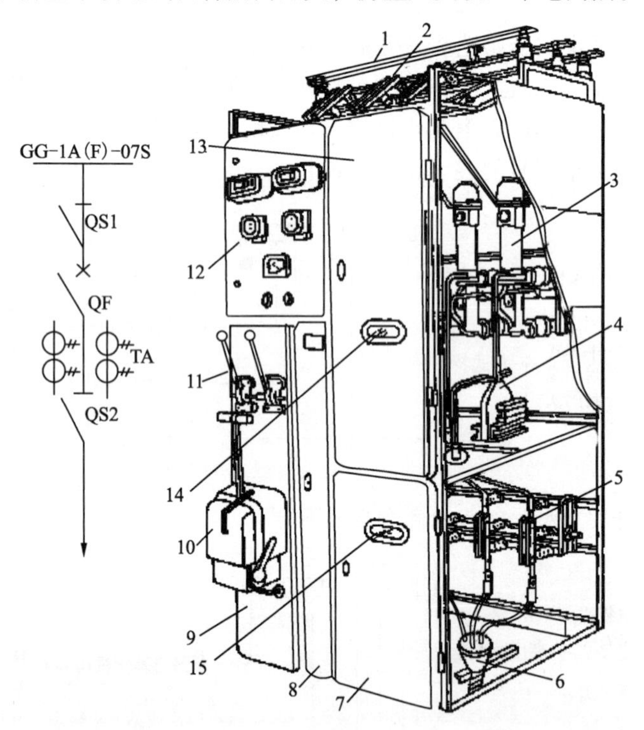

图 2-30　GG.1A（F）07S 型高压开关柜（断路器柜）

1—母线； 2—母线侧隔离开关（QS1，GN8.10 型）； 3—少油断路器（QF，SN10.10 型）；4—电流互感器（TA，LQJ.10 型）；5—线路侧隔离开关（QS2，GN6.10 型）； 6—电缆接头； 7—下检修门； 8—端子箱门； 9—操作板； 10—断路器的手动操作机构（CS2 型）； 11—隔离开关的操作机构手柄； 12—仪表继电器屏； 13—上检修门； 14、15—观察窗口

2. XGN2.10 型固定式高压开关柜

图 2-31 为 XGN2.10 型固定式高压开关柜实物图及结构外形图。XGN2.10 型固定式高压开关柜为角钢或弯板焊接骨架结构，柜内分为母线室、断路器室、继电器室，室与室之间用钢板隔开。该型开关柜为双面维护，从前面可监视仪表，操作主开关和隔离开关，监视真空断路器及开门检修主开关；从后面可寻找电缆故障，检修维护电缆头等。断路器室高度为 1 800 mm，

电缆头高度为 780 mm，维护人员可方便地站在地面上检修。隔离开关采用旋转式隔离开关，当隔离开关打开至分断位置时，动触刀接地，在主母线和主开关之间形成两个对地断口，带电只可能发生在相间、相对地放电，而不致波及被隔离的导体，从而保证了检修人员的安全。母线室母线呈品形排列，顶部为可拆卸结构，贯通若干台开关柜的长条主母线可方便地安装固定；中部有贯穿整个排列的二次小母线及二次端子室，可方便检查二次接线；底部有贯穿整个排列的接地母线，保证可靠的接地连接。

XGN2.10 型固定式高压开关柜主开关、隔离开关、接地开关、柜门之间均采用强制性闭锁方式，具有完善的“五防”功能。主开关传动操作设计与机械联锁装置统筹考虑，结构简单，动作可靠。

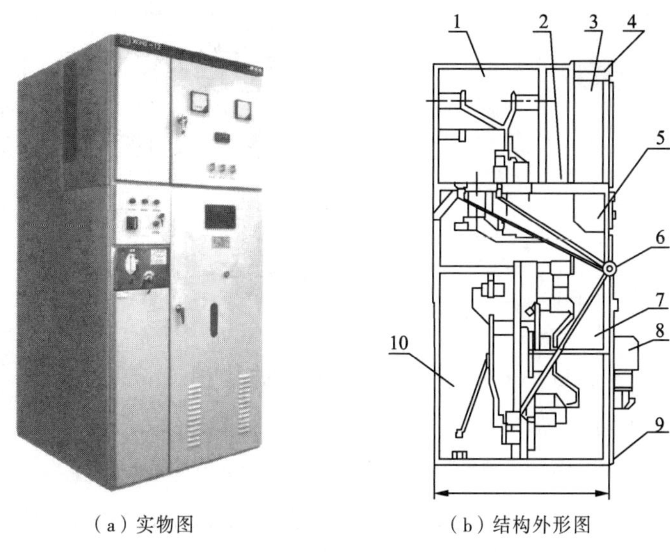

（a）实物图　　（b）结构外形图

图 2-31　XGN2.10 型固定式高压开关柜实物图及结构外形图

1—母线室；2—压力释放通道；3—仪表室；4—二次小母线室；5—组合开关室；6—手动操动机构及联锁机构；7—主开关室；8—电磁操动机构；9—接地母线；10—电缆室

XGN2.10 型固定式高压开关柜需双面维护，应离墙安装，柜前为操作通道，柜后为维护通道；该柜宽为 1 100 mm（Ⅲ型开关为 1 200 mm）、深为 1 200 mm（带旁路开关时为 1 800 mm）、高为 2 650 mm，其布置如图 2-32 所示。

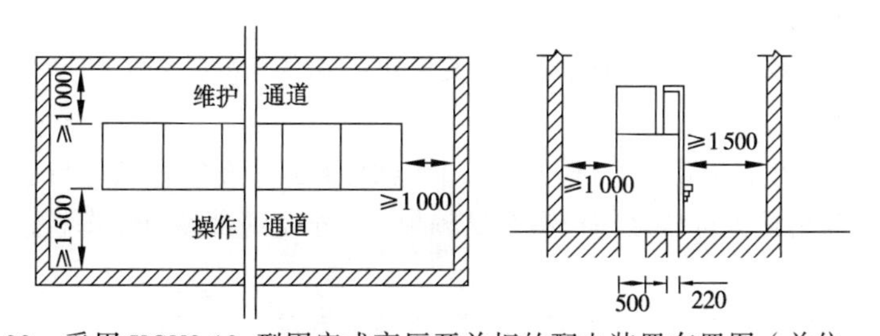

图 2-32　采用 XGN2.10 型固定式高压开关柜的配电装置布置图（单位：mm）

想一想：什么是固定式高压开关柜的“五防”？

二、手车式高压开关柜

手车式高压开关柜的特点：高压断路器等主要电气设备都装在可以拉出和推入开关柜的手车上。高压断路器等设备出现故障需要检修时，可随时将手车拉出，推入同类备用手车后，即可恢复供电。因此采用手车式高压开关柜，较之采用固定式高压开关柜，具有检修安全方便、供电可靠性高的优点，但其价格较高。

图 2-33 是 GCD.10(F)型高压开关柜的实物图及外形结构图。

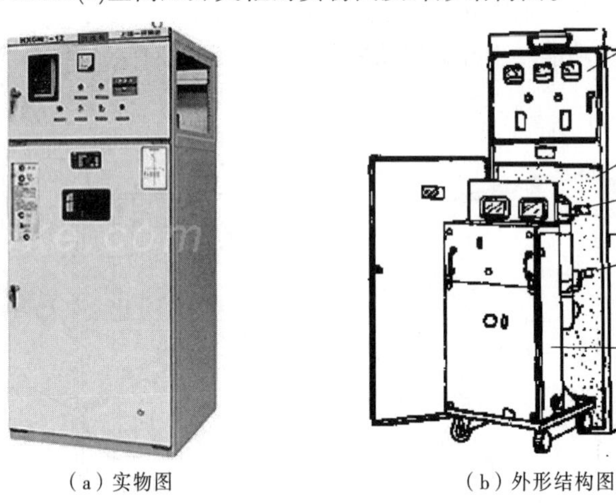

（a）实物图　　（b）外形结构图

图 2-33　GCD.10(F)型高压开关柜的实物图及外形结构图

1—仪表屏；2—手车室；3—上触头（兼起隔离开关作用）；

4—下触头（兼起隔离开关作用）；5—SN10-10 型断路器手车

下面再以 JYN2A-10 型间隔手车式交流金属封闭开关柜和 KYN28.12 型铠装移开式金属封闭开关柜为例对手车式高压开关柜做进一步说明。

1. JYN2A-10 型间隔手车式交流金属封闭开关柜

该型开关柜分柜体和手车两大部分，柜体由型钢及钢板焊接而成；手车按用途可分为断路器手车、避雷器手车、隔离手车、Y接法电压互感器手车、V 接法电压互感器手车、单相电压互感器手车和站用变压器手车等。其中，断路器手车有 ZN85.40.5 真空断路器手车、ZN23.40.5 真空断路器手车、SF_6 断路器手车、少油断路器手车。

开关柜按用途可分为若干功能单元：

① 外壳：由型钢和钢板焊接而成，在开关柜正面和背面的外壳上均设有视察窗，以观察开关柜内部的运行情况。

② 手车室：打开开关柜正面下部两扇大门，就可看到手车室。该室与上、下触头室之间用绝缘隔板相隔，与柜顶主母线之间设有金属隔板，手车室底部设有手车轨道，手车接地装置在轨道的中央。

③ 主母线和上隔离触头室：主母线和上隔离触头室在开关柜上部。主母线呈三角形排列布置在上部倒装的支柱绝缘子上。紧挨主母线下方的是上隔离触头座，它可以是电流互感器带触头，也可以是支柱绝缘子或穿墙套管带触头，视主接线方案而定。

④ 下隔离触头室：下隔离触头室在上隔离触头室的下部，两者之间用隔板相隔，除供装

设电流互感器或支柱绝缘子触头座外，接地开关或联络母线亦设在该室。手车室、隔离触头室和电缆室之间装有绝缘隔板并在其上装有绝缘活门。

⑤ 接地导体：贯穿于开关柜的整个宽度方向上的铜质接地体装设在开关柜的后下方。两台之间的连接，用制造厂预制并配备在设备内的连接头装上即可。

⑥ 仪表和继电器室：仪表和继电器室在开关柜正面上部，该室两侧设有小母线穿越孔和固定控制电缆用的线夹板，左侧设有小母线端子组，上方和下方均装有走线槽。仪表和继电器室与高压间隔有隔板相隔。

⑦ 端子室：端子室设在开关柜的正面右侧，辅助回路接线端子组安装在该室的中央。上方为柜内照明灯及其开关，下方设有接地螺栓供辅助回路接地使用。

该型开关柜主开关、手车、接地开关及柜门之间均采用了联锁装置，满足“五防”功能要求。柜体尺寸（宽×深×高）为 1 818 mm×2 400 mm×2 925 mm。其实物图、外形图及剖面图如图 2-34 所示。

（a）实物图

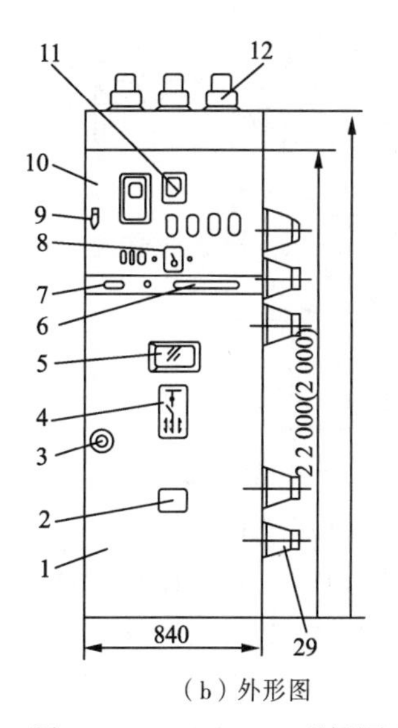

（b）外形图

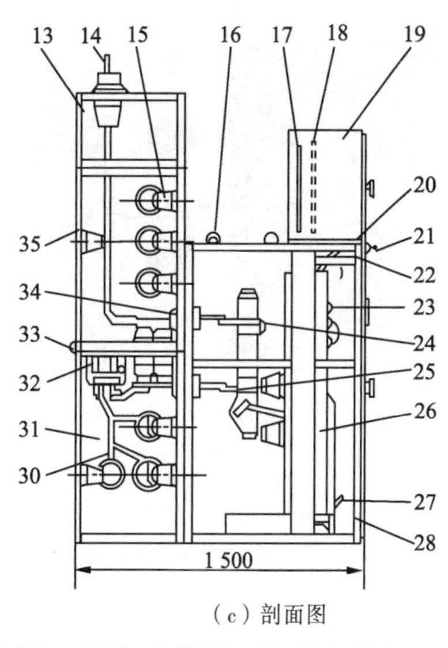

（c）剖面图

图 2-34　JYN2A-10 型间隔手车式交流金属封闭开关柜实物图、外形图及剖面图

1—手车室门；2—铭牌；3，8—程序锁；4—模拟电路；5—观察孔；6—用途牌；7—厂标牌；9—门锁；10—仪表室门；11—仪表；12—穿墙套管；13—上进线室；14—母线；15—支持瓷瓶；16—吊环；17—小母线；18—继电器安装板；19—仪表室；20—减振器；21—紧急分闸装置；22—二次插件；23—分合指示器；24—油标；25—断路器；26—手车；27—一次锁定联锁结构；28—手车室；29—绝缘套筒；30—支母线；31—互感器室；32—互感器；33—高压指示装置；34—一次触头盒；35—母线室

2. KYN28.12 型铠装移开式金属封闭开关柜

开头柜由固定的柜体和可抽出部件（简称“手车”）两大部分组成[见图 2-35（a）]。柜体的外壳和各功能单元的金属隔板均采用螺栓连接。其内部安装的电气元件如图 2-35（b）所示。开关柜外壳防护等级是 IP4X，断路器室门打开时的防护等级为 IP2X。开关柜可配用真空断路器手车，也可配用固定式负荷开关。

开关柜按用途可分为若干功能单元：

① 外壳与隔板：开关柜的外壳和隔板是由敷铝锌钢板经计算机数控（CNC）机床加工和多重折弯之后组装而成的，因此装配好的开关柜能保持尺寸上的统一性。它具有很强的抗腐蚀与抗氧化作用，并具有比同等钢板更高的机械强度。开关柜被隔板分隔成手车隔室、母线隔室、电缆隔室、仪表隔室（低压室），每一隔室外壳均独立接地。开关柜的门采用喷塑工艺，使其表面抗冲击、耐腐蚀，保证了外形的美观。

② 手车：手车骨架采用钢板经 CNC 机床加工后铆接而成。

根据用途，手车可分为断路器手车、电压互感器手车、计量手车等。各类手车的高度与深度统一，相同规格的手车能互换。手车在柜内有试验/隔离位置和工作位置，每一位置均设有定位装置，以保证手车处于以上特定位置时不能随便移动；而移动手车时必须解除位置闭锁，断路器手车在移动之前须使断路器先分闸。

（a）实物图

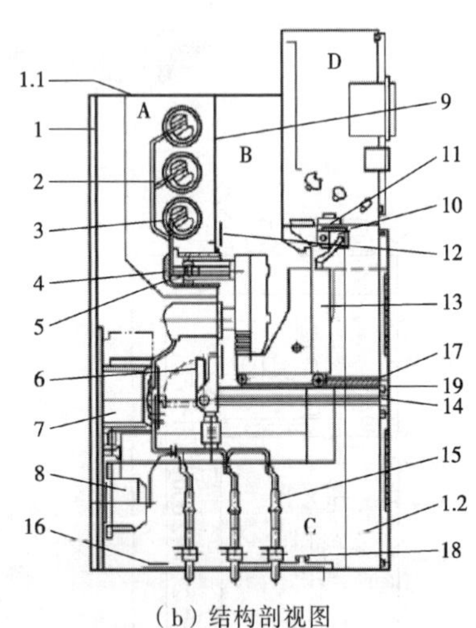

（b）结构剖视图

图 2-35　KYN28.12 型开关柜实物与结构剖视图

A—母线隔室　B—断路器隔室；C—电缆隔室；D—仪表隔室 1—外壳；1.1—压力释放板；1.2—控制电缆盖板；2—分支母线；3—母线；4—静触头装置；5—弹簧触头；6—接地开关；7—电流互感器；8—电压互感器；9—装卸式隔板；10—二次插头；11—辅助开关；12—活动帘板；13—可抽出式手车；14—接地闸刀操作机构；15—电缆密封终端；16—底板；17—丝杆机构；18—接地主母线；19—装卸式水平隔板

开关柜内的隔室构成：

① 断路器隔室：在断路器隔室 B 安装了供断路器手车滑行的导轨。手车能在工作位置、试验/隔离位置之间移动。活动帘板 12 由金属板制成，安装在手车室的后壁上。手车从试验/隔离位置移动至工作位置过程中，装在静触头装置 4 前的活动帘板自动地打开，反方向移动手车，活动帘板自动闭合，把静触头盒封闭起来，从而保障了操作人员不触及带电体。手车在开

头柜的门关闭情况下被操作，通过观察窗可以看到手车在柜内所处的位置，同时也能看到手车上的ON(断路器合闸)/OFF(断路器分闸)操作按钮和ON/OFF机械位置指示器以及储能/释能状况指示器。

② 母线隔室：母线3由绝缘套管支撑从一个开关柜引至另一个开关柜，通过分支母线2和静触头盒相连接。主母线与联络母线为矩形截面的圆角铜排。用于大电流负荷时需要用两根矩形母线。全部母线用热缩套管覆盖。全绝缘母线系统极大地减少母线室内部故障的发生概率。排列各柜体的母线室互相隔离，万一柜内发生内部故障，游离气体不会导入相邻柜体，避免故障蔓延。

③ 电缆隔室：电缆隔室的后壁可安装电流互感器7、电压互感器8、接地开关6，电缆隔室内也能安装避雷器。可抽出式手车13和装卸式水平隔板19移开后，施工人员就能从正面进入开关柜安装电缆，在电缆隔室内设有特定的电缆连接导体，可并联1～6根单芯电缆，同时在其下部还配制可拆卸的金属封板，以提供现场施工的方便。

④ 仪表隔室：仪表隔室内可装继电保护元件、仪表、带电监察指示器以及特殊要求的二次设备。控制线路敷设在有足够空间并有金属盖板的线槽内，左侧线槽是为控制小母线的引进和引出预留的。仪表隔室的侧板上还留有小母线穿越孔位以便施工。

防止误操作联锁装置：开关柜具有可靠的联锁装置，为操作人员与设备提供可靠的安全保护。其作用如下：

① 手车从工作位置移至隔离/试验位置后，活动帘板将静触头盒隔开，防止误入带电隔室。检修时，可用挂锁将活动帘板锁定。

② 断路器处于闭合状态时，手车不能从工作位置拉出或从隔离/试验位置推至工作位置；断路器在手车已充分锁定在试验位置或工作位置时才能进行合分闸操作。

③ 接地开关仅在手车处于隔离/试验位置及柜外时才能被允许操作，当接地开关处于合闸状态时，手车不能从隔离/试验位置推至工作位置。

④ 手车在工作位置时，二次插头被锁定不能拔开。

压力释放装置：在手车隔室、母线隔室和电缆隔室的上方均设有压力释放装置。当断路器或母线发生内部故障电弧时，伴随电弧的出现，开关柜内部气压升高，顶部装配的压力释放金属板将被自动打开，释放压力和排泄气体，以确保操作人员和开关柜的安全。

二次插头与手车的位置联锁：开关柜上的二次线与手车的二次线的连接是通过二次插头来实现的。二次插头的动触头端导线外套一个尼龙波纹管与手车相连，二次静触头座装设在开关柜断路器隔室的右上方。手车只有在试验/隔离位置时，才能插上和解除二次插头，手车处于工作位置时由于机械联锁作用，二次插头被锁定，不能解除。

带电显示装置：开关柜内设有带电显示装置。该装置由高压传感器和显示器两部分组成。传感器安装在母线或馈线侧，显示器安装在开关柜仪表室门上，当需要检测A、B、C三相是否带电时，可按下显示器的按钮，如果显示器发出指示，则表示母线或馈线侧带电；反之，则说明不带电。

子任务三　高压配电装置的安装

子任务目标：

- 了解高压配电装置的布置原则。

● 了解高压开关柜的安装。

高压配电装置在实际使用过程中比较典型的就是高压配电柜。下面以典型的高压开关柜为例来对其安装方法进行介绍。

一、高压配电装置的布置原则

（1）总体布置

同一回路的电器和导体应布置在一个间隔内，间隔之间及两段母线之间应分隔开，以保证检修安全和限制故障范围；尽量将电源布置在一段的中部，使母线截面通过较小的电流，但有时为了连接的方便，根据主厂房或变电站的布置而将发电机或变压器间隔设在一段母线的两端；较重的设备（如变压器、电抗器）布置在下层，以减轻楼板的荷重并便于安装；充分利用间隔的位置；布置对称，便于操作；有利于扩建。

（2）母线及隔离开关

母线通常装在配电装置的上部，一般呈水平、垂直和直角三角形布置。水平布置设备安装比较容易。垂直布置时，相间距离较大，无须增加间隔深度；支持绝缘子装在水平隔板上，绝缘子间的距离可取较小值，因此，母线结构可获得较高的机械强度。但垂直布置的结构复杂，并增加了建筑高度，垂直布置可用于 20 kV 以下、短路电流很大的装置中。直角三角形布置方式，其结构紧凑，可充分利用间隔高度和深度。

母线相间距离决定于相间电压，并考虑短路时的母线和绝缘子的电动力稳定与安装条件。在 6 ~ 10 kV 小容量装置中，母线水平布置时，为 250 ~ 350 mm；垂直布置时，为 700 ~ 800 mm；35 kV 母线水平布置时，为 500 mm。

双母线布置中的两组母线应以垂直的隔板分开，这样，在一组母线运行时，可安全地检修另一组母线。

母线隔离开关，通常设在母线的下方。为了防止带负荷误拉隔离开关造成电弧短路，并燃烧至母线，在双母线布置的户内配电装置中，母线与母线隔离开关之间宜装设耐火隔板。为确保设备及工作人员的安全，户内外配电装置应设置闭锁装置，以防止带负荷误拉隔离开关、带接地线合闸、误入带电间隔等电气误操作事故发生。

（3）断路器及其操作机构

断路器通常设在单独的小室内。户内的单台断路器、电压互感器、电流互感器，总油量超过 600 kg 时，应装在单独的防爆小室内；总油量为 60 ~ 600 kg 时，应装在有防爆隔墙的小室内；总油量在 60 kg 以下时，一般可装在两侧有隔板的敞开小室内。

为了防火安全，户内的单台断路器、电流互感器，总油量在 60 kg 以上及 10 kV 以上的油浸式电压互感器，应设置储油或挡油设施。

断路器的操动机构设在操动通道内。手动操动机构和轻型远距离控制操动机构均装在壁上；重型远距离控制操动机构（如 CD3 型等）则落地装在混凝土基础上。

（4）互感器和避雷器

电流互感器无论是干式或油浸式，都可以和断路器放在同一个小室内；穿墙式电流互感器应尽可能作为穿墙套管使用。

电压互感器经隔离开关和熔断器（60 kV 及以下采用熔断器）接到母线上，它需要占用专门的间隔，但在同一间隔内，可以装设几个不同用途的电压互感器。

当母线上接有架空线路时，母线上应装设阀型避雷器。由于其体积不大，通常与电压互感器共用一个间隔，但应以隔层隔开。

（5）电抗器

电抗器比较重，多布置在第一层的封闭小室内。电抗器按其容量不同有三种不同的布置方式：三相垂直布置、品字形布置和三相水平布置，

（6）配电装置的通道和出口

配电装置的布置应便于设备操作、检修和搬运，故须设置必要的通道(走廊)。凡用来维护和搬运配电装置中各种电气设备的通道，称为维护通道；如通道内设有断路器(或隔离开关)的操动机构、就地控制屏等，称为操作通道；仅和防爆小室相通的通道，称为防爆通道。配电装置室内各种通道的最小宽度，不应小于表 2-8 所示的数值。

表 2-8　配电装置室内各种通道的最小宽度（净距）　　单位：m

通道分类 / 布置方式	维护通道	操作通道		防爆通道
		固定式	移开式	
一面有开关设备	0.8	1.5	单车长+1.2	1.2
二面有开关设备	1.0	2.0	双车长+0.9	1.2

为了保证配电装置中工作人员的安全及工作便利，不同长度的户内配电装置，应有一定数目的出口。长度小于 7 m 时，可设一个出口；长度大于 7 m 时，应有两个出口（最好设在两端）；当长度大于 60 m 时，在中部适当的地方再增加一个出口。配电装置出口的门应向外开，并应装弹簧锁；相邻配电装置室之间如有门时，应能向两个方向开启。

（7）电缆隧道及电缆沟

电缆隧道及电缆沟是用来放置电缆的。电缆隧道为封闭狭长的构筑物，高 1.8 m 以上，两侧设有数层敷设电缆的支架，可容纳较多的电缆，人在隧道内能方便地进行敷设和维修电缆工作。电缆隧道造价较高，一般用于大型电厂。电缆沟为有盖板的沟道，沟深与宽不足 1 m，敷设和维修电缆必须揭开水泥盖板，很不方便；沟内容易积灰，可容纳的电缆数量也较少。但土建工程简单，造价较低，常为变电站和中、小型电厂所采用。

为确保电缆运行的安全，电缆隧道（沟）应设有 0.5% ~ 1.5%排水坡度和独立的排水系统。电缆隧道（沟）在进入建筑物处，应设带门的耐火隔墙（电缆沟只设隔墙），以防发生火灾时，烟火向室内蔓延扩大事故，同时，也防止小动物进入室内。

为使电力电缆发生事故时不致影响控制电缆，一般将电力电缆与控制电缆分开排列在过道两侧。如布置在一侧时，控制电缆应尽量布置在下面，并用耐火隔板与电力电缆隔开。

（8）户内配电装置的采光和通风

户内配电装置室可以开窗采光和通风，但应采取防止雨雪和小动物进入室内的措施。

二、高压开关柜的安装

（1）主体的安装

① 按工程需要与图样标示，将开关柜运至它们特定的位置，如果一排较长的开关柜排列（10 台以上），拼柜工作应从中间部位开始。

② 用特定的运输工具如吊车或叉车，严禁用滚筒撬棍。

③ 从开关柜内抽出断路器手车，另放别处妥善保管。

④ 在母线隔室前面松开固定螺栓，卸下垂直隔板。

⑤ 松开断路器隔室下面水平隔板的固定螺栓，并将水平隔板卸下。

⑥ 松开和移去底板。

⑦ 从开关柜左侧控制线槽移去盖板。右前方控制线槽板亦同时卸下。

⑧ 在基础上一个接一个安装开关柜，包括水平和垂直两方面，开关柜安装不平度不得超过 2 mm。

⑨ 当开关柜完全组合（拼接）好后，可用地脚螺栓将其与基础槽钢相连或用电焊与基础槽钢焊牢。

（2）母线的安装

开关柜中的母线采用矩形母线，且分段形式，当选用不同电流时所选用的母线只是数量规格不一，因而在安装时必须遵照下列的步骤：

① 用清洁干燥的软布擦揩母线，检查绝缘套管是否损伤，在连接部位涂上导电膏或者中性凡士林。

② 一个柜接一个柜地安装母线，将母线段和对应的分支小母线接在一起用螺栓连接时应插入合适的垫块，用螺栓拧紧。

主母线与分支母线的连接形式如图 2-36 所示。

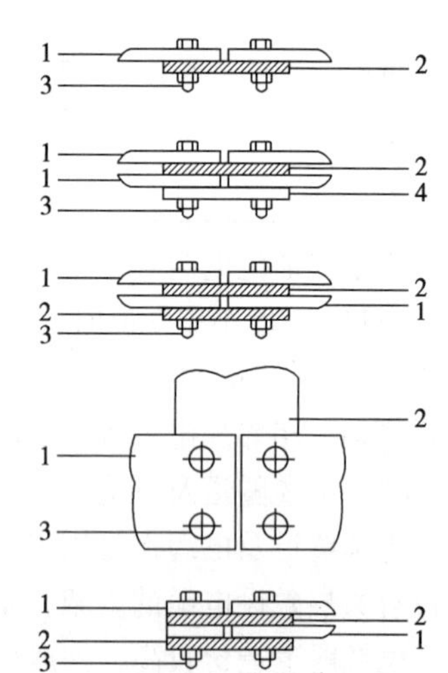

图 2-36 主母线与分支母线的连接形式

1—主母线；2—分支小母线；

3—螺栓； 4—垫块

（3）电缆的安装

① 按开关柜的一次方案图和二次接线图，在规定的位置上连接好电缆线。

② 封堵好电缆孔。

（4）开关柜接地装置

① 用预设的连接板将各柜的主接地母线连接在一起。

② 在开关柜内部连接所有接地的引线。

③ 将接地闸刀的接地线与开关柜主接地母线连接。

④ 将开关柜主接地母线与接地网相连。

（5）开关柜安装后的检查

当开关柜安装就位后，清除柜内设备上的灰尘、杂物，然后检查全部紧固螺栓有无松动，接线有无脱落。将断路器在柜中推进、推出，并进行分合闸动作，观察有无异常，将仪表的指针调整到零位，根据线路图检查二次接线是否正确。对继电器进行调整，检查联锁是否有效。

任务三 电气设备的运行维护

在工厂供配电系统中，各类的电气设备都要经过安装、调试及运行维护这三个阶段才能得以正常使用。在工作过程中电气设备的状态主要有运行、热备用、冷备用和检修四种不同的状态，当电气设备由一种状态转换为另一状态或改变系统的运行方式时，需要进行系统的倒闸操作。

学习目标：

- 认识断路器、隔离开关等电气设备的安装与运行维护。

● 了解电气设备的状态及改变电气设备状态所采用的方法。
● 知道倒闸操作的概念及实施。
● 了解倒闸操作票的认识与使用。

子任务一　设备安装及运行维护

子任务目标：

● 掌握断路器的安装及运行维护的方法。
● 掌握隔离开关的安装及运行维护的方法。
● 掌握负荷开关的安装及运行维护的方法。
● 电气设备范围很广，这里重点介绍断路器、隔离开关和负荷开关三种常见设备的安装及运行维护的方法。

一、断路器的安装及运行维护

1. 断路器的安装

断路器安装时应注意以下事项：

① 安装前应检查断路器的规格是否符合使用要求。

② 安装前应用 500 V 绝缘电阻表检查断路器的绝缘电阻，以在周围介质温度为(20 ± 5)℃和相对湿度为 50% ~ 70%时不小于 10 MΩ 为合格，否则应先烘干处理才允许使用。

③ 应按照使用说明书规定的方式(如垂直)安装。否则，轻则影响脱扣动作的精度，重则影响通断能力。

④ 断路器应安装平整，不应有附加机械应力。否则，对于塑料外壳式产品，可能使绝缘基座因受应力而损坏，脱扣器的牵引杆(脱扣轴)因基座变形而卡死，影响脱扣动作；对于抽屉式产品，可能影响二次回路连接的可靠性。

⑤ 电源进线应接在断路器的上母线上，即灭弧室一侧的接线端上;而接负载的出线则应接在下母线上，即接在脱扣器一侧的接线端，否则将影响断路器的分断能力。

⑥ 为防止发生飞弧，安装时应注意考虑一定的飞弧距离（产品样本或使用说明书中均提供此数据），即灭弧罩上部留有飞弧的空间。如果是塑料外壳式产品，进线端的螺母线宜包上 200 mm 长的绝缘物，有时还要求在进线端的相间加装隔弧板（将它插入绝缘外壳上的燕尾槽中）。

⑦ 如果有规定，自动开关出线端的连接线截面积应严格按规定选取，否则将影响过电流脱扣器的保护特性。

⑧ 安装塑料外壳式断路器时，有些产品需要将产品的盖子取下才能安装（如 DZ10 系列）。如果是带电动机操作机构的产品，必须注意操作机构在出厂时已分别调试过，不得互换，故卸装盖子时不应串换；如果是带插入式端子的产品（如 DZ12-60C 一类的产品），安装时应将插刀推到底，并把下方的安装压板旋紧，以免因碰撞而脱落。

⑨ 安装带电动机操作机构的塑料外壳式断路器时，应注意装上显示断路器所处工作状态的指示灯，因为这时已无法通过操作手柄的位置来判别断路器是闭合还是断开。

⑩ 带插入式端子的塑料外壳式断路器应安装在金属箱内（只有操作手柄外露），以免操作人员触及接线端，发生触电事故。

⑪ 凡设有接地螺钉的产品，均应可靠接地。

⑫ 安装前应将自动开关操作数次，观察机构动作灵活与否及分合可靠与否。

⑬ 自动开关使用前应将脱扣器电磁铁工作面的防锈油脂抹去，以免影响电磁机构的动作灵敏性。

⑭ 过电流脱扣器的整定值一经调好就不允许随意改动，而且长期使用后要检查其弹簧是否生锈卡住，以免影响其动作。

⑮ 在断路器分断短路电流以后，应在切除上一级电源的情况下，及时地检查其触头。若发现有弧烟痕迹，可用干布抹净，若触头已烧毛，应细心修整。

⑯ 每使用一定次数(一般为1/2机械寿命)后，应给操作机构加润滑油。

⑰ 应定期清除断路器上的尘垢，以免影响操作和绝缘。

⑱ 定期检查各种脱扣器的动作值，有延时者还要检查其延时情况。

2. 断路器运行的一般要求

① 断路器应有制造厂铭牌，断路器应在铭牌规定的额定值内运行。

② 断路器的分、合闸指示器应易于观察且指示正确，油断路器应有易于观察的油位指示器和上、下限监视线；SF_6断路器应装有密度继电器或压力表，液压机构应装有压力表。

③ 断路器的接地金属外壳应有明显的接地标志。

④ 每台断路器的机构箱上应有调度名称和运行编号。

⑤ 断路器外露的带电部分应有明显的相色漆。

⑥ 断路器允许的故障跳闸次数，应列入《变电站现场运行规程》。

⑦ 每台断路器的年动作次数、正常操作次数和短路故障开断次数应分别统计。

3. 断路器的巡视检查

① 运行和备用的断路器必须定期进行巡视检查。巡视检查的周期：有人值班的变电站每天当班巡视不少于三次；无人值班的变电站每周不少于一次。

② 新投运断路器的巡视检查，周期应相对缩短，每天不少于四次；投运72 h后转入正常巡视。

③ 夜间闭灯巡视，有人值班的变电站每周一次；无人值班的变电站每月两次。

④ 气象突变时，应增加巡视。

⑤ 雷雨季节，雷击后应立即进行巡视检查。

⑥ 高温季节，高峰负荷期间应加强巡视。

⑦ 油断路器巡视检查项目：

a. 断路器的分、合闸位置指示正确，并与当时实际运行工况相符。

b. 主触头接触良好。油断路器外壳温度与环境温度相比无较大差异，内部无异常声响。

c. 油位正常，油色透明无炭黑悬浮物。

d. 无渗、漏油痕迹，放油阀关闭紧密。

e. 套管、瓷瓶无裂痕，无放电声和电晕。

f. 引线的连接部位接触良好，无过热。

g. 排气装置完好，隔栅完整。

h. 接地完好。

i. 防雨帽无鸟窝等杂物。

j. 户外断路器栅栏完好，设备附近无杂草和杂物，配电室的门窗、通风及照明应良好。

⑧ SF_6断路器巡视检查项目：

a. 对于有SF_6压力表的断路器，每日定时检查SF_6气体压力，并和对应温度下的水平比较，判断是否正常；对于装SF_6密度继电器的断路器，应监视密度继电器动作及闭锁情况，禁止在SF_6气体不足时，分、合断路器。

b. 断路器各部分及管道无异声（漏气声、振动声）及异味，管道夹头正常。

c. 套管无裂痕，无放电声和电晕。

d. 引线连接部位无过热，引线弛度适中。

e. 断路器分、合闸位置指示正确，并和当时实际运行工况相符。

f. 接地完好。

g. 巡视环境条件，附近无杂物。

h. 进入室内检查前，应先抽风 3 min；使用监测仪器检查无异常后，方可进入开关室。

⑨ 真空断路器巡视检查项目：

a. 分、合闸位置指示正确，并与当时实际运行工况相符。

b. 支持绝缘子无裂痕及放电异常。

c. 真空灭弧室无异常。

d. 接地完好。

e. 引线接触部位无过热，引线弛度适中。

⑩ 电磁机构巡视检查项目：

a. 机构箱门平整，开启灵活，关闭紧密。

b. 检查分、合闸线圈及合闸接触器线圈无冒烟、异味。

c. 直流电源回路线端子无松脱，无铜绿或锈蚀。

d. 定期测试合闸保险完好。

⑪ 液压操作机构巡视检查项目：

a. 机构箱门平整，开启灵活，关闭紧密。

b. 检查油箱油位正常，无渗漏油。

c. 高压油的油压在允许范围内。

d. 每天记录油泵起动次数。

e. 机构箱内无异味。

f. 记录巡视检查结果：在运行记录簿上记录检查时间、巡视人员姓名和设备状况。

4. 断路器的正常运行和维护

（1）断路器的正常运行和维护项目

① 不带电部分的定期清扫。

② 配合停电进行传动部位检查，清扫瓷瓶积存的污垢及处理缺陷。

③ 按设备使用说明书规定对机构添加润滑油。

④ 油断路器根据需要补充或放油，放油阀渗油处理。

⑤ SF_6断路器根据需要补气，空气压缩机定期换油及添油。

⑥ 检查合闸熔丝是否正常，核对容量是否相符。

（2）执行了断路器正常维护工作后，应记入记录簿待查

5. 断路器的操作

（1）断路器操作的一般要求

① 断路器经检修恢复运行，操作前应检查检修中的安全措施是否全部拆除，防误闭锁装置是否正常。

② 长期停运的断路器在正式执行操作前应通过远方控制方式进行试操作 2~3 次，无异常后方能按操作票拟定的方式操作。

③ 操作前应检查控制回路、控制电源或液压回路均正常，储能机构已储能，继电保护和自动装置已按规定投入，即具备运行操作条件。

④ 操作中应同时监视有关电压、电流、功率等表计的指示及红、绿灯的变化。操作把手不宜返回太快（一般等红、绿灯变化正常后再放手）。

⑤ 装有重合闸装置的断路器，正常操作分闸前，应先停用重合闸。

⑥ 当液压机构正在打压时，不得操作断路器。

⑦ 当断路器故障跳闸与规定允许次数只差一次时，应将重合闸装置停用，如已达到规定次数，应立即安排检修，不应再将其投入运行。

（2）正常运行的断路器操作时应注意检查的项目

① 油断路器的油位是否正常。

② SF_6 断路器的气体压力是否在规定的范围内。

（3）操作断路器时操作机构应满足的条件

① 电磁机构在合闸操作前，检查合闸母线电压、控制母线电压均在合格范围内。

② 操作机构箱门关好，栅栏门关好并上锁，脱扣部件均在复归位置。

③ SF_6 断路器压力正常。

④ 液压机构压力正常。

（4）运行中断路器几种异常操作的规定

① 电磁机构严禁用杠杆或千斤顶进行带电合闸操作。

② 无自由脱扣的机构严禁就地操作。

③ 液压操作机构，如因压力异常导致断路器分、合闸闭锁时，不准擅自解除闭锁进行操作。

（5）断路器故障状态下的操作规定

① 断路器运行中，由于某种原因造成油断路器严重缺油，SF_6 断路器气体压力异常（如突然降至零等），严禁对断路器进行停、送电操作，应立即断开故障断路器的控制（操作）电源，及时采取措施，将故障断路器退出运行。

② 分相操作的断路器操作时，发生非全相合闸，应立即将已合上相拉开，重新操作合闸一次，如仍不正常，则应拉开已合上相，切断该断路器的控制（操作）电源，查明原因。

③ 分相操作的断路器操作时，发生非全相分闸，应立即切断控制（操作）电源，手动将拒动相分闸，查明原因。

6. 断路器的异常运行和事故处理

（1）运行中的不正常现象及处理

① 运行人员在断路器运行中发现任何不正常现象（如漏油、渗油、油位指示器油位过低，

液压机构异常、SF_6气压下降或有异声、分合闸指示不正确等）时，应及时予以消除；不能及时消除的，报告上级领导并记入相应运行记录簿和设备缺陷记录簿内。

② 运行人员若发现设备有威胁电网安全运行且不停电难以消除的缺陷时，应向值班调度员汇报，及时申请停电处理，并报告上级领导。

（2）断路器有下列情形之一者，应立即申请停电处理

① 套管有严重破损和严重放电现象。

② 少油断路器灭弧室冒烟或内部有异常声响。

③ 油断路器严重漏油，油位看不见。

④ SF_6气室严重漏气发出操作闭锁信号（或气压低于下限）。

⑤ 真空断路器出现真空破坏的"咝咝"声。

⑥ 液压机构压力降低，操作闭锁。

（3）电磁操作机构常见的异常现象及可能的原因

① 拒绝合闸：

a. 操作电源及二次回路故障（直流电压低于允许值，熔丝熔断，辅助接点接触不良，二次回路断线，合闸线圈或合闸接触器线圈烧坏等），如将操作开关的手柄置于合闸位置信号灯不发生变化，可能是操作回路断线或熔断器熔断造成的。

b. 操作把手返回过早。

c. 机械部分故障（机构卡死，连接部分脱扣等）。如跳闸信号消失，合闸信号灯发光，但随即熄灭而跳闸信号灯复亮。这可能是机械部分有故障而使锁住机构未能将操作机构锁在合闸位置造成的。应注意，当操作电压过高时也会发生这种现象，这是由于合闸时产生强烈的冲击，因此也会产生不能锁住的现象。

d. SF_6开关因气体压力降低而闭锁。

e. SF_6开关弹簧机构合闸弹簧未储能。

f. 液压机构压力降低至不许合闸。

② 拒绝分闸：

a. 操作电源及二次回路故障（熔丝熔断，辅助接点接触不良，跳闸线圈断线等）。

b. 机械部分故障。

c. SF_6开关因气体压力降低而闭锁。

d. 液压机构压力降低至不许分闸。

③ 电磁操作机构区别电气和机械故障，在操作时应检查直流合闸电流。如没有冲击，则说明是电气故障；有冲击，则说明是机械故障。

（4）液压操作机构的异常现象及处理

① 压力异常。压力表压力指示与贮氮筒行程杆位置不对应，与正常情况比较，压力表指示过高为液压油进入贮氮筒；压力表指示低为贮氮气泄漏，此时应申请调度，停用该开关。

② 液压机构低压油路漏油。如果压力未降低至闭锁位置，可以短时维护运行；但要注意监视油压的变化并申请调度停用重合闸装置，汇报上级主管部门安排处理。有旁路的应申请调度用旁路开关代替运行，无旁路开关的应由调度安排停电处理。

③ 液压机构压力降低至不允许分、合闸时，不许用该开关进行解列、闭合环网操作。

④ 液压机构压力降低，但未降至不许油泵打压的压力时（液压机构无漏油现象），可以手

动打压至正常。降低至不许打压位置时则不允许打压；压力降低至不许分、合闸时，应立即对开关采取防慢分措施（用卡子卡住该开关传动机构并将该开关转为非自动），汇报调度用旁路开关代替其运行或直接停用。

⑤ 液压机构压力过高。若压力过高而电触点压力表的电触点可以断开油泵电源时，应适当放压至合格压力，汇报主管部门安排处理；若压力过高而压力表电触点未能断开油泵电源时，运行人员应立即拉开油泵电源隔离开关，放压至合格压力，并通知上级主管部门立即处理。

（5）断路器的事故处理

① 断路器动作分闸后，运行人员应立即记录故障发生时间，停止音响信号，并立即进行事故巡视检查，判断断路器本身有无故障。

② 断路器对故障分闸线路实行强送后，无论成功与否，均应对断路器外观进行仔细检查。

③ 断路器故障分闸时发生拒动，造成越级分闸，在恢复系统送电时，应将发生拒动的断路器脱离系统并保持原状，待查清拒动原因并消除缺陷后方可投入。

④ SF_6断路器发生意外爆炸或严重漏气等事故，运行人员接近设备要慎重，室外应选择从顺风向接近设备；室内必须要通风，戴防毒面具，穿防护服。

⑤ 油断路器着火原因及处理：

a. 断路器外部套管污秽或受潮而造成对地闪络或相间短路。

b. 油不清洁或受潮而引起断路器内部闪络。

c. 断路器切断时动作缓慢或者切断容量不足。

d. 油面上缓冲空间不足。

e. 切断强大电流时，油箱内压力太大。油断路器着火时，首先切断电源，使用干式灭火器灭火；如不能扑灭，再用泡沫灭火器灭火。

二、隔离开关的安装及运行维护

1. 隔离开关的安装

（1）安装前的外观检查

隔离开关的外观检查主要指：

① 隔离开关应按照产品使用说明书规定，检查型号规格是否与设计相符。

② 检查零件有无损坏，刀片及触头有无变形，如有变形，应进行校正。

③ 检查动刀片与触头接触情况，如有铜氧化层，应用细纱布擦净，涂上凡士林，用0.55 mm×10 mm 塞尺检查接触情况。对于线接触塞尺应塞不进去；对于面接触塞尺在接触表面宽度为50 mm 及以下时，应不超过 4 mm；在接触表面宽度为 60 mm 及以上时，应不超过 6 mm。

④ 用 1 000 V 或 2 500 V 绝缘电阻表测量绝缘电阻，额定电压为 10 kV 的隔离开关的绝缘电阻应在 800 ~ 1 000 MΩ 以上。

（2）安装步骤及要求

① 隔离开关应按照产品使用说明书规定的方式安装。用人力或滑轮吊装，把开关本体放于安装位置，使开关底座上的孔眼套在基础螺栓上，稍微拧紧螺母。用水平尺和线锤进行找正找平，校正位置，然后拧紧基础螺母。户外式的隔离开关在露天安装时，应水平安装，使带有瓷裙的支持绝缘子确实能起到防雨作用，如由于实际需要而以其他方式安装时，要注意使绝缘

瓷裙不积水以及降低有雨淋时的绝缘水平。任何部件受力不超出其允许范围，同时操作力也不致明显增大，机械联锁不受到破坏。户内式的隔离开关在垂直安装时，静触头在上方，带有套管的可以倾斜一定角度安装。一般情况下，静触头接电源，动触头接负荷，但安装在电柜里的隔离开关，采用电缆进线时，则电源在动触头一侧，这种接法俗称“倒进火”。

② 隔离开关两侧与母线及电缆的连接应牢固，遇有铜、铝导体接触时，应用铜、铝过渡接头，以防电化、腐蚀。

③ 安装操作机构。将操作机构固定在事先埋设好的支架上，并使其扇形板与隔离开关上的转动转杆在同一垂直平面上。

④ 连接操作拉杆。拉杆连接之前应将弯连接头连接在开关的传动转杆上(即转轴上)；直连接头连接在扇形板的舌头上，然后把调节元件拧入直连接头。操作拉杆应在开关和操作机构处于合闸时的位置。

⑤ 隔离开关的底座和操作机构的外壳安装接地螺栓，安装时应将接地线一端接在接地螺栓上，另一端与接地网接通，使其妥善接地。

（3）安装后的调整

在开关本体、操作机构、操作拉杆全部安装好后，进行调整。调整的步骤如下：

① 第一次操作开关时，应慢慢合闸和断开。合闸时，应观察可动刀片有无侧向撞击，如开关有旁击现象，可改变固定触头的位置，使可动刀片刚好进入插口。可动刀片进入插口的深度应不小于 90%,但也不应过大,以免冲击绝缘子的端部。可动刀片固定触头的底部应保持 3～5 mm 的间隙，如达不到，应进行调整。调整方法是将直连接头拧进或拧出而改变操作拉杆的长度，调节开关轴上的制动螺钉、改变轴的旋转角度等，都可以调整刀片插入的深度。合闸时，三相刀片应同时投入，35 kV 以下的隔离开关，各相前后相差不得大于 3 mm。当达不到要求时，可调整升降绝缘子连接螺钉的长度。

② 开关断开时，其刀片的张开角度应符合制造厂的规定。如不符合要求，应调整。调整方法是调整操作拉杆的长度和改变舌头扇形板上的位置。

③ 如隔离开关带有辅助触头时，应进行调整。合闸信号触头应在开关合闸行程的 80%～90%时闭合；断开信号触头应在开关断开行程的 75%时闭合。并用改变耦合盘的角度进行调整，必要时也可将其拆开重装。

④ 开关操作机构手柄的位置应正确，合闸时手柄应朝上，断开时手柄应朝下。合闸与断开操作完毕，其弹性机械销应自动地进入手柄末端的定位孔中。

⑤ 开关调整完毕后，应将操作机构的全部螺钉固定好，所有的开口销子必须分开，并进行数次断开、合闸操作，以观察开关的各部分是否有变形和失调现象。对于安装在成套配电箱内的隔离开关，只要进行调整后就可以投入运行。隔离开关在投入运行前不另做耐压试验，而与母线一起进行。

2. 隔离开关的操作方法

① 无远方操作回路的隔离开关，拉动隔离开关时保证操作动作正确，操作后应检查隔离开关位置是否正常。

② 必须正确使用防误操作装置，运行人员无权解除防误操作装置（事故情况除外）。

③ 手动操作，合闸时应迅速果断，但不宜用力过猛，以防震碎瓷瓶；合闸后检查三相接触情况。合闸时发生电弧应将隔离开关迅速合上，禁止将隔离开关再次拉开。拉隔离开关时应

缓慢而谨慎，刚拉开时如发生异常电弧，应立即反向，重新将隔离开关合上。如已拉开，电弧已断，则禁止重新合上。拉、合隔离开关结束后，机构的定位闭锁销子必须正确就位。

④ 电动操作，必须确认操作按钮分、合标志。操作时，看隔离开关是否动作，若不动作要查明原因，防止电动机烧坏；操作后，检查刀片分、合角度是否正常并拉开电动机电源隔离开关。倒闸操作完后，拉开电动操作总电源隔离开关。

⑤ 带有地刀的隔离开关，主、地隔离开关间装有机械闭锁，不能同时合上，但都在断开位置时，相互间不能闭锁。这时应注意操作对象，不可错合隔离开关，防止事故发生。

3. 运行中的故障及处理

（1）隔离开关拒分拒合或拉合困难

① 传动机构的杆件中断或松动、卡涩。如销孔配合不好、间隙过大、轴销脱落、铸铁件断裂、齿条啮合不好、卡死等，无法将操动机构的运动传递给主触头。

② 分、合闸位置限位止钉调整不当。合闸止钉间隙太小甚至为负值，未合到后位被提前限位，致使合不上；间隙太大，当合闸力很大时易使四连杆杆件超过死点，致使拒分。

③ 主触头因冰冻、熔焊等特殊原因导致拒分或分闸困难。

④ 电动机构电气回路或电动机故障造成拒分拒合。

在检修时要仔细观察，对症修理，切勿在超过死点的情况下强行操作。

（2）隔离开关接触部分过热。

隔离开关及引线触头温度一般不得超过 70 ℃，极限温度为 110 ℃。隔离开关接触部分过热由下列原因引起：

① 接触表面脏污或氧化使接触电阻增大，应用汽油洗去脏污。铜表面氧化可用 00 号砂纸打磨；镀银层氧化可用 25%浓氨水浸泡 20 min 后用清水冲洗干净，再用硬尼龙刷除去表面硫化银层，复装后接触表面涂一层中性凡士林。

② 触头调整不当，接触面积小，应重新调整触头接触面，使之符合要求。

③ 触头压紧弹簧变形或压紧螺钉松动，应更换弹簧或重新压紧螺钉，调整弹簧压力。

④ 隔离开关选择不当，额定电流偏小，或负荷电流增加，应更换额定电流较大的隔离开关。

4. 隔离开关的检修

（1）小修周期和项目

隔离开关的小修一般每年进行一次，污秽严重的地区应适当缩短周期。小修的项目：绝缘子的清洁检查；传动系统和操动机构的清洁检查；导电部分的清洁检查、修理；接线端子及接地端的检查；分、合闸操作试验。

（2）大修周期和项目

隔离开关每 3 ~ 5 年或操作达 1 000 次时应进行一次大修。大修的项目：支柱绝缘子及底座的检修；导电回路的检修；传动系统和操动机构的检修；除锈刷漆；机械调整与电气试验。

（3）支柱绝缘子及底座的检修

① 清除隔离开关绝缘子表面的灰尘、污垢，检查有无机械损伤。若有不影响机械和电气强度的小片破损，可用环氧树脂加石英砂调好后修补，损伤严重的应予更换。

② 检查绝缘子与铁件间的胶合剂是否发生了膨胀、收缩、松动。若有不良情况，应重新胶合或更换。

③ 污秽地区的支柱绝缘子表面应涂防污涂料。

④ 检查并旋紧支持底座或构架的固定螺钉；接地端、接地线应完整无损，紧固良好。

（4）导电回路的检修

① 清洁并检查导电部分有无损坏变形，轻微变形应予以校正，严重的应更换。对工作电流接近于额定电流的隔离开关或因过热而更换新触头、导电系统拆动较大的隔离开关，应进行接触电阻试验。

② 用汽油清洗掉触头部分的脏污和油垢，用细砂纸打磨掉触头接触表面的氧化膜，用锉刀修整烧斑，在接触表面涂上中性凡士林。检查所有的弹簧、螺钉、垫圈、开口销，屏蔽罩、软连接、轴承等应完整无缺陷，修整或更换损坏的元件，轴承上润滑油后装复。

③ 清洗打磨闸刀接线端子，涂两层电力复合脂后上好引线。

④ 合闸后，用 0.05 mm × 10 mm 塞尺检查触头的接触压力，对于线接触的应塞不进去。

（5）传动部分的检修

① 清扫掉外露部分的污垢与锈蚀，检查拉杆、拐臂、传动轴等部分应无机械变形或损伤，动作灵活，销钉齐全，配合适当。

② 活动部分的轴承、蜗轮等处，用汽油清洗掉油泥后加钙基脂或注入适量的润滑油。

③ 根据检查情况决定是否吊起传动支柱绝缘子，对下面的转动轴承进行清洗并加润滑脂。

④ 检查动作部分对带电部分的绝缘距离应符合要求。限位器、制动装置应安装牢固，动作准确。

（6）操动机构的检修

手动操动机构：

① 检查手动操动机构紧固情况，特别是当操作机构装在开关柜中的钢板或夹紧在水泥构架上时，应检查有无受力变位的情况，发现异常应进行调整或加固。

② 清洁并检查手动机构，对转动部分加润滑脂或润滑油，操作应灵活无卡涩。

③ 调节机构的机械闭锁达到：隔离开关在合闸位置时，闭锁接地开关不能合闸；接地开关在合闸位置时，闭锁隔离开关不能合闸。

电动操动机构：

① 用手柄操动机构检查各转动部件是否灵活，辅助开关和行程开关能否正常切换。

② 检查所有连接件、紧固件有无松动现象。

③ 检查齿轮、丝杠、丝母、联板拐臂等主要部件应无损坏变形，清洁后在各转动部分加润滑脂。

④ 检查电动机是否完好无缺陷，转向正确，必要时给电动机轴承加润滑脂。

⑤ 检查控制回路导线、二次电气元件有无损坏，接触是否良好，分合闸指示是否正确。

（7）辅助开关的检修

①辅助开关除了保证其动作灵活，分、合接触可靠之外，对于常开触头应调整在隔离开关主刀闸与静触头接触后闭合；常闭触头则应在主刀闸完成其全部分闸过程的 75%以后打开。

② 检修完毕，当确信机构各部件一切正常，并在转动摩擦部位都涂上工业用润滑油脂后，先用手动操作 3～5 次，然后接通电源，试用电动操作。

③ 对隔离开关的支持底座（构架）传动、操动机构的金属外露部分，除锈刷漆，根据需要涂相色漆等。

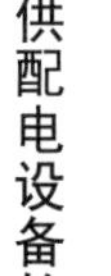

三、负荷开关的安装及运行维护

1. 负荷开关的安装

负荷开关的安装过程与隔离开关相同，但调整负荷开关时应注意以下几点：

① 高压负荷开关的主刀片和辅助刀片的动作顺序是：合闸时，辅助刀片先闭合，主刀片后闭合；断开时，主刀片先断开，辅助刀片后断开。

② 开关断开后，刀片张开的距离应符合制造厂的要求，如达不到要求时，可改变操作拉杆在扇形板上的位置，或改变拉杆的长度。

③ 在开关的主刀片上有一小塞子，合闸时应正好插入灭弧装置的喷嘴内，不应剧烈地碰撞喷嘴，否则应调整。

④ 如安装带有 RN1 型熔断器的负荷开关，安装前应检查熔断器的额定电流是否与设计相符。安装时，熔断器管应紧密地插入钳口内。

2. 负荷开关的运行维护

高压负荷开关在运行中的维护，可按工作刀闸、灭弧装置和传动装置三部分进行。工作刀闸的维护与高压隔离开关相同。传动装置的维护在于保证工作的稳定、灵活和可靠。当不存在变形及断裂的机械损伤时，应对各转动部位涂上润滑油脂。FN1-10 型负荷开关的维护，对其灭弧腔来说，主要是消除其内部的杂质。FN2-10 型及 FN-10 型负荷开关维护期限，决定于灭弧触头和喷嘴的烧损程度，如烧蚀不严重，修整后即可使用；如烧蚀严重，开关的分断能力降低，为保证开关的正常工作，必须更换这些零件。此外，高压负荷开关要根据分断电流的大小及分合次数来确定检修周期。

主要注意事项：

① 负荷开关在出厂前均应经严格装配、调整并试验。所以，一般情况下，其内部不需要再拆卸或重新调整。

② 投入运行前，绝缘子应擦干净，各传动部分应涂润滑油。

③ 进行几次空载分、合闸的操作，触头系统和操作机构均无任何呆滞、卡死现象。

④ 接地处的接触表面要处理打光，保证良好接触。

⑤ 母线固定螺栓要拧紧，同时负荷开关的连接母线要配置合适，不应使负荷开关受到来自母线的机械应力。

⑥ 负荷开关只能开断和关合一定的负荷电流，一般不允许在短路情况下操作。

⑦ 负荷开关的操作一般比较频繁，注意并预防紧固零件在多次操作后松动。当总的操作次数达到规定限度时，必须检修。

⑧ 当负荷开关与熔断器组合使用时，高压熔件的选择，应考虑在故障电流大于负荷开关的开断能力时，必须保证熔件先熔断，然后负荷开关才能分闸。

⑨ 产气式负荷开关在检修以后，要按规定调整行程和闸刀张开角度。

⑩ 对油浸式负荷开关要经常检查油面，缺油时要及时注油，以预防在操作时引起爆炸，并为了安全起见应将这种油浸式负荷开关的外壳可靠接地。

子任务二　倒闸操作的认识

子任务目标：

- 认识电气设备的状态分类。
- 掌握倒闸操作的概念。
- 掌握倒闸操作的组织措施和技术措施。

运行中的电气设备，系指全部带有电压或一部分带有电压以及一经操作即带有电压的电气设备。所谓一经操作即带有电压的电气设备，是指现场停用或备用的电气设备，它们的电气连接部分和带电部分之间只用断路器或隔离开关断开，并无拆除部分，一经合闸即带有电压。因此，运行中的电气设备具体指的是现场运行、备用和停用的设备。

一、电气设备的状态

电气设备有运行、热备用、冷备用和检修四种不同的状态。

1. 运行状态

运行指设备相应的断路器和隔离开关在合上位置，接地刀闸在断开位置，如图 2-37（a）所示（图中熔断器有底纹的表示断开）。

2. 热备用状态

热备用指电气设备的断路器及相关的接地刀闸断开，断路器两侧相应隔离开关处于合上位置，如图 2-37（b）所示。

3. 冷备用状态

冷备用指电气设备的断路器及其两侧隔离开关在断开位置，接地刀闸在断开位置，设备处于完好状态，随时可以投入运行，如图 2-37（c）所示。设备冷备用根据工作性质分为断路器冷备用与线路冷备用等。

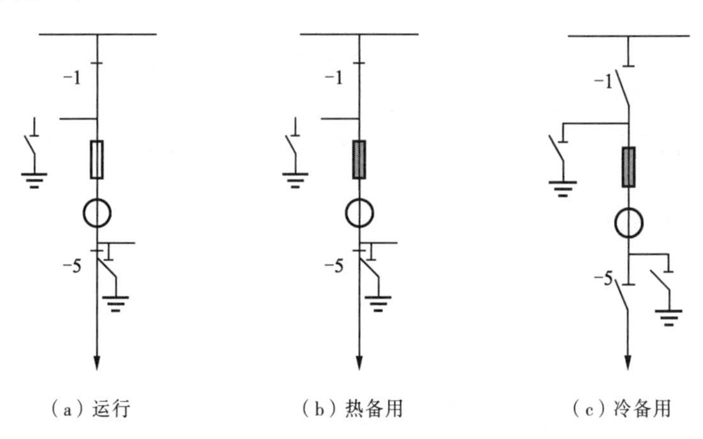

图 2-37　电气设备运行状态

4. 检修状态

检修指电气设备的断路器和隔离开关处于断开位置，相关接地刀闸在合上位置，并按安规要求做好其他安全措施。如图 2-38 所示，电气设备检修根据工作性质可分为断路器检修和线路检修等。

① 断路器检修是指设备的断路器与其两侧隔离开关均拉开，断路器的操作熔断器及合闸电源熔断器均已取下，在断路器两侧装设了保护接地线或合上接地隔离开关，并做好安全措施。检修的断路器若与两侧隔离开关之间接有电压互感器（或变压器），则应将该电压互感器的隔离开关拉开或取下高低压熔丝，高压侧无法断开时则取下低压熔丝；如有母联差动保护，则母联差动电流互感器回路应拆开并短路接地（二次回路应做相应的调整）。

② 线路检修是指线路断路器及其两侧隔离开关拉开，并在线路出线端挂好接地线（或合上线路接地隔离开关）。如有线路电压互感器（或变压器），应将其隔离开关拉开或取下高低压熔断器。

图 2-38　检修状态

③ 主变压器检修亦可分为断路器或主变压器检修。挂接地线或合上接地隔离开关的地点应分别在断路器两侧或变压器各侧。

④ 母线检修状态是指该母线从冷备用状态转为检修状态，即在冷备用母线上挂好接地线（或合上母线接地隔离开关）。母线从检修状态转为冷备用状态，是指拆除该母线的接地线，应包括母线电压互感器转为冷备用状态。母线从冷备用状态转为运行状态，是指有任一路电源断路器处于热备用状态，一经合闸，该母线即可带电，包括母线电压互感器转为运行状态。

二、倒闸操作的概念

在发电厂或变电所中，电气设备有四种不同的状态，即使在运行状态，也有多种运行方式。将电气设备由一种状态转变到另一种状态的过程称为倒闸，所进行的操作称为倒闸操作。所谓改变电气设备的状态，就是拉开或合上某些断路器和隔离开关，包括断开或投入相应的直流回路；改变继电保护和自动装置的定值或运行状态；拆除或安装临时接地线等。

三、倒闸操作的组织措施和技术措施

组织措施是指电气运行人员必须树立高度的责任感和牢固的安全思想，认真执行操作票制度、工作票制度、工作许可制度、工作监护制度以及工作间断、转移和终结制度等。

技术措施就是采用防误操作装置，即达到“五防”的要求：防止误分、误合断路器，防止带负荷误拉、误合隔离开关，防止带电误挂接地线；防止带接地线误合隔离开关；防止人员误入带电间隔。

常用的防误操作装置主要有：

① 机械闭锁。

② 电磁闭锁。

③ 电气闭锁。

④ 红绿牌闭锁。

⑤ 微机防误操作装置。微机防误操作装置又称电脑模拟盘，是专门为电力系统防止电气误操作事故而设计的，它由电脑模拟盘、电脑钥匙、电编码开锁、机械编码锁等部分组成。可以检验及打印操作票，同时能对所有的一次设备强制闭锁。

四、保证安全的技术措施

在全部停电或部分停电的电气设备上工作，必须完成下列措施：

① 停电。

② 验电。

③ 装设接地线。

④ 悬挂表示牌和装设遮拦。

子任务三　倒闸操作的实施

子任务目标：

- 知道倒闸操作必须具备的条件。
- 掌握倒闸操作的基本要求。
- 了解断路器和隔离开关倒闸操作的规定。

倒闸操作时，现场必须具备以下几个条件：所有电气一、二次设备必须标明编号和名称，字迹清楚、醒目，设备有传动方向指示、切换指示，以及区别相位的颜色；设备应达到防误要求，如不能达到，需经上级部门批准；控制室内要有和实际电路相符的电气一次模拟图和二次回路的原理图和展开图；要有合格的操作工具、安全用具和设施等；要有统一的、确切的调度术语、操作术语；值班人员必须经过安全教育、技术培训，熟悉业务和有关规章、规程、规范、制度，经评议、考试合格、主管领导批准、公布值班资格（正、副职）名单后方可承担一般操作和复杂操作，接受调度命令，进行实际操作或监护工作。

一、倒闸操作的基本要求

① 倒闸操作前，必须了解系统的运行方式、继电保护及自动装置等情况，并应考虑电源及负荷的合理分布以及系统运行的情况。

② 在电气设备服役前必须检查有关工作票、安全措施拆除情况。

③ 倒闸操作前应考虑继电保护及自动装置整定值的调整，以适应新的运行方式的需要，防止因继电保护及自动装置误动或拒动而造成事故。

二次回路部分调整内容如下：电压互感器二次负载的切换；厂用（所用）变压器电源的切换；直流电源的切换；交流电源、电压回路和直流回路的切换；根据一次接线，调整二次跳闸回路（例如，母联差动保护跳闸回路的调整，继电保护及自动装置改接和连跳断路器的调整等）；根据一次接线，决定母联差动保护的运行方式；断路器停役，二次回路工作需将电流互感器短接退出，以及断路器停役时根据现场规程决定断路器失灵保护停用；有综合重合闸的线路，其综合重合闸与线路高频、距离、零序保护的连接方式，保护整定单上均有明确说明；现场规程规定的二次回路需做调整的其他有关内容。

④ 备用电源自动投入装置、重合闸装置、自动励磁装置必须在所属设备停运前退出运行，在所属主设备送电后投入运行。

⑤ 在进行电源切换或电源设备倒母线时，必须先将备用电源投入装置停用，操作结束后再进行调整。

⑥ 在同期并列操作时，应注意防止非同期并列。

⑦ 在倒闸操作过程中应注意分析表计指示。

⑧ 在下列情况下，应将断路器的操作电源切断，即取下直流操作回路熔断器。

a. 检修断路器。

b. 在二次回路及保护装置上工作。

c. 在倒母线操作过程中拉合母线隔离开关，必须先取下母联断路器的操作回路熔断器，以防止在拉合隔离开关时，母联断路器跳闸而造成带负荷拉合隔离开关。

d. 操作隔离开关前应先检查断路器在分闸位置，以防止在操作隔离开关时断路器在合闸位置而造成带负荷拉合隔离开关。

e. 在继电保护故障情况下，应取下直流操作回路熔断器，以防止因断路器误合、误跳而造成停电事故。

f. 当断路器严重缺油、看不到油位或大量漏油时，应取下直流操作回路熔断器并及时向调度员汇报。要求用旁路断路器代其供电，将该断路器退出运行。

g. 操作中应用合格的安全工具。

二、断路器和隔离开关倒闸操作的规定

1. 断路器的倒闸操作

① 用控制开关拉合断路器时，不要用力过猛，以免损坏控制开关；操作时不要返回太快，以免断路器合不上或拉不开。

② 设备停役操作前，对终端线路应先检查负荷是否为零。

③ 断路器操作后，应检查与其相关的信号，如红绿灯、光字牌的变化，测量表计的指示。装有三相电流表的设备，应检查三相表计，并到现场检查断路器的机械位置以判断断路器分合的正确性，避免由于断路器假分、假合造成误操作事故。

④ 操作主变压器断路器退出运行时，应先拉开负荷侧，后拉开电源侧；恢复运行时，顺序相反。

⑤ 如装有母联差动保护时，当断路器检修或二次回路工作后，断路器投入运行前应先停用母联差动保护再合上断路器，充电正常后才能用上母联差动保护。

⑥ 断路器出现非全相合闸时，首先要恢复其全相运行。

⑦ 断路器出现非全相分闸时，应立即设法将未分闸相拉开；如仍拉不开，应利用母联或旁路进行倒换操作，之后通过隔离开关将故障断路器隔离。

⑧ 对于储能机构的断路器，检修前必须将能量释放，以免检修时引起人员伤亡。

⑨ 断路器累计分闸或切断故障电流次数（或规定切断故障电流累计值）达到规定，应停电检修。

2. 隔离开关的倒闸操作

① 拉合隔离开关前必须查明有关断路器和隔离开关的实际位置，隔离开关操作后应查明实际分合位置。

② 手动合上隔离开关时，必须迅速果断。

③ 手动拉开隔离开关时，应慢而谨慎。

④ 装有电磁闭锁的隔离开关当闭锁失灵时，应严格遵守防误装置解锁规定，认真检查设备的实际位置，并得到当班调度员同意后，方可解除闭锁进行操作。

⑤ 电动操作的隔离开关如遇电动失灵，应查明原因和与该隔离开关有闭锁关系的所有断路器、隔离开关、接地开关的实际位置，正确无误才可拉开隔离开关操作电源而进行手动操作。

⑥ 隔离开关操作机构的定位销操作后一定要销牢，以免滑脱发生事故。

⑦ 隔离开关操作后，检查操作应良好，合闸时三相同期且接触良好；分闸时判断断口张开角度或闸刀拉开距离，应符合要求。

子任务四　倒闸操作票的认识与使用

子任务目标：

- 掌握倒闸操作票制度。
- 掌握倒闸操作票填写的原则。
- 了解工作票制度。

倒闸操作票是人们进行具体操作的依据，它把经过深思熟虑制订的操作项目记录下来，从而根据操作票面上填写的内容依次进行有条不紊的操作，通过记录可以对自己的操作进行监控，确保操作的准确性。

一、倒闸操作票制度

1. 操作票的使用范围

根据值班调度员或值班长命令，需要将某些电气设备以一种运行状态转变为另一种运行状态或事故处理等；根据工作票上的工作内容的要求，所做安全措施的倒闸操作，所有电气设备的倒闸操作均应使用操作票。但在以下特定情况下可不用操作票，操作后必须记入运行日志并及时向调度员汇报。

① 事故处理。

② 拉合断路器的单一操作。

③ 拉开接地隔离开关或拆除全厂（所）仅有的一组接地线。

④ 同时拉合几路断路器的限电操作。

2. 执行操作票的程序

① 预发命令和接受任务。

② 填写操作票。

③ 审核批准。

④ 考问和预想。

⑤ 正式接受操作命令。

⑥ 模拟预演。

⑦ 操作前准备。

⑧ 核对设备。

⑨ 高声唱票实施操作。

⑩ 检查设备、监护人逐项勾票。

⑪ 操作汇报，做好记录。

⑫ 评价、总结。

二、操作票填写的有关原则与举例

发电厂（变电所）倒闸操作票如图 2-39 所示，下面介绍几种倒闸操作票填写的原则与举例。

发电厂（变电所）倒闸操作票　　编号：

操作开始时间：年 月 日 时 分　终了时间：日 时 分		
操作任务：		
√	顺序	操作项目
备注：		
操作人：　监护人：　值班负责人：　值班长：		

图 2-39　发电厂（变电所）倒闸操作票

1. 变压器倒闸操作票的填写

① 变压器投入运行时，应选择励磁涌流影响较小的一侧送电，一般先从电源侧充电，后合上负荷侧断路器。

② 向空载变压器充电时，应注意：

a. 充电断路器应有完备的继电保护，并保证有足够的灵敏度。同时，应考虑励磁涌流对系统继电保护的影响。

b. 大电流直接接地系统的中性点接地，隔离开关应合上（对中性点为半绝缘的变压器，则中性点更应接地）。

c. 检查电源电压，使充电后变压器各侧电压不超过其相应分接头电压的 5%。

③ 运行中的变压器，其中性点接地的数目及地点，应按继电保护的要求设置。

④ 运行中的双绕组或三绕组变压器，若属直接接地系统，则该侧中性点接地隔离开关应合上。

⑤ 运行中的变压器中性点接地隔离开关如需倒换，则应先合上另一台变压器的中性点接地隔离开关，再拉开原来一台变压器的中性点接地隔离开关。

⑥ 110 kV 及以上变压器处于热备用状态时（开关一经合上，变压器即可带电），其中性点接地隔离开关应合上。

⑦ 新投产或大修后的变压器在投入运行时应进行定相，有条件者应尽可能采用零起升压。对可能构成环路运行者应进行核相。

⑧ 变压器新投入或大修后投入，操作送电前应考虑除应遵守倒闸操作的基本要求外，还应注意以下问题：对变压器外部进行检查；摇测绝缘电阻；对冷却系统进行检查及试验；对有载调压装置进行传动；对变压器进行全电压冲击，合闸 3 ~ 5 次，若无异常即可投入运行。

⑨ 变压器停送电操作时的一般要求：

a. 变压器停电时的要求：应将变压器中性接地点及消弧线圈倒出。变压器停电后，其重瓦斯保护动作可能引起其他运行设备跳闸时，应将连接片由跳闸改为信号。

b. 变压器送电时的要求：送电前应将变压器中性点接地。由电源侧充电，负荷侧并列。

c. 对强油循环冷却的变压器，不起动潜油泵不准投入运行。变压器送电后，即使是处在空载也应按厂家规定起动一定数量的潜油泵，保持油路循环，使变压器得到冷却。

⑩ 三绕组升压变压器高压侧停电操作：

a. 合上该变压器高压侧中性点接地隔离开关。保证高压侧断路器拉开后，变压器该侧发生单相短路时，差动保护、零序过电流保护能够动作。

b. 拉开高压侧断路器。

c. 断开零序过电流保护跳其他主变压器的跳闸连接片。

d. 断开高压侧低电压闭锁连接片（因主变压器过电流保护一般采用高、低两侧电压闭锁）。避免主变压器过负荷时过电流保护误动。

2. 线路倒闸操作票的填写及有关规定

线路倒闸操作票分为两类：一类是断路器检修；另一类是线路检修。

① 断路器检修操作票的填写。

② 线路检修操作票的填写。

③ 新线路送电应注意的问题，除应遵守倒闸操作的基本要求外，还应注意：

a. 双电源线路或双回线在并列或合环前应经过定相。

b. 分别来自两母线电压互感器的二次电压回路也应定相。

c. 配合专业人员，对继电保护自动装置进行检查和试验。

d. 线路第一次送电应进行全电压冲击合闸，其目的是利用操作过电压来检验线路的绝缘水平。

④ 线路重合闸的停用。一般在下列情况下将线路重合闸停用：

a. 系统短路容量增加，断路器的开断能力满足不了一次重合闸的要求。

b. 断路器事故跳闸次数已接近规定，若重合闸投入，重合失败，跳闸次数将超过规定。

c. 设备不正常或检修，影响重合闸动作。

d. 重合闸临时处理缺陷。

e. 线路断路器跳闸后进行试送或线路上有带电作业。

⑤ 投入和停用低频率减载装置电源时应注意：投入和停用低频率减载装置，瞬时有一反作用力矩，能将触头瞬时接通，因直流存在，可能使继电器误动。所以，投入时先合交流电源，进行预热并检查触头应分开，然后再合直流电源；停用时先停直流电源后停交流电源。

3. 系统并列操作

应用手动准同期装置并列前的检查及准备：

① 检查中央同期开关，手动准同期开关均在断开位置；

② 并列点断路器在断开位置；

③ 母线电压互感器及待并列电压互感器回路熔断器应完好；

④ 投入并列点断路器两侧的隔离开关；

⑤ 停用并列点断路器的重合闸连接片。

操作步骤：

① 合上手动同期开关。

② 中央同期开关在粗略同期位置，检查双方电压及频率，向调度员汇报（一般情况下电压允许相差不超过 10%～15%，两则频率相差不得大于 0.5 Hz）。

③ 将中央同期开关切至准确同期位置，整步表开始转动。

④ 当整步表以缓慢的速度顺时针转动时可准备并列，待指针缓慢趋于同期点时，操作人员即可合闸。

⑤ 合闸成功后，断开中央同期开关及手动同期开关，立即向调度员汇报；并列后如指针摆动过大，1 ~ 2 min 内不能消除即进行解列。

4. 举例

【例 2-3】操作票的填写。

操作任务：如图 2-40 所示线路接线图。× × ×线 724 断路器运行于正（W1）母线改冷备用。

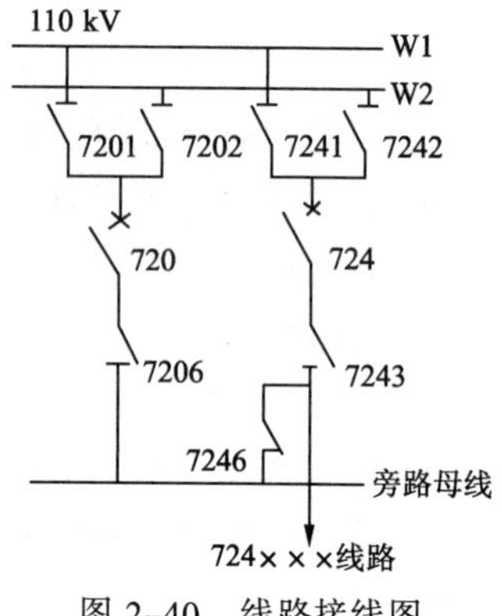

图 2-40　线路接线图

操作顺序：

① 断开 724 断路器；

② 检查 724 断路器确在分闸位置；

③ 拉开 7243 隔离开关，检查分闸良好；

④ 检查 7242 隔离开关在断位；

⑤ 拉开 7241 隔离开关，检查分闸良好。

到此，设备已由运行状态改为冷备用状态，此时调度员将发布该设备可以转入检修状态的许可令。值班员得到调度的许可后，根据安全措施进行如下操作：

① 检查 724 断路器确在冷备用状态；

② 取下 724 断路器操作电源熔断器；

③ 拉开 724 断路器信号电源小隔离开关；

④ 取下 724 断路器合闸电源熔断器；

⑤ 在 724 断路器与 7241 隔离开关之间验明三相确无电压后挂接地线一组（1#）；

⑥ 在 724 断路器与 7243 隔离开关之间验明三相确无电压后挂接地线一组（2#）。

安全措施操作票是按工作票的工作要求填写的操作票。

【例 2-4】正（W1）、副（W2）母线分列运行，旁路 720 断路器在冷备用时，用旁路断路器代线路断路器时的操作（以× × ×线 724 断路器为例，见图 2-40）。

操作顺序：

① 检查旁路断路器保护定值及连接片与所代线路对应；

② 退出旁路断路器重合闸连接片；

③ 调整旁路电流端子至代出线位置；

④ 母差保护跳旁路断路器连接片及闭锁旁路断路器重合闸连接片在投入位置；

⑤ 检查母差端子箱内旁路电流端子在投入位置；

⑥ 检查 720 断路器在断位；

⑦ 检查 7202 隔离开关在断位；

⑧ 合上 7201 隔离开关，检查已合上；

⑨ 合上 7206 隔离开关，检查已合上；

⑩ 合上 720 断路器(向旁路母线充电)，检查充电正常；

⑪ 拉开 720 断路器，检查已拉开；

⑫ 合上 7246 隔离开关，检查已合上；

⑬ 合上 720 断路器，检查已合上（电流表应有指示）；

⑭ 拉开 724 断路器，检查已拉开（电流表指示为零）；

⑮ 拉开 7243 隔离开关，检查已拉开；

⑯ 检查 7242 隔离开关在断位；

⑰ 拉开 7241 隔离开关，检查已拉开；

⑱ 投入旁路断路器重合闸连接片。

三、工作票制度

工作票制度是在电气设备上工作保证安全的组织措施之一，所有在电气设备上的工作，均应填写工作票或按命令执行。

1. 工作票的分类

工作票分为两种：第一种工作票和第二种工作票。

填写第一种工作票的工作有：

① 高压设备需要全部停电或部分停电者。

② 在高压室内的二次接线和照明回路上工作，需要将高压设备停电或做安全措施者。

③ 运行中变电所的业扩、基建工作，需要将高压设备停电或因安全距离不足需装设绝缘罩（板）等安全措施者。

④ 一经合闸即可送电到工作地点设备上的工作。

填写第二种工作票的工作有：

① 带电作业和在带电设备外壳上的工作。

② 控制盘和低压配电盘、配电箱、电源干线上的工作。

③ 二次接线回路上的工作，无须将高压设备停电者。

④ 转动中的发电机、同步调相机的励磁回路或高压电动机转子电阻回路工作。

⑤ 非当值值班人员用绝缘棒和电压互感器定相或用钳形电流表测量高压回路电流。

2. 工作票间断、转移制度

规定当天的工作间断时，工作班人员应从工作现场撤出，所有安全措施保持不变，工作票仍由工作负责人执存，间断后继续工作无须通过工作许可人许可；而对隔天间断的工作，在每日收工后应清扫工作地点，开放封闭的通路，并将工作票交回值班员，次日复工时应得到值班员许可，取回工作票。工作负责人必须事前重新认真检查安全措施是否符合工作票的要求后，方可工作，若无工作负责人或监护人带领，工作人员不得进入工作地点。

工作转移指的是在同一电气连接部分或一个配电装置，用同一工作票依次在几个工作地点转移工作时，全部安全措施由值班员在开始许可工作前，一次做完。因此，同一张工作票内的工作转移无须再办理转移手续。但工作负责人在每转移一个工作地点时，必须向工作人员交代带电范围、安全措施和注意事项，尤其应该提醒工作条件的特殊注意事项。

3. 工作票负责人（监护人）要求

在电气设备上工作，至少应有两人在一起进行。对某些工作（如测极性、回路导通试验等）在需要的情况下，可以准许有实际工作经验的人员单独进行。

特殊工作，如离带电设备距离较近，应设人监护或加装必要的绝缘挡板（应填入工作票安全措施栏内）。

技能实训　学院变配电所的认知

一、实训目的

① 通过对变电所的观察研究，了解主接线图及模拟操作的程序与要求。

② 通过对变电所高低压开关柜的观察研究，了解它们的结构与布置及操作方法和注意事项等。

③ 通过对变压器室的观察和研究，了解变压器室的结构和布置要求。

④ 通过实地观察并结合看图建立对变电所的全面认识。

二、实训所需设备、材料

淄博职业学院内变配电所、高低压配电室、电力变压器室、主接线图及变压器柜。

三、实训任务与要求

① 观察变配电所主接线图，了解图中各元件的符号意义、模拟操作的程序，要求等。

② 观察高低压配电室，了解高低压开关柜的型号、规格，布置和操作方法及注意事项等。

③ 观察变压器室，了解电力变压器室的结构和布置要求。

④ 观察直流操作电源和无功补偿设备，了解其结构和功能。

四、实训考核

① 画出该变电所的主电路图（模拟图）。

② 画出该变电所的结构示意图。

③ 拍照并制作 PPT 进行演示，并写出实训报告。

思考与练习

1. 什么叫一次设备？什么叫二次设备?一次设备按功能可分哪几类？
2. 电流互感器有哪些常用的接线方案？为什么电流互感器工作时二次侧不得开路？
3. 电压互感器有何功用？为什么电压互感器二次侧必须有一端接地？
4. 真空断路器有何优点？
5. SF_6 断路器的灭弧性能有哪些优越之处？SF_6 断路器有哪些优点？
6. 高压隔离开关有何作用？它为什么不能带负荷操作？
7. 负荷开关与断路器在用途方面有何区别？负荷开关与断路器串联，各起什么作用？
8. 什么是倒闸操作？电气设备有哪些运行方式？
9. 防止误操作的措施有哪些？
10. 电气设备中常用的灭弧方法有哪些？
11. 倒闸操作现场应具备什么条件？
12. 倒闸操作有哪些基本要求？
13. 什么是操作票制度？如何正确执行操作票制度？

14. 判断图 2-41 所示几种操作的正误。

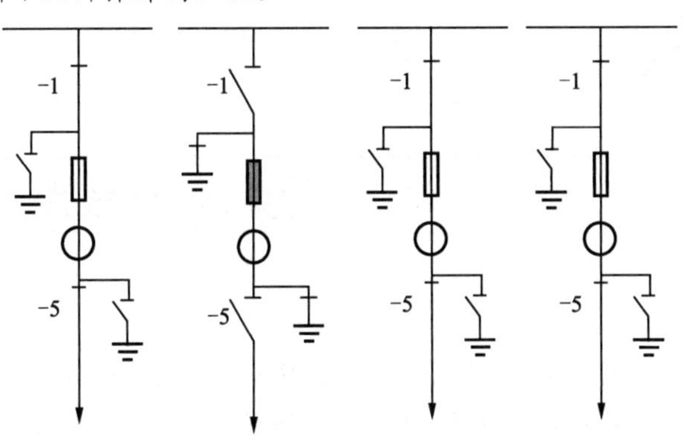

图 2-41　题 14 图

供配电线路的运行与维护

输送电能的线路一般称为电力线路，其中由发电厂向电力负荷中心输送电能的线路以及电力系统之间的联络线路称为输电线路，架设于变电站（开关站）与变电站之间；由电力负荷中心向各个电力用户分配电能的线路称为配电线路。故输电或者配电线路不能按电压等级来区分，只能看其功能作用。在一些地区 110 kV 线路是分配给用户的配电线路，但在一些农村地区 35kV 也属于变电站与变电站之间联络线路的输电线路。下面就介绍一些供配电线路，了解它们的分类、安装及运行维护。

在城市里，路边的电线杆怎么不见了？家庭用电是靠什么传输的？

项目目标

- 知道供配电线路的分类、结构、特点及敷设方法。
- 掌握供配电导线和电缆的选择方法。
- 掌握供配电线路的接线方式。
- 了解架空线路的运行和维护。

任务一　供配电线路的认识与敷设

目前国内常用的交流电力线路电压等级有 220 V、380 V、6 k V、10 kV、35 kV、66 kV、110 kV、220 kV、330 kV、500 kV、750 kV、1 000 kV 等线路等级。常用的直流电力线路电压等级有：±500 kV、±600 kV、±800 kV、±1100 kV 等线路等级。供配电线路按敷设方法分可分，为架空线路和电力电缆两种形式（见图 3-1）。由于架空线路与电力电缆线路相比，有成本低，投资少，安装容易，维护和检修方便，易于发现和排除故障等优点，在企业中被广泛应用，这也是我国大部分配

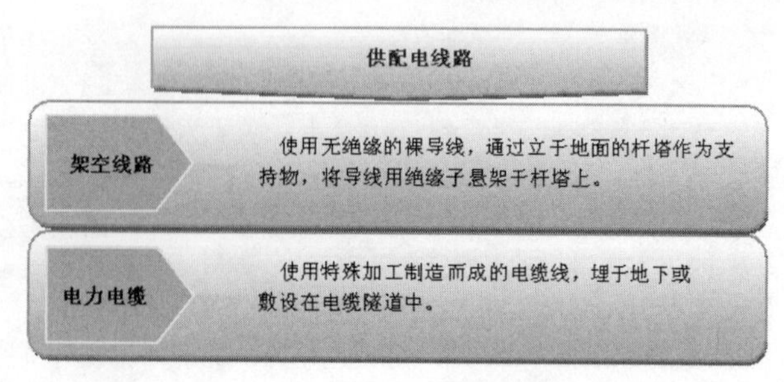

供配电线路
架空线路
使用无绝缘的裸导线，通过立于地面的杆塔作为支持物，将导线用绝缘子悬架于杆塔上。
电力电缆
使用特殊加工制造而成的电缆线，埋于地下或敷设在电缆隧道中。

图 3-1　供配电线路的分类

电线路、绝大部分高压输电线路和全部超高压及特高压送电线路所采用的主要方式。但是架空线路直接受大气影响，易受雷击和污秽空气的危害，要占用一定的地面和空间，且有碍交通和观瞻，因此在城市和现代化工厂有逐渐减少架空线路，改用电力电缆线路的趋向，特别是在有腐蚀气体的易燃、易爆场所，不宜架设架空线路而应敷设电力电缆。与架空线路相比，电力电缆造价高、敷设检修困难、不易发现和排除故障，但是电力电缆运行可靠、不易受外界影响。

学习目标：

- 知道架空线路的结构及敷设方法。
- 了解电力电缆的结构及敷设方法。
- 掌握供配电导线和电缆的选择方法。

子任务一　架空线路的认识与敷设

子任务目标：

- 了解架空线路的结构。
- 掌握架空线路的敷设原则及方法。

架空线路由导线、电杆、绝缘子和线路金具等主要元件组成，如图 3-2 和图 3-3 所示。为了防雷，在 110 kV 及以上架空线路上还装设有避雷线（架空地线），以保护全部线路；35 kV 的线路在靠近变电所 1～2 km 的范围内装设避雷线，作为变电所的防雷措施；10 kV 及以下的配电线路，除了雷电活动强烈的地区，一般不需要装设避雷线。

图 3-2　架空线路实物图

一、架空线路的认识

1. 架空线路的结构

架空线路的结构如图 3-3 所示。

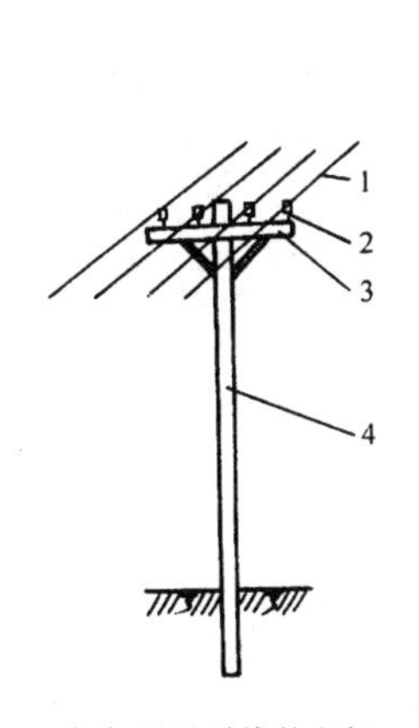

（a）无避雷线的电杆

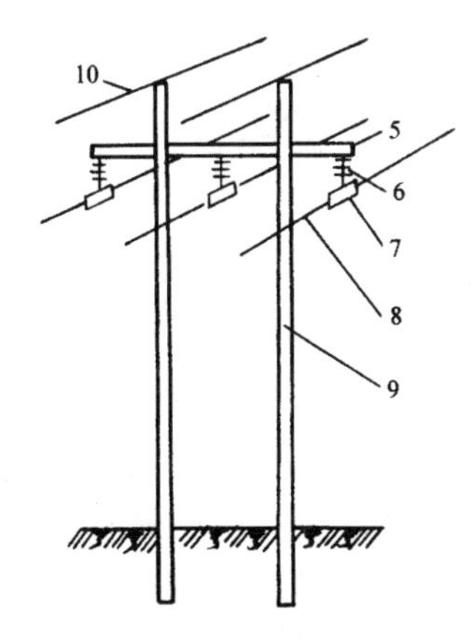

（b）有避雷线的电杆

图 3-3　架空线路的结构

1—低压导线；2—针式绝缘子；3、5—横担；4—低压电杆；6—高压悬式绝缘子串；7—线夹；8—高压导线；9—高压电杆；10—避雷线

2. 导线与地线（避雷线）

（1）导线和避雷线的材料

导线是用来传导电流、输送电能的元件。地线一般直接架设在杆塔顶部，并通过杆塔或接地引线与接地装置连接。导线除了要具有良好的导电性能外，还要求质量小，并有足够的机械强度，能经受住自然界各种因素的影响和化学的腐蚀。

架空线一般采用裸导线。但敷设在大、中城市的主次干道、繁华街区、新建高层建筑群区及新建住宅区的中、低压架空配电线路以及有腐蚀性物质的环境中的架空线路，宜采用绝缘导线。架空裸导线的最小截面如表 3-1 所示。

表 3-1　架空裸导线的最小截面

线路类别		导线最小截面/mm^2		
		铝及铝合金线	钢芯铝线	铜绞线
35 kV 及以上的线路		35	35	35
3～10 kV 线路	居民区	35	25	25
	非居民区	25	16	16
低压线路	一般	16	16	16
	与铁道交叉跨越档	35	16	16

架空线路的导线一般采用多股绞线，其中以铝绞线及钢芯铝绞线应用最广。架空线路一般情况下采用铝绞线（LJ），在机械强度要求较高和 35 kV 及以上的架空线路上，则多采用钢芯铝绞线（LGJ），其横截面结构如图 3-4 所示。这种导线的线芯是钢线，用以增强导线的抗拉强度，弥补铝线机械强度较差的缺点，其外围用铝线；取其导电性较好的优点。由于交流电流在导线中通过时有集肤效应，交流电流实际上只从铝线部分通过，从而弥补了钢线导电性差的缺点。

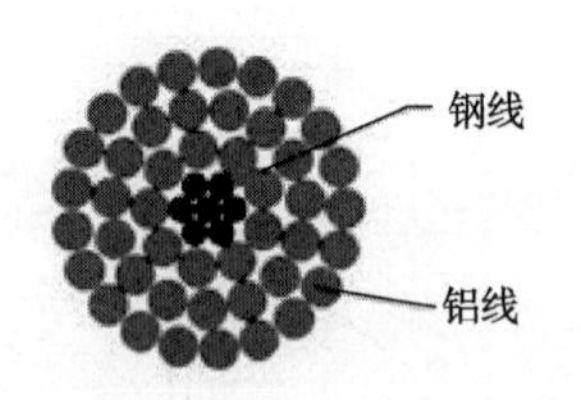

图 3-4　钢芯铝绞线

钢芯铝绞线型号中表示的截面面积，就是其中铝线部分的截面面积。例如 LGJ.120 的钢芯铅绞线，其中 120 即指其铝线（L）部分截面面积为 120 mm^2。

避雷线主要作用是在雷击时，将雷电流引入大地，使电力线路免受大气过电压的破坏，起着保护线路的作用。避雷线采用机械强度高的镀锌钢绞线，截面面积一般为 25～75 mm^2。

（2） 导线在电杆上的排列方式

导线的排列方式有水平排列和三角形排列，如图 3-5 所示。三相四线制低压架空线路的导线，一般都采用水平方式排列，如图 3-5（a）所示。由于中性线的电位在三相对称时为零，而且其截面面积较小（一般不小于相线截面面积的 50%），机械强度较差，所以中性线一般架设在靠近电杆的位置。三相三线制架空线路的导线，可采用三角形方式排列，如图 3-5（b）和图 3-5（c）所示，也可水平排列，如图 3-5（f）所示。多回路导线同杆架设时，可采用三角、水平方式混合排列，如图 3-5（c）所示，也可全部采用垂直方式排列，如图 3-5（d）所示。电压不同的线路同杆架设时，电压较高的线路应架设在上面，电压较低的线路应架设在下面。

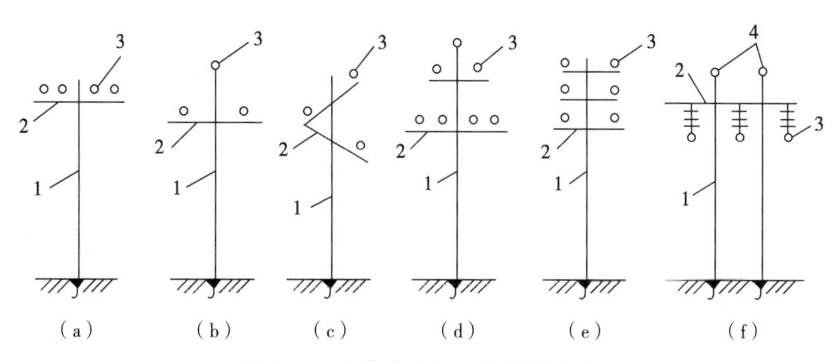

图 3-5　导线在电杆上的排列方式

1—电杆；2—横担；3—导线；4—避雷线

3. 电杆

电杆是电的桥梁，让电运输到各个地方，是支持导线及其附属的横担、绝缘子等的支柱，是架空线路最基本的元件之一。它应有足够的机械强度，尽可能经久耐用、价廉，且便于搬运和安装。

按制造材料分，可分为钢筋混凝土杆、钢管杆、角钢塔、钢管塔、木质电杆、复合材料杆塔及钢筋混凝土塔。它们的高度不一，矗立在平原山间，遍布在人们周围。常见的混凝土电杆如图 3-6 所示。另外，电杆根据在线路中的不同作用和受力情况，可分为直线杆、耐张杆、转角杆、终端杆、分支杆和跨越杆等，各种杆型在低压架空线路上的应用示意图，如图 3-7 所示。

图 3-6　常见的混凝土电杆

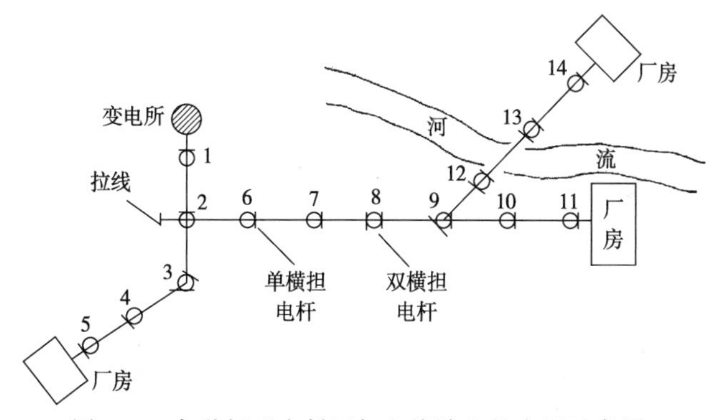

图 3-7　各种杆型在低压架空线路上的应用示意图

1、5、11、14—终端杆；2、9—分支杆；3—转角杆；

4、6、7、10—直线杆（中间杆）；8—分段杆（耐张杆）；12、13—跨越杆

混凝土电杆是用混凝土与钢筋或钢丝制成的电杆，有普通钢筋混凝土电杆和预应力混凝土

电杆两种。电杆的截面形式有方形、八角形、工字形、环形或其他一些异形截面。最常采用的是环形截面和方形截面。电杆长度一般为 4.5～15 m。环形电杆有锥形杆和等径杆两种，锥形杆的梢径一般为 100～230 mm，锥度为 1:75；等径杆的直径为 300～550 mm；两者壁厚均为 30～60 mm。

20 世纪 80 年代，中国发展离心法环形预应力混凝土电杆。其制造工艺主要是将钢丝骨架在钢模内纵向张拉，然后使混凝土在离心力作用下将多余水分挤出，从而大大提高混凝土的密实性和强度。为了使混凝土能较快地达到设计强度的 70%以上，可进行蒸汽养护，以缩短脱模周期。使用预应力混凝土电杆比用普通钢筋混凝土电杆节约钢材，而且还能提高抗裂性和使用寿命。

4. 横担和拉线

（1）横担

横担安装在电杆的上部，用于安装绝缘子，以便固定导线，如图 3-8 所示。常用的有铁横担、木横担和瓷横担。铁横担用角钢制成，坚固耐用，但易锈蚀，应进行镀锌或涂漆等防锈处理。目前铁横担在工厂中应用很广。瓷横担广泛应用于工厂供电的高、低压架空线路上，集横担与绝缘子的作用于一体，绝缘的同时固定导线。它结构简单、施工方便，并能有效利用杆塔高度，降低线路造价。瓷横担易碎，在安装和使用中应避免机械损伤。（注：从保护环境和经久耐用角度看，现在普遍采用的是铁横担和瓷横担，一般不用木横担。）

（2）拉线

拉线在架设过程中用于平衡电杆所受到的不平衡作用力，并可抵抗风压防止电杆倾倒。拉线的结构如图 3-9 所示。在受力不平衡的转角杆、分段杆、终端杆上需要装设拉线。拉线必须具有足够的机械强度并要保证拉紧。（注：为了保证其绝缘性能，其上把、腰把和底把用钢绞线制作，且均须安装拉线绝缘子进行电气绝缘。）

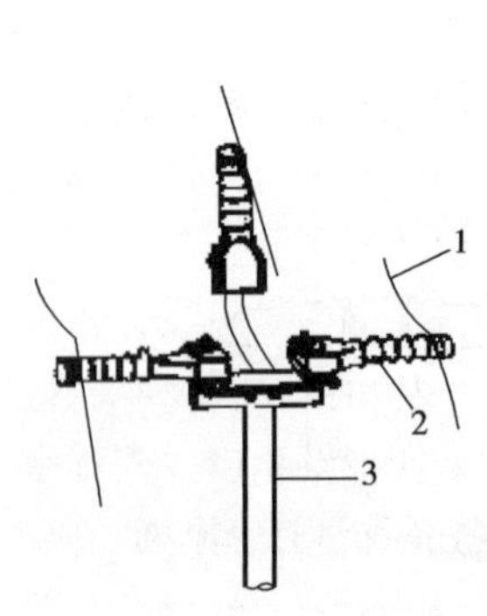

图 3-8 10 kV 电杆上的瓷横担

1—10 kV 导线；2—瓷横担；3—水泥杆

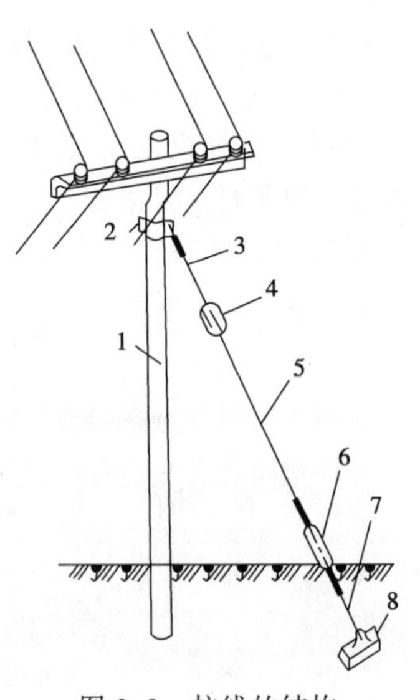

图 3-9 拉线的结构

1—电杆；2—抱箍；3—上把；4—拉线；5—腰把；6—花篮螺钉；7—底把；8—地盘

拉线的作用是平衡电杆各方面的受力，防止电杆倾斜。拉线可用多股直径为 4 mm 的镀锌铁线绞制而成，或使用截面面积不小于 25 mm^2 的镀锌钢绞线。

5. 绝缘子和金具

（1）绝缘子

绝缘子是用来支持导体并使其绝缘的器件。主绝缘由瓷件、玻璃件或有机材料件构成的绝缘子分别称为瓷绝缘子、玻璃绝缘子或有机材料绝缘子（主要是复合绝缘子），如图 3-10 所示。绝缘子要具有一定的电气绝缘强度和机械强度。

（a）瓷绝缘子　　（b）有机材料绝缘子　　（c）玻璃绝缘子

图 3-10　绝缘子的外形结构

（2）金具

线路金具是用来连接导线、安装横担和绝缘子、固定和紧固拉线等的金属附件，包括安装针式绝缘子的直脚[见图 3-11（a）]和弯脚[见图 3-11（b）]，安装蝴蝶式绝缘子的穿芯螺钉[见图 3-11（c）]，将横担或拉线固定在电杆上的 U 行抱箍[见图 3-11（d）]，调节拉线松紧的花篮螺钉[见图 3-11（e）]以及悬式绝缘子串的挂环、挂板、线夹等[见图 3-11（f）]。

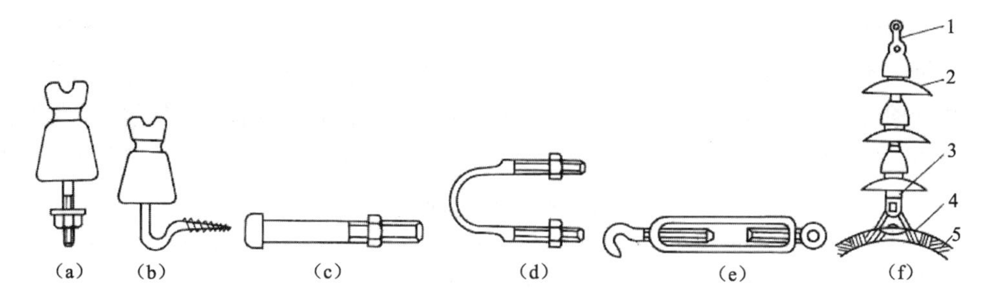

图 3-11　常用的金具

1—球头挂环；2—绝缘子；3—碗头挂板；4—悬垂线夹；5—架空导线

二、架空线路的敷设

1. 10 kV 架空线路的敷设原则

① 必须先进行实地勘察，详细了解现场情况，并尽可能考虑多种设计方案。

② 在可能的条件下，应使路径长度最短、转角少、特殊跨越少，水文地质条件好，投资少、省材料，施工方便、运行方便、安全可靠。

③ 沿线交通便利，便于施工、运行，而不使线路长度增加。

④ 线路应尽可能避开森林、绿化区、防护林等，必须穿越时也应从最窄处通过，尽量减少砍伐树木。

⑤ 路径选择应避免跨越建筑物。

⑥ 线路应避开不良地质地段，以减少基础施工量。

⑦ 应尽量少占农田，不占良田。

⑧ 应避免和同一河流或工程设施多次交叉。

⑨ 线路与建筑物平行交叉；线路与特殊管道交叉或接近，线路与各种工程设施交叉和接近时，必须符合相应规程的要求。

⑩ 线路应避开沼泽地、水草地、易积水地及盐碱地。线路通过黄土地区时，应尽量避开冲沟、陷穴及受地表水作用后产生强烈湿陷性地带。

⑪ 线路应避开污染地区，或在上风向通过。

⑫ 线路转角点不宜选在高山顶、深沟、河岸、堤坝、悬崖、陡坡或易被洪水冲刷、淹没之处。

⑬ 应尽量选河道狭窄、河床平直、河岸稳定、不受洪水淹没的地段跨越河流。

⑭ 山区路径的选择应尽可能避开陡坡、滑坡、崩塌、不稳定岩堆、泥石流等不良地质地段。线路与山脊交叉时，应从山鞍经过。线路沿山麓经过时，应注意山洪排水沟位置，尽量一档跨过。线路不宜沿山坡走向，以免增加杆高或杆位。在北方，应避免沿山区干河沟架线。必要时，杆位应设在最高洪水位以上不受冲刷的地方。还应特别注意交通问题、施工和运行维护条件。

⑮ 矿区路径选择，应尽量避开塌陷及可能塌陷的地方；避开爆破开采或火药库事故爆炸可能波及的范围。应避免通过富矿区，尽量绕行于矿区边沿。如线路必须通过开采区或采空区时，应根据矿区开采情况、地质及下沉情况，计算和判断地表稳定度，保证基础的下沉不影响线路的安全运行。

2. 架空线路的注意事项

① 路径选择应不妨碍交通及起重机的拆装、进出和运行，且力求路径短直、转角小。

② 架空线路与邻近线路或设施的距离应符合表 3-2 的要求。

表 3-2　架空线路与邻近线路或设施的距离

<table>
<tr><th>项　目</th><th colspan="10">邻近线路或设施的类别</th></tr>
<tr><td rowspan="2">最小净空距离/m</td><td colspan="2">过引线、拉下线与邻线</td><td colspan="6">架空线与拉线电杆外缘</td><td colspan="2">树梢摆最大时</td></tr>
<tr><td colspan="2">0.13</td><td colspan="6">0.65</td><td colspan="2">0.5</td></tr>
<tr><td rowspan="3">最小垂直距离/m</td><td rowspan="2">同杆架设下的广播线路、通信线路</td><td colspan="4">最大弧垂与地面</td><td colspan="2" rowspan="2">最大弧垂与暂设工程顶端</td><td colspan="3">与邻近线路交叉</td></tr>
<tr><td colspan="2">施工现场</td><td>机动车道</td><td>铁路轨道</td><td colspan="2"><1 kV</td><td>1～10 kV</td></tr>
<tr><td>1.0</td><td colspan="2">4.0</td><td>6.0</td><td>7.5</td><td colspan="2">2.5</td><td colspan="2">1.2</td><td>2.5</td></tr>
<tr><td rowspan="2">最小水平距离/m</td><td colspan="3">电杆至路基边缘</td><td colspan="3">电杆至铁路轨道边缘</td><td colspan="4">边线与建筑物突出部分</td></tr>
<tr><td colspan="3">1.0</td><td colspan="3">杆高+3.0</td><td colspan="4">1.0</td></tr>
</table>

③ 电杆采用水泥杆时，不得露筋、不得有环向裂纹，其梢径不得小于 130 mm。电杆的埋设深度宜为杆长的 1/10 加上 0.6 m，但在松软土地上应当加大埋设深度或采用卡盘固定。

④ 挡距、线距、横担长度及间距要求：挡距是指两杆之间的水平距离，施工现场架空线挡距不得大于 35 m；线距是指同一电杆各线间的水平距离，一般不得小于 0.3 m；横担长度应为：两线时取 0.7 m，三线或四线时取 1.5 m，五线时取 1.8 m。横担间的最小垂直距离不得小于表 3-3 所列的要求。

表 3-3　横担间的最小垂直距离

排 列 方 式	直　线　杆/m	分支或转角杆/m
高压与低压	1.2	1.0
低压与低压	0.6	0.3

此外，架空线路在敷设过程中对线路间的距离也是有规定的。在正常情况下，线路各相导线受风力作用而摆动是“同步”的。但在风向、风速变化的情况下，有时会“不同步”。如果线间距离过小，导线在挡距中间可能会过于接近，从而发生放电或跳闸。根据运行经验，导线的水平距离可采用表 3-4 所列的数值。

表 3-4　10 kV 及以下杆塔的最小线间距离

线路电压等级	线　间　距　离								
	挡　　距/m								
	≤40	50	60	70	80	90	100	110	120
3～10 kV	0.60	0.65	0.70	0.75	0.85	0.90	1.00	1.05	1.15
<3 kV	0.30	0.40	0.45	0.50	—	—	—	—	—

⑤ 导线的形式选择及敷设要求：施工现场必须采用绝缘线，架空线必须设在专用杆上，严禁架设在树木及脚手架上。为提高供电可靠性，在一个挡距内每一层架空线的接头数不得超过该层线条数的 50%，且一根导线只允许有一个接头。

⑥ 绝缘子及拉线的选择及要求：架空线的绝缘子直线杆采用针式绝缘子，耐张杆采用蝶式绝缘子；拉线应选用镀锌铁线，其截面不小于 3× ϕ4 mm，拉线与电杆夹的角应在 45°～90° 之间，拉线埋设深度不得小于 1 m，水泥杆上的拉线应在高于地面 2.5 m 处装设拉线绝缘子。

想一想：架空线路有何优缺点？

子任务二　电力电缆的认识与敷设

子任务目标：

- 了解电力电缆的结构与分类。
- 掌握电力电缆的敷设原则及方法。

我国电力电缆工业是在新中国成立后发展起来的。发展到现在不仅能生产各种规格的电缆，而且电压等级也由低中压级上升到 500 kV 以上的高压级。生产厂家也由解放初的几家发展到几百家。国内大型电站及重要输配电线路大都是国产电力电缆。现在生产电力电缆的大型企业主要有沈阳电缆厂、上海电缆厂、郑州电缆厂、昆明电缆厂、成都电缆厂、天津电缆厂等。我国每年也有大批的、各种型号规格的电力电缆出口，主要输往印度、伊拉克、伊朗、巴基斯坦、科威特、泰国、卡塔尔、阿联酋、菲律宾、埃及、澳大利亚、加拿大等国。

一、电力电缆的认识

电力电缆是在电力系统中传输或分配大功率电能用的电缆。由电站发出的电能通过架空输电线、电力电缆连接各种电压级别的变电配电站，然后送到各个用电单位。电力电缆同其他架空裸线相比，其优点是受外界气候干扰小、安全可靠、隐蔽、较少维护、经久耐用，可

在各种场合下敷设。但电力电缆结构与生产工艺均较复杂、成本较高，因此一般用于发电厂、变电站、工矿企业的动力引入或引出线路中，以及跨越江河、铁路站场、城市地区的输配电线路和工矿企业内部的主干电力线路中。

1. 电力电缆的结构

电力电缆通常由电缆线芯、绝缘层和保护层三部分组成，其结构如图 3-12 所示。

（1）电缆线芯

电缆线芯传导电流。通常由多股铜绞线或铝绞线制成。

（2）绝缘层

绝缘层的作用是使各导体之间及导体与包皮之间相互绝缘。使用的材料有：橡胶、聚乙烯、聚氯乙烯、交联聚乙烯、聚丁烯、棉、麻、丝、绸、纸、矿物油、植物油、气体等。

（a）三相铜包层　（b）分相铅包层

图 3-12　电力电缆结构图

1—导体；2—耐火绝缘；3—纸绝缘；4—铅包皮；5—麻衬；6—钢带铠甲；7—外被；8—钢丝铠甲；9—填充物

（3）保护层

保护层的作用是保护导体和绝缘层，防止外力损伤、水分侵入和绝缘油外流。分内保护层和外保护层。内保护层由铝、铅或塑料制成，外保护层由内衬层（浸过沥青的麻布、麻绳）、铠装层（钢带、钢丝铠甲）和外被层（浸过沥青的麻布）组成。

2. 电力电缆的分类

电力电缆有很多型号规格，分类方法也很多，如图 3-13 所示。

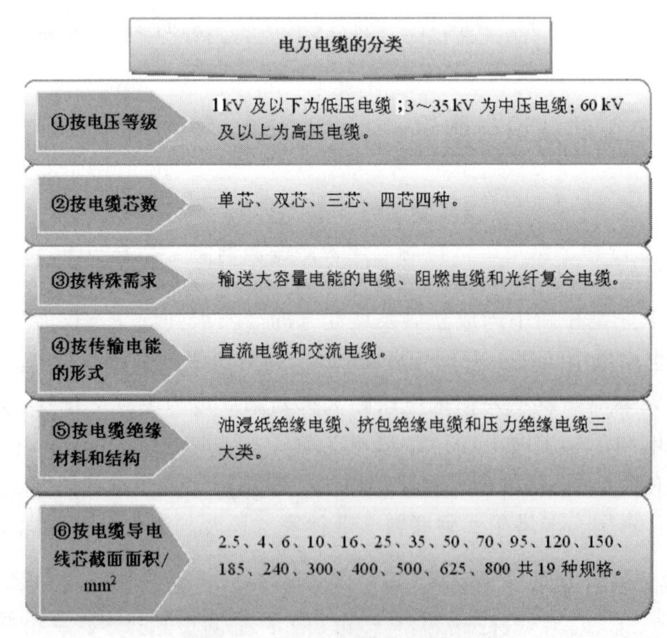

电力电缆的分类
①按电压等级
1 kV 及以下为低压电缆；3～35 kV 为中压电缆；60 kV 及以上为高压电缆。
②按电缆芯数
单芯、双芯、三芯、四芯四种。
③按特殊需求
输送大容量电能的电缆、阻燃电缆和光纤复合电缆。
④按传输电能的形式
直流电缆和交流电缆。
⑤按电缆绝缘材料和结构
油浸纸绝缘电缆、挤包绝缘电缆和压力绝缘电缆三大类。
⑥按电缆导电线芯截面面积/mm²
2.5、4、6、10、16、25、35、50、70、95、120、150、185、240、300、400、500、625、800 共 19 种规格。

图 3-13　电力电缆的型号规格

这里主要以电缆绝缘材料和结构来认识油浸纸绝缘电缆、挤包绝缘电缆和压力绝缘电缆三类的结构及特点。

（1）油浸纸绝缘电缆

油浸纸绝缘电缆的主绝缘用经过处理的纸浸透电缆油制成，适用于 35 kV 及以下的输配电线路。油浸纸绝缘电缆的结构如图 3-12 所示。它主要分为两种：一种是黏性浸渍电缆，由以松香和矿物油组成的黏性浸渍剂充分浸渍而制成的电缆；另一种是不滴流电缆，其采用与黏性浸渍电缆完全相同的结构尺寸，以不滴流浸渍剂的方法制造，敷设时不受高度差限制。

一般油浸纸绝缘电缆都具有耐压强度高、耐热性能好和使用寿命较长等优点，但是工作时纸绝缘电缆中的浸渍油会流动，因此其两端安装的高度差有一定的限制，否则电缆低的一端可能因油压过大而使端头胀裂漏油，而高的一端则可能因油流失而使绝缘干枯，耐压强度下降，甚至击穿损坏，这时要使用不滴流电缆。

（2）挤包绝缘电缆

挤包绝缘电缆又称固体挤压聚合电缆，它是以热塑性或热固性材料挤包形成绝缘的电缆。目前，挤包绝缘电缆有聚氯乙烯（PVC）电缆、聚乙烯（PE）电缆、交联聚乙烯（XLPE）电缆和乙丙橡胶（EPR）电缆等。这些电缆使用在不同的电压等级：聚氯乙烯电缆用于 1～6 kV；聚乙烯电缆用于 1～400 kV；交联聚乙烯电缆用于 1～500 kV：乙丙橡胶电缆用于 1～35 kV。现在，在 35 kV 及以下电压等级，交联聚乙烯电缆已逐步取代了油浸纸绝缘电缆。

图 3-14 所示为聚氯乙烯绝缘电缆，图 3-15 所示为交联聚乙烯绝缘电缆。

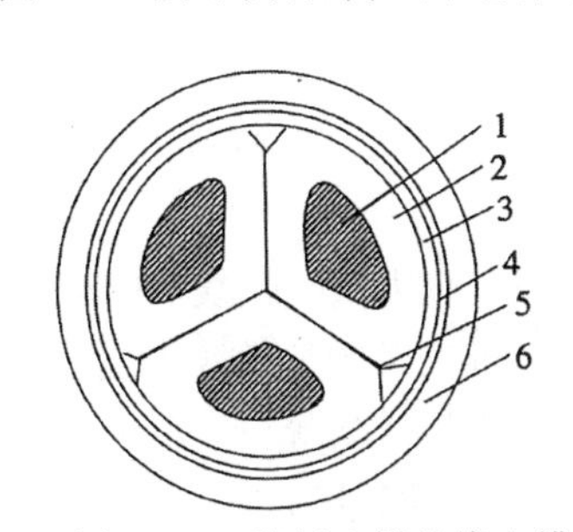

图 3-14　聚氯乙烯绝缘电缆

1—线芯；2—聚氯乙烯绝缘；3—聚氯乙烯内护套

4—铠装层；5—填料；6—聚氯乙烯外护套

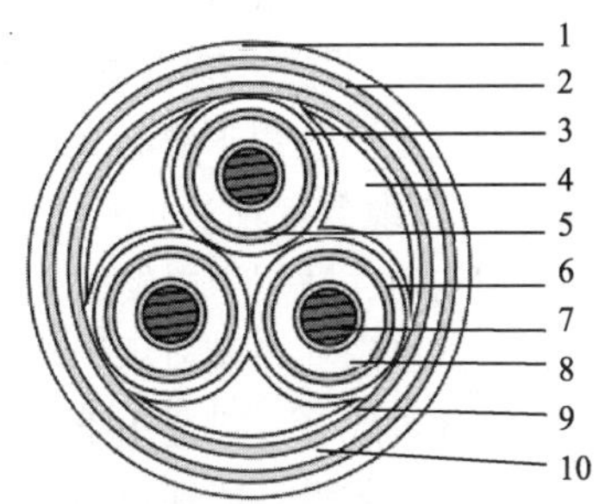

图 3-15　交联聚乙烯电缆

1—外护层；2—钢带铠装层；3—铜带屏蔽层

4—填充材料；5—绝缘屏蔽层；6—导体屏蔽层；7—导体；

8—绝缘层；9—包带；10—挤出型内护层

（3）压力绝缘电缆

压力绝缘电缆是在电缆中充以能够流动并具有一定压力的绝缘油或气的电缆。油浸纸绝缘电缆的纸层间，在制造和运行过程中，不可避免地会产生气隙；气隙在电场强度较高时，会出现游离放电，最终导致绝缘层击穿。压力绝缘电缆的绝缘处在一定压力状态下（油压或气压），抑制了绝缘层中形成气隙，使电缆绝缘工作场强明显提高，可用于 63 kV 及以上电压等级的电缆线路。为了抑制气隙，用带压力的油、压缩气体填充是压力绝缘电缆的结构特点。

3. 电力电缆的特点及制造要求

电力电缆的规格不同，但都具有如下特点及制造要求：

① 工作电压较高，因而要求电缆具有优良的电气绝缘性能。

② 传输容量较大，因此对电缆的热性能的考虑比较突出。

③ 由于大都是固定敷设于各种不良环境条件（地下、隧道沟管、竖井斜坡以及水下等）

下，且要求可靠地运行数十年，因此对护层材料与结构要求也较高。

④ 由于电力系统容量、电压、相数等因素的变化及敷设环境条件的不同，电力电缆产品的品种、规格也相当繁多。

根据电力电缆应用中的强电特点，对其电性能和机械性能的考虑都是比较突出的。

4. 电力电缆的制造过程

电力电缆从原材料加工到制造成缆，由于品种不同，整个制造过程也不同。大体上有如下工艺：金属加工（熔炼）→压延→拔丝→绞线（将若干根铜线或铝线绞成一股线芯）→线芯绝缘（对橡皮绝缘和聚乙烯绝缘的电缆通过挤出机和硫化管完成线芯绝缘；对纸绝缘的电缆用绝缘纸包绕线芯、真空干燥、浸油完成线芯绝缘）→成缆（将三股或四股完成绝缘的线芯绞合成多芯电缆导体）→内、外护层处理（有铠装电缆、非铠装电缆及纸力缆几种情况：铠装电缆要在成缆后的电缆导体上绕包或挤出一层内护套，然后施加钢带或钢丝铠装套，之后挤出外护层；非铠装电缆在成缆后的电缆导体上直接挤出外护套；纸力缆是将成缆后的电缆导体再包绕绝缘纸，然后压铅，再用麻和沥青绕包成外护层或者用聚氯乙烯挤出外护层）。

二、电力电缆的敷设

1. 电力电缆的敷设方式

电力电缆的敷设方式有以下几种：

① 电缆隧道：适用于敷有大量电缆的，诸如汽机厂房、锅炉厂房、主控制楼到主厂房、开关室及馈线电缆数量较多的配电装置等地区。

② 电缆沟道：适用于电缆较少而不经常交换的地区、辅助车间及架空出线的配电装置。

③ 排管式电缆：一般适用于与其他建筑物、铁路或公路互相交叉的地带。

④ 直埋式电缆：一般适用于汽机厂房、输煤栈桥、锅炉厂房运转层等。

⑤ 电缆桥架敷设：特别适用于架空敷设全塑电缆。

2. 电力电缆的敷设要求

① 敷设顺序：先电力电缆，再控制电缆；先集中电缆，再较分散电缆；先较长电缆，再较短电缆。

② 排列布局：电力电缆和控制电缆应分开排列，同一侧的支架上应尽量将控制电缆放在电力电缆的下面，对于高压冲油电缆不宜放置过高。

③ 一般工艺要求：横看成线、纵看成片，引出方向、弯度、余度、相互间距、挂牌位置一致，避免交叉压叠，整齐美观。

④ 电缆路径选择要求：为了确保电缆的安全运行，电缆线路应尽量避开具有电腐蚀、化学腐蚀、机械振动或外力干扰的区域；电缆线路周围不应有热力管道或设施，以免降低电缆的额定载流量和使用寿命；应使电缆线路不易受虫害（蜂、蚁和鼠害等）；便于维护；选择尽可能短的路径，避开场地规划中的施工用地或建设用地；应尽量减少穿越管道、公路、铁路、桥梁及经济作物种植区的次数，必须穿越时最好垂直穿过；在城市和企业新区敷设电缆时，应考虑到电缆线路附近的发展、规划，尽量避免电缆线路因建设需要而迁移。

电力电缆敷设方式不同时，应选用不同的电力电缆：

① 直埋敷设应使用具有铠装和防腐层的电缆。

② 在室内、沟内和隧道内敷设的电缆，应采用不应有黄麻或其他易燃外护层的铠装电缆；在确保无机械外力时，可选用无铠装电缆；易发生机械振动的区域必须使用铠装电缆。

③ 水泥排管内的电缆应采用具有外护层的无铠装电缆。

电缆直埋敷设，施工简单、投资小，电缆散热好，因此在电缆根数较少时应首先考虑采用。同一通路少于六根的 35 kV 及以下电力电缆，在厂区通往远距离辅助设施或城郊等不易有经常性开挖的地段，宜用直埋；在城镇人行道下较易翻修处或道路边缘，也可用直埋。厂区内地下管网较多的地段、可能有高温液体溢出的场所、待开发地区、将有较频繁开挖的地方，不宜直埋电缆；有化学腐蚀或杂散电流腐蚀的土壤范围，不得采用直埋电缆。

子任务三　供配电导线和电缆的选择

子任务目标：

- 了解供配电导线的选择依据。
- 掌握通过计算来选择供配电导线的方法。

在工厂供配电线路中，使用的导线主要有电线和电缆，正确地选用这些电线和电缆，对工厂供配电系统安全、可靠、经济、合理地运行有着十分重要的意义，对于节约有色金属也很重要。因此在导线和电缆选择中应遵循下述原则。

一、按机械强度选择

由于导线本身的质量，以及风、雨、冰、雪等原因，使导线承受一定的应力，如果导线过细，就容易折断，将引起停电等事故。因此，在选择导线时要根据机械强度来选择，以满足不同用途时导线的最小截面要求，按机械强度确定的导线线芯最小截面如表 3-5 所示。

表 3-5　按机械强度确定的导线线芯最小截面

用途		线芯的最小截面/mm^2		
		铜芯软线	铜线	铝线
照明用灯头引下线	民用建筑室内	0.4	0.5	1.5
	工业建筑室内	0.5	0.8	2.5
	室外	1.0	1.0	2.5
移动式用电设备	生活用	0.2		
	生产用	1.0		
架设在绝缘支持件上的绝缘导线，其支持点间距为	室内（＜1 m）		1.0	1.5
	室外（＜1 m）		1.5	2.5
	室内（≤2 m）		1.0	2.5
	室外（≤2 m）		1.5	2.5
	≤6 m		2.5	4.0
	≤12 m		2.5	6.0
	12～25 m		4.0	10
	穿管敷设的绝缘导线	1.0	1.0	2.5

二、按发热条件选择

每一种导线截面按其允许的发热条件都对应着一个允许的载流量。因此，在选择导线截面时，必须使其允许的载流量大于或等于线路的计算电流值。

【例 3-1】有一条采用 BV－500 型铜芯塑料线穿硬塑料管（PC）暗敷的 220 V/380 V TN－S 线路，其计算电流为 140 A，当地最热月平均气温为+25 ℃。试按发热条件选择此线路导线的截面积。

解：（1）相线截面积的选择。查有关资料可得, 25 ℃时 5 根 BV－500 型铜芯塑料线穿 PC 管,导线截面积为 70 mm^2 时的 $I_{al}=148\text{ A}>I_{30}=140\text{ A}$ 。因此按发热条件,相线截面积选为 70 m^2,穿线的配管内径选为 75 mm。

（2） N 线截面积的选择。按 $A_0 \geqslant 0.5A_\varphi$ 选择，N 线截面积选为 35 mm^2。

（3） PE 线截面积的选择。按 $A_{PE} \geqslant 0.5A_\varphi$ 选择，PE 线截面积也选为 35 mm^2。

选择结果可表示为:

BV－500－（3×70＋1×35＋PE35）－PC75

三、与保护设备相适应

按发热条件选择的导线和电缆的截面，还应该与其保护装置（熔断器、自动空气开关）的额定电流相适应，其截面不得小于保护装置所能保护的最小截面，即

$$I_y \geqslant I_{保} \geqslant I_j \tag{3-1}$$

式中 $I_{保}$——保护设备的额定电流；

I_y——导线、电缆允许载流量；

I_j——计算电流。

四、按允许电压损失来选择

为了保证用电设备的正常运行，必须使设备接线端子处的电压在允许值范围之内，但由于线路上有电压损失，因此，在选择电线或电缆时，要按电压损失来选择电线或电缆的截面。

在具体选择电线电缆时，第二和第四两种选择原则常常用来相互校验，即按发热条件选择后，要用电压损失条件进行校验；或按电压损失要求选择后，还要用发热条件进行校验。

对于按允许电压损失来选择导线、电缆截面时，可按式（3-2）来简化计算，即

$$\Delta U\% = \frac{P_j \cdot l}{c \cdot S} \tag{3-2}$$

式中 S——导线电缆截面，mm^2；

c——系数；

P_j——计算负荷，kW；

l——线路长度，m。

另外，在供电规程中对式（3-2）的 $\Delta U\%$做了规定：

≥35 kV 时，为±5%U_N；

≤10 kV 时，为±7%U_N；

≤380 V 时，为（5%～10%）U_N。

在具体选择导线截面时，必须综合考虑电压损失、发热条件和机械强度等要求。

想一想：电缆电路的优缺点？

任务二　供配电线路的运行与维护

供配电线路在接线方式上有高压和低压的区别，高压配电线路的接线方式主要有单电源放射式接线、单电源树干式接线和双电源环形接线三种方式；同样，低压配电线路的接线方式也有放射式接线、树干式接线和环形接线三种方式。架空线路和电缆线路在运行过程中，要遇到周边环境和各种故障的考验，所以对其进行维护变得非常重要。

学习目标：

- 掌握高低压供配电线路的接线方式及特点。
- 了解架空线路的运行和维护。
- 了解电缆线路的运行和维护。

子任务一　供配电线路的接线方式

子任务目标：

- 掌握高压配电线路的接线方式。
- 掌握低压配电线路的接线方式。

一、高压配电线路的接线方式

1. 单电源放射式接线

单电源放射式接线如图 3-16 所示。

优点：供电可靠性较高，便于装设自动装置。

缺点：

① 高压开关设备用得较多，投资增加；

② 线路发生故障或检修时，所供电的负荷要停电。

提高可靠性的措施：

① 在各车间变电所的高、低压侧之间敷设高、低压联络线；

② 采用来自两个电源的两路高压进线，经分段母线，由两段母线用双回路对重要负荷交叉供电。

2. 单电源树干式接线

单电源树干式接线如图 3-17 所示。

优点：

① 能减少线路的有色金属消耗量；

② 高压开关数量较少，投资较省。

缺点：

① 供电可靠性较低，高压配电干线发生故障或检修时，接于该干线的所有负荷都要停电；

② 实现自动化方面适应性较差。

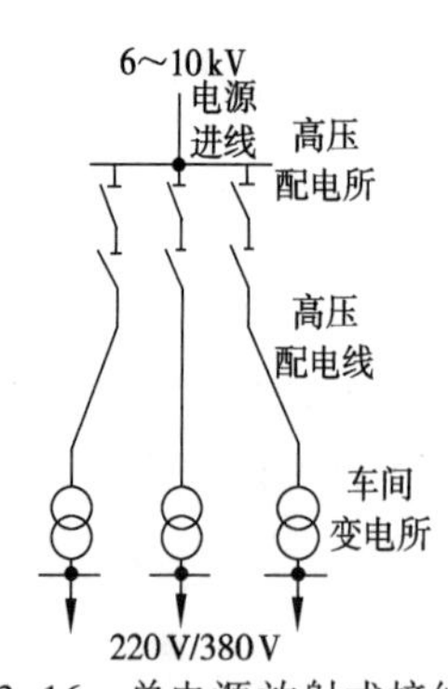

图 3-16　单电源放射式接线

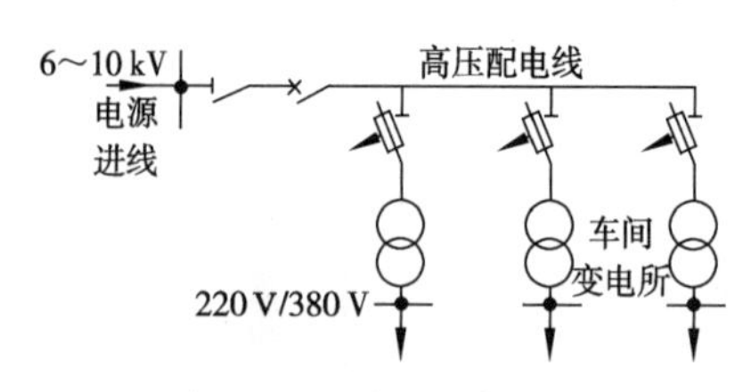

图 3-17　单电源树干式接线

3. 双电源环形接线

双电源环形接线实质上是两端供电的树干式接线。多数环形供电方式采用“开口”运行方式，即环形线路开关是断开的，两条干线分开运行，如图 3-18 所示。

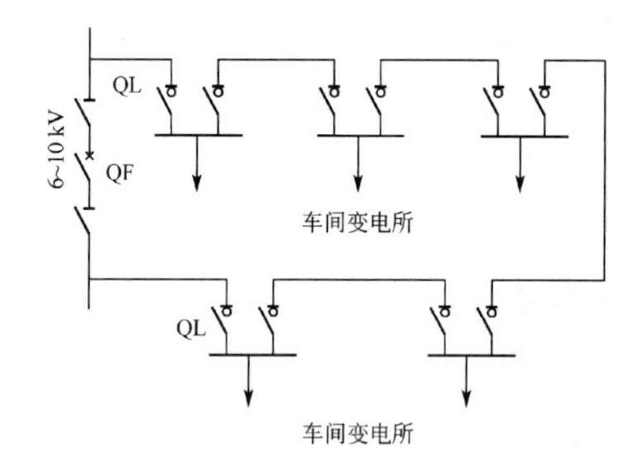

图 3-18　双电源环形接线

优点：当任何一段线路故障或检修时，只需经短时间的停电切换后，即可恢复供电。

缺点：只适用于对允许短时间停电的二、三级负荷供电。

此外，高压配电线路应尽可能深入负荷中心，以减少电能损耗和有色金属的消耗量；同时尽量采用架空线路，以节约投资。

二、低压配电线路的接线方式

低压配电线路的接线方式也有放射式接线、树干式接线和环形接线三种方式。

1. 低压放射式接线

图 3-19 所示为低压放射式接线。此接线方式由变压器低压母线上引出若干条回路，再分别配电给各配电箱或用电设备。

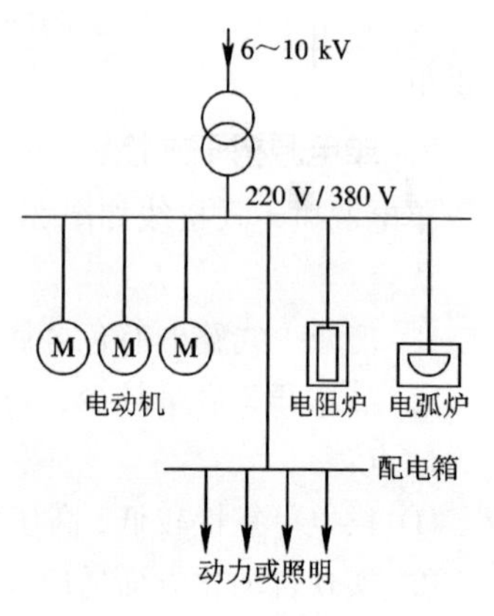

图 3-19　低压放射式接线

低压放射式接线多用于设备容量大或对供电可靠性要求高的设备配电。例如，大型消防泵、电热器、生活水泵和中央空调的冷冻机组等。

优点：供电线路独立，引出线发生故障时互不影响，供电可靠性较高；

缺点：有色金属消耗量较多，采用的开关电器较多。

2. 低压树干式接线

图 3-20 所示为两种常见的低压树干式接线。树干式接线从变电所低压母线上引出干线，沿干线再引出若干条支线，然后再引至各用电设备。适于供电给容量较小而分布较均匀的用电设备，如机床、小型加热炉等。树干式接线的特点正好与放射式接线相反。

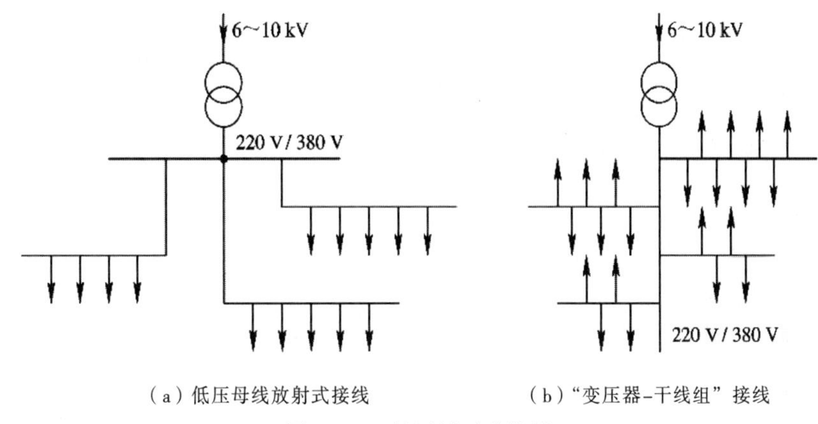

（a）低压母线放射式接线　　（b）“变压器-干线组”接线

图 3-20　低压树干式接线

优点：

① 一般情况下，树干式接线采用的开关设备较少，有色金属消耗量也较少，图 3-20（b）所示的“变压器-干线组”接线还省去了变电所低压侧的整套低压配电装置，从而使变电所结构大为简化，投资大为降低。

② 树干式接线在机械加工车间、工具车间和机修车间中应用比较普遍，而且多采用成套的封闭型母线，使用灵活、方便，也比较安全。

缺点：干线发生故障时的影响范围大，因此供电可靠性较低。

图 3-21（a）、（b）所示为一种变形的树干式接线，通常称为低压链式接线。低压链式接线的特点与低压树干式基本相同，适于用电设备彼此相距很近而容量均较小的次要用电设备。低压链式相连的设备一般不超过五台；链式相连的配电箱不宜超过三台，且总容量不宜超过 10 kW。

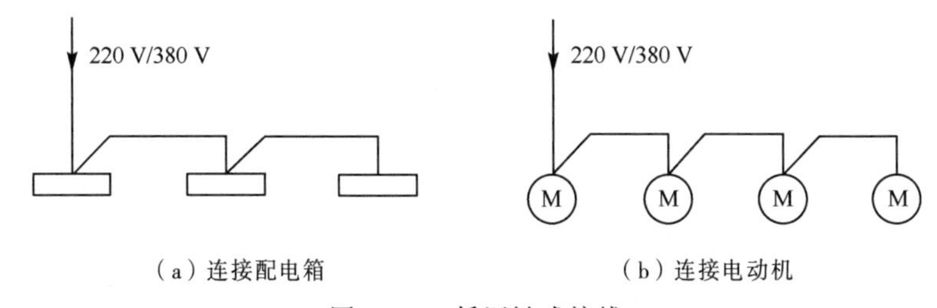

（a）连接配电箱　　（b）连接电动机

图 3-21　低压链式接线

3. 低压环形接线

图 3-22 所示为由一台变压器供电的低压环形接线方式。环形接线实质上是两端供电的树干式接线方式的改进型，多采用“开口”方式运行。一个工厂内的一些车间变电所低压侧也可以通过低压联络线相互连接成为环形。

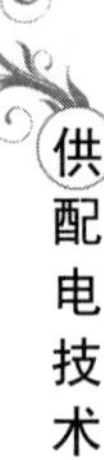

优点：

① 低压环形接线可使电能损耗和电压损耗减少；

② 低压环形接线供电可靠性较高，任一段上的线路发生故障或检修时，都不致造成供电中断；或只短时停电，一旦切换电源的操作完成，即能恢复供电。

缺点：环形系统的保护装置及其整定配合比较复杂，如配合不当，容易发生误动作，反而会扩大故障停电范围。

想一想：放射式接线和树干式接线各有何优缺点？

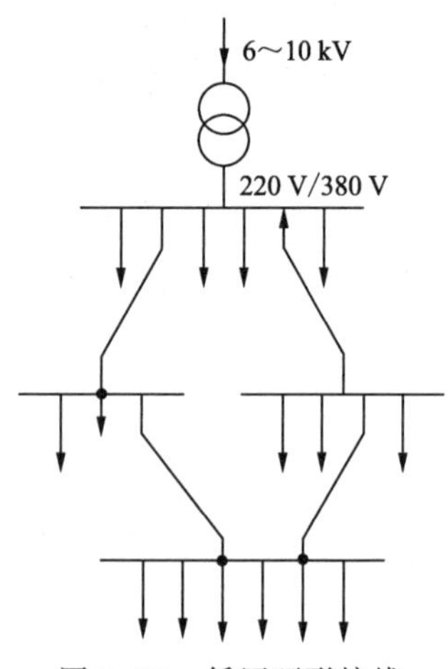

图 3-22 低压环形接线

子任务二 架空线路的运行和维护

子任务目标：

- 掌握架空线路标志的识别。
- 了解架空线路的巡视、维护及检修的方法。

线路的电杆、导线和绝缘子等不仅承受正常机械荷重和电力负荷，而且还经常受到各种自然条件的影响，如风、雨、雪、雷电等。这些因素会使线路元件逐渐损坏。如季节性气温变化，使导线张力发生变化，从而使导线弧垂发生变化。夏季由于气温升高，导线弧垂过大，遇到大风，容易发生导线短路事故；冬季由于气温过低，导线弧垂过小，又容易发生断线事故。此外，空气中的灰尘，特别是空气中的煤烟、水汽、可溶盐类和有害气体，将线路绝缘子的绝缘强度大大降低，这样就会增加表面泄漏电流，尤其是在恶劣的气候条件下（如雾、雪、雨），污秽层吸收水分，使导电性能增加，从而造成绝缘子闪络事故。另外，架空线路也往往受到外力破坏，从而造成线路事故。因此，对架空线路加强运行维护对保证安全、可靠供电极其重要。

一、线路标志

在一个大型工厂企业中，为了便于管理，保证安全，对各条线路给以命名，对每个基电杆予以编号。命名的原则大致为由工厂总降压变电所起，至主要车间的线路部分，称为干线。为了便于工作，一般应按车间名称来命名。

每条配电线路的电杆基数，编号的一般方法是单独编干线、支线，由电源端起为 1 号。若有两个以上电源的供电线路，可定一个电源点为基准进行编号。

将线路名称，电杆号码直接写在电杆上，或印制在特制的牌子上，再固定于电杆上，称为杆号牌，设在距地面 2 m 高处。

工厂企业配电线路常用环形供电方式，所以相序是很关键的问题。为了不致接错线，要求在变电所的出口终端杆、转角、分支、耐张杆上做出相序的标志。常用的制作相序牌的方法是在横担涂对应导线的相序，涂以黄、绿、红，分别表示 U（A）、V（B）、W（C）相的颜色，也可在特制的牌子上写上 U（A）、V（B）、W（C），然后对应导线的相序固定在横担上。

为了防止误登电杆，造成事故，可以在变压器台、学校附近或必要的电杆上挂“高压危险，切勿攀登”的告示牌。

工厂企业中的配电线路常常为了不间断供电，使各条线路互相联络，将两个电源送到同一电杆的两侧，此时，为了保证线路工作人员的安全，设备界限分明，应在此类电杆上设电源分界标志。

二、线路的巡视

架空线路的运行监视工作，主要采取巡视和检查方法。通过巡视和检查，从而掌握线路运行状况及周围环境的变化，以便及时消除缺陷，预防事故的发生，并确定线路检修的内容和时间。

架空线路的巡视，按照工作性质和任务，以及规定的时间不同，可分正常巡视、夜间巡视、故障巡视和特殊巡视。

正常巡视，又称定期巡视，主要检查线路各元件的运行状况，有无异常损坏现象；夜间巡视，其目的是检查导线接头及各部接点有无发热现象，绝缘子有无因污秽及裂纹而放电；故障巡视，主要是查明故障地点和原因，便于及时处理；特殊巡视，主要是在气候骤变，如导线覆冰、大雾、狂风暴雨时进行巡视，以查明有无异常现象。

正常巡视的周期应根据架空线路的运行状况、工厂环境及重要性综合确定，一般情况低压线路每季度巡视一次，高压线路每两个月巡视一次。

巡视内容如下：

① 木电杆的根部有无腐烂，混凝土有无脱落现象，电杆是否倾斜，横担有无倾斜、腐蚀、生锈，构件有无变形、缺少等问题。

② 拉线有无松弛、破股、锈蚀等现象；拉线金具是否齐全、是否缺螺钉；地锚有无变形；地锚及电杆附近有无挖坑取土及基坑土质沉陷危及安全运行的现象。

③ 工作人员应掌握各条线路的负荷大小，特别注意不使线路过负荷运行，要注意导线有无金钩、断股、弧光放电的痕迹。雷雨季节应特别注意绝缘子闪络放电的情况；有无杂物悬挂在导线上；导线接头有无过热变色、变形等现象，特别是铜铝接头氧化等；弧垂大小有无明显变化，三相是否平衡、符合设计要求；导线对其他工程设施的交叉间隙是否合乎规程规定。春秋两季风比较大，应特别注意导线弧垂过大或不平衡，防止混线。

④ 绝缘子有无裂纹、掉渣、脏污、弧光放电的痕迹。巡视过程中应检查螺钉是否松脱、歪斜；耐张绝缘子的销针有无变形、缺少和未劈开的现象；绑线及耐张线夹是否紧固等。雷雨季节应特别注意绝缘子闪络放电的情况，北方 3～4 月的黏雪使线路发生污闪，沿海地区的雾季应特别注意。

⑤ 线路上安装的各种开关是否牢固，有无变形，指示标志是否明显、正确。瓷件有无裂纹、掉渣及放电的痕迹，各部引线之间、对地的距离是否合乎规定。

⑥ 沿线路附近的其他工程，有无妨碍或危及线路安全运行。线路附近的树木、树枝对导线的距离是否符合规定。

⑦ 防雷及接地装置，是否完整无损；避雷器的瓷套有无裂纹、掉渣、放电痕迹。接地引线是否破损折断，接地装置有无被水冲刷，或取土外露，连引线是否齐全，特别是防雷间隙有无变形，间距是否合乎要求。

三、线路的维护

由于架空线路长期处于露天运行，经常受到周围环境和大自然变化的影响，在运行中会发生各种各样的故障。据运行情况统计，在各种故障中多属于季节性故障。为了防止线路在不同季节发生故障，就应加强线路维护工作，采取相应的反事故措施，从而保证线路的安全运行。

（1）污秽和防污

架空线路的绝缘子，特别是化工企业和沿海工厂企业的架空线路的绝缘子，表面黏附着污秽物质，一般均有一定的导电性和吸湿性。在湿度较大的条件下，会大大降低绝缘子的绝缘水平，从而增加绝缘子表面泄漏电流，以致在工作电压下也可能发生绝缘子闪络事故。这种由于污秽引起的秽络事故，称为污秽事故。

污秽事故与气候条件有十分密切的关系。一般来讲，在空气湿度大的季节里容易发生。例如毛毛雨、小雪、大雾和雨雪交加的天气。在这些天气里，空气中湿度比较均匀，由于各种污秽物质的吸潮性不一样，导电性不一样，从而形成泄漏电流集中，引起污秽事故。

防污主要技术措施有以下几项：

① 做好绝缘子的定期清扫。绝缘子的清扫周期一般是每年一次，但还应根据绝缘子的污秽情况来确定清扫次数。清扫在停电后进行，一般用抹布擦拭，如遇到用干布擦不掉的污垢时，也可用蘸水湿抹布擦拭，或用蘸汽油的布擦，再或用蘸肥皂水的布擦，但必须用净水冲洗，最后用干净的布再擦一次。

② 定期检查和及时更换不良绝缘子。若在巡视中发现不良，甚至有闪络的绝缘子，应在检修时及时更换。

③ 提高线路绝缘子水平。在污秽严重的工厂企业中，可提高线路绝缘子水平以增加泄漏距离。具体办法是把绝缘子的电压等级提高一到两级。

④ 采用防污绝缘子。采用特制的防污绝缘子或在绝缘子表面涂上一层涂料或半导体釉。防污绝缘子和普通绝缘子的不同在于前者具有较大的爬电路径。涂料大致有两种：一种是有机硅类，例如有机硅油、有机硅蜡等；另一种是蜡类（由地蜡、凡士林、黄油、石蜡、松香等按一定比例配制而成）。涂料本身是一种绝缘体，同时又有良好的斥水性。空气中的水分在涂料表面只能形成一个孤立的微粒，而不能形成导电通路。

（2）线路覆冰及其消除的措施

架空线路的覆冰是初冬和初春时节，气温在-5 ℃左右，或者是在降雪、雨雪交加的天气里。导线覆冰后，增加了导线的荷重，可能引起导线断线。如果在直线杆某一侧导线断线后，另一侧覆冰的导线形成较大的张力，出现倒杆事故。导线出现扇形覆冰后，使导线发生扭转，对金具和绝缘子威胁最大。绝缘子覆冰后，降低了绝缘子的绝缘水平，会引起闪络接地事故，甚至烧坏绝缘子。

当线路出现覆冰时，应及时清除。清除在停电时进行，通常采用从地面向导线抛扔短木棒的方法使冰脱落；也可用细竹竿来敲打或用木制的套圈套在导线上，并用绳子顺导线拉动以清除覆冰。

在冬季结冰时，位于低洼地的电杆，由于冰膨胀的原因，地基体积增大，电杆被推向土坡的上部，即发生冻鼓现象。冻鼓轻则可使电杆在次年解冻后倾斜，重则（埋深不够）次年解冻后将倾倒。所以，对这类电杆应加强监视，监视其埋深的变化，一般方法是在电杆距地面 1m 以内的某一尺寸处，画一标记，便于辨认埋深的变化。处理办法是给电杆培土或将地基的土壤换成石头。若在施工之前就能确定地下水位较高，易产生冻鼓时，可将电杆的埋深增加，使电杆的下端在冰层以下一段距离，亦可防止冻鼓现象。

（3）防风和其他维护工作

春秋两季风大，当风力超过了电杆的机械强度时，电杆会发生倾斜或歪倒；由于风力过大，使导线发生非同期摆动，引起导线之间互相碰撞，造成相间短路事故。此外，因大风把树枝等杂物刮到导线上，而引起停电事故。因此，应对导线的弧垂加以调整；对电杆进行补强；对线路两侧的树木应进行修剪或砍伐，以使树木与线路之间能保持一定的安全距离。

工厂道路边的电杆很容易因被车辆碰撞而发生断裂、混凝土脱落甚至倾斜。在条件许可下可对这些电杆进行移位，不能移位的应设置车挡，即埋设一个桩子作为车挡。车挡在地面以上高度不宜低于 1.5 m，埋深 1 m。运行中的电杆，由于外力作用和地基沉陷等原因，往往会发生倾斜，特别是终端、转角、分支杆。因此，必须对倾斜的电杆进行扶正，扶正后对基坑的土质进行夯实。

线路上的金具和金属构件，由于常年风吹日晒而生锈，强度降低，有条件的可逐年有计划地更换，也可在运行中涂漆防锈。

（4）线路事故处理

配电线路发生事故的概率最高的是单相接地，其次是相间短路。当短路发生后，变电所立即将故障线路跳开，若装有自动重合闸，再行重合一次。若重合成功，即为瞬时故障，不再跳开，正常供电；若重合不成功，变电所的值班人员应通知检修人员进行事故巡视，直至找到故障点并予以排除后，才能恢复送电。

对于中性点不接地系统，其架空线路发生单相接地故障后，一般可以连续运行 2 h。但必须找出导线接地点，以免事故扩大。首先在接地线路的分支线上试切分支开关，以便找到接地分支线；再沿线路巡视找出接地点。

四、线路的检修

线路检修是根据巡视线路报告及检查与测量的结果，进行正规的预防性修理工作，其目的是为了消除在巡视与检查中所发现的各种缺陷，以预防事故的发生，保证安全供电。

线路检修工作一般可分为：

① 维修。为了维持配电线路及附属设备的安全运行和必需的供电可靠性的工作，称为维修。

② 大修。为了提高设备的运行情况，恢复线路及附属设备至原设计的电气性能或力学性能而进行的检修称为大修。

③ 抢修。事故抢修是由于自然灾害及外力破坏等，所造成的配电线路倒杆、电杆倾斜、断线、金具或绝缘子脱落或混线等停电事故，需要迅速进行的检修工作。

线路大修主要包括以下几项内容：更换或补强电杆及其部件；更换或补修导线并调整弧垂；更换绝缘子或为加强线路绝缘水平而增装绝缘子；改善接地装置；电杆基础加固；处理不合理的交叉跨越。

1. 检修工作的组织措施

线路检修工作的组织措施，包括制定计划、检修设计、准备材料及工具、组织施工及竣工验收等。

（1）制定计划

一般是每年第三季度进行编制下一年度的检修计划。编制的依据，除按上级有关指示及按大修周期确定的工程外，主要依靠运行人员提供的资料；然后，根据检修工作量的大小，检修力量、资金条件、运输力量、检修材料及工具等因素，进行综合考虑；再将全年的检修工作列

为维修、大修，并按检修项目编写材料工具表及工时进度表，以分别安排到各个季度，报工厂领导批准。

（2）检修设计

线路检修工作，应进行线路检修设计，即使是事故抢修，在时间允许的条件下，也应进行检修设计。只有现场情况不明的事故抢修，时间紧迫需马上到现场处理的检修工作，才由有经验的检修人员到现场决定抢修方案，领导检修工作，但抢修完成后，也应补齐有关的图样资料，转交运行人员。每年的检修工作，经领导批准后，设计人员即按检修项目进行线路检修设计，设计的依据是缺陷记录资料；运行测试结果；反事故技术措施；采用行之有效的新技术内容；上级颁发的有关技术指示。

检修设计的主要内容包括：电杆结构变动情况的图样；电杆及导线限距的计算数据；电杆及导线受力复核；检修施工的多种方案比较；需要加工的器材及工具的加工图样；检修施工达到的预期目的及效果。

（3）准备材料及工具

施工开始前，应根据检修工作计划中的“检修项目和材料工具计划表”，准备必需的材料。需预先加工或进行电气强度试验和机械强度试验的，就要及时进行，并做好记录。还要检查必需的工具、专用机械、运输工具和起重机械等。此外，要准备好检修工作的场地。对于准备的材料及工具，需要预先运往现场。

（4）组织施工

① 根据施工现场情况及工作需要将施工人员分为若干班、组，并指定班、组的负责人及负责安全工作的安全员（工作监护人），安全员应由技术较高的工作人员担任。还要指定材料、工具的保管员及现场检修工作的记录员。

② 组织施工人员了解检修项目、检修工作的设计内容、设计图样和质量标准等，使施工人员做到心中有数。需要施工测量的应及时进行。

③ 制定检修工作的技术组织措施，并应尽量采用成熟的先进经验和最新的研究成果，以便施工中既保证质量，又提高施工效率、节约原材料并缩短工期或工时。

④ 制定安全施工的措施，并应明确现场施工中各项工作的安全注意事项，以保证施工安全。

⑤ 施工中的每项工作在条件允许时，可组织各班、组互相检查，且应由专人进行深入、重点的现场检查，确保各项检修工作的安全和质量。

（5）竣工验收

在线路检修施工过程中，根据验收制度由运行人员进行现场验收。对不合施工质量要求的项目要及时返修。线路检修工作竣工后，要进行总的质量检查和验收，然后将有关竣工后的图样资料转交运行人员。

2. 检修工作的安全措施

（1）断开电源和验电

对于停电检修的线路，首先必须断开电源。在配电系统中，还要防止环形供电和低压侧用户设备的备用电源的反送电，并应防止高压线路对低压线路的感应电压。为此，对检修的线路，必须用合格的验电器在停电线路上进行验电。

电压为 110 kV 及以下线路用的验电器，是一根带有特殊发光指示器的绝缘杆，验电时需要将此绝缘杆的尖端渐渐地接近线路的带电部分，听其有无“吱吱”的放电声音，并注意指示器有无指示，如有亮光，即表示线路有电压。经过验电，证明线路上已无电压时，即可在工作地段的两端，各使用具有足够截面积的专用接地线将三相导线短路接地。若工作地段有分支线，则应将有可能来电的分支线也进行接地。若有感应电压反映在停电线路上时，则应加挂地线，以确保检修人员的安全；挂好接地线后，才可进行线路的检修工作。

（2）装设接地线

① 对接地线的要求。接地线应使用多股软铜线编织制成，截面积不得小于 25 mm^2，并且是三相连接在一起的；接地线的接地端应使用金属棒做临时接地，金属棒的直径应不小于 10 mm，金属棒打入地下的深度不小于 0.6 m；接地线连接部分应接触良好。

② 装设接地线和拆除接地线的步骤。挂接地线时，先接好接地端，然后再接导线端，接地线连接要可靠，不准缠绕。必须注意：同一电杆的低压线和高压线均需接地时，则应先接低压线，后接高压线；若同杆的两层高压线均需接地时，应先接下层，后接上层。拆接地线的顺序则与上述相反。装设、拆除接地线时，应有专人监护，且工作人员应使用绝缘棒或绝缘手套，人体不得触碰接地线。

（3）登杆检修的注意事项

① 如果检修双回线路或检修结构相似的并行线路时，在登杆检修之前必须明确停电线路的位置、名称和杆号，还应在监护人的监护下登杆，以免登错电杆，发生危险。

② 检修人员登上木杆前，应先检查杆根是否牢固。对新立的电杆，在杆基尚未完全牢固以前严禁攀登。遇有冲刷、起土、上拔的电杆，应先加固，或支好架杆，或打临时拉线后，再行登杆。

③ 如果需要松动导线、拉线时，在登杆前也应先检查杆根，并打好临时拉线后再行登杆。

进行上述工作时，必须使用绝缘无极绳索及绝缘安全带。所谓无极绳索，就是绳索的两端要相接，连接成一圆圈，以免使用时另一端搭带电的导线。还应在风力不大于五级并有专人监护下进行工作。

当停电检修的线路与另一带电回路接近或交叉，以致工作时可能和另一回路接触或接近至危险距离以内（10 kV 及以下为 1 m），则另一回路也应停电并予接地。但接地线可以只在工作地点附近挂接一处。

（4）恢复送电之前的工作

在恢复送电之前应严禁约时停送电。用电话或报话机联系送电时，双方必须复诵无误。检修工作结束后，必须查明所有工作人员及材料、工具等确已全部从电杆、导线及绝缘子上撤下，然后，才能拆除接地线（拆除接地线后即认为线路已可能送电，检修人员不能再登杆塔进行任何工作）。在清点接地线组数无误并按有关规定交接后，即可恢复送电。

3. 线路检修的工作内容

（1）停电登杆检查清扫

停电登杆检查，可将地面巡视难以发现的缺陷进行检修及清除，从而达到安全运行的目的。停电登杆检查应与清扫绝缘子同时进行。对一般线路每两年至少进行一次；对重要线路每年至少进行一次；对污秽线路段按其污秽程度及性质可适当增加停电登杆清扫的次数。停电登杆检

查的项目有：检查导线悬挂点，各部螺钉是否松扣或脱落；绝缘子串开口销子、弹簧销子是否完好；绝缘子有无闪络、裂纹和硬伤等痕迹，针式绝缘子的芯棒有无弯曲；检查绝缘子串的连接金具有无锈蚀，是否完好；瓷横担的针式绝缘子及用绑线固定的导线是否完好可靠。

（2）电杆和横担的检修

组装电杆所用的铁附件及电杆上所有外露的铁件都必须采取防锈措施。如因运输、组装及起吊损坏防锈层时，应补刷防锈漆。所使用的铁横担必须热镀锌或涂防锈漆，对已锈蚀的横担，应除锈后涂漆。电杆各构件的组装应紧密、牢固。有些交叉的构件在交叉处有空隙，应装设与空隙相同厚度的垫圈或垫板，以免松动。

（3）拉线的检修

拉线棒应按设计要求进行防腐。拉线棒与拉线盘的连接必须牢固，采用楔形线夹连接拉线的两端，在安装时应符合下列规定：楔形线夹内壁应光滑，其舌板与拉线的接触应紧密，在正常受力情况下无滑动现象，安装时不得伤及拉线；拉线断头端应以铁线绑扎；拉线弯曲部分不应有松股或各股受力不均的现象。拉线在木杆固定处，必须加拉线垫铁；在水泥杆固定处，应用拉线抱箍。

（4）导线的检修

导线在同一截面处的损伤，不超过下列容许值时，可免予处理：单股损伤深度不大于直径的1/2；损伤部分的面积不超过导电部分总截面积的5%。导线损伤的下列情况之一必须锯断重接：钢芯铝线的钢芯断一股；多股钢芯铝线在同一处磨损或断股的面积超过铝股总面积的25%；单金属线在同一处磨损或断股的面积超过总面积的17%（同一处，指补修管的容许补修长度）；金钩（小绕）、破股，已形成无法修复的永久变形；由于连续磨损，或虽然在允许补修范围内断股，但其损伤长度已超出一个补修管所能补修的长度。

（5）导线接头的检查与测试

导线接头（又称“压接管”）的检查十分重要，因为接头是导线上比较薄弱的环节，往往由于机械强度减弱而发生事故；有时可能由于接触不良，而在通过大电流时（即高峰负荷时），使接头发热而引起事故。为了防止导线接头发生事故，除了巡视中（包括白天巡视和晚上巡视）应注意接头的情况外（如发热、发红或冰雪容易溶化等现象），主要是通过对接头电阻的测量来判断其好坏。接头电阻与同长度导线电阻之比不应大于2，当电阻之比大于2时应立即更换。

子任务三　电缆线路的运行和维护

子任务目标：

- 了解电缆线路的巡视和检查要求及方法。
- 掌握电缆线路故障探测的方法。
- 掌握电缆线路检修及事故处理的方法。

一、电缆线路的巡视和检查

对电缆线路，一般要求每季进行一次巡视检查。室外电缆起初每三个月巡视检查一次，每年应有不少于一次的夜间巡视检查，并应选择细雨或初雪的日子里进行；室内电缆头可与高压配电装置巡视和检查周期相同；暴雨后，对有可能被雨水冲刷的地段，应进行特殊巡视检查，并应经常监视其负荷大小和发热情况。在巡视检查中发现异常情况，应记在专用记录簿内，重要情况就及时汇报上级，请示处理。

1. 电力电缆的巡视检查

① 直埋电缆巡视检查项目和要求。电缆路径附近地面不应有挖掘；电缆标桩应完好无损；电缆沿线不应堆放重物和腐蚀性物品，不应存在临时建筑，室外露出地面上的电缆保护钢管或角钢不应锈蚀、位移或脱落；引入室内的电缆穿管应封堵严密。

② 沟道内电缆巡视检查项目和要求。沟道盖板应完整无缺；沟道内电缆支架牢固，无锈蚀；沟道内不应存积水，井盖应完整，墙壁不应渗漏水；电缆铠装应完整、无锈蚀；电缆标示牌应完整、无脱落。

③ 电缆头巡视检查项目和要求。终端头的绝缘套管应清洁、完整、无放电痕迹、无鸟巢；绝缘胶不应漏出；终端头不应漏油，铅包及封铅处不应有龟裂现象；电缆芯线或引线的相间及对地距离的变化不应超过规定值；相位颜色应保持明显；接地线应牢固，无断股、脱落现象；电缆中间接头应无变形，温度应正常；大雾天气，注意监视终端头绝缘套管有无放电现象；负荷较重时，应注意检查引线连接处有无过热、熔化等现象，并监视电缆中间接头的温度变化情况。

2. 电力电缆运行时的禁忌

① 不要忽视对电缆负荷电流的检测。电力电缆线路本应在按照规定的长期允许载流量下运行。如果长时间过负荷，芯线过热，电缆整体温度升高，内部油压增大，容易引发金属外包电缆漏油，电缆终端头和中间接头盒胀裂，使电缆绝缘吸潮劣化，以致造成热击穿。因此，不要忽视电缆负荷电流及外皮温度的监测。对并联使用的电缆，注意防止因负荷分配不均而使某根电缆过热。

② 电缆配电线路不应使用重合闸装置。能够使电缆配电线路断路器跳闸的电缆故障，如终端头内部短路、中间头内部短路等多为永久性故障，在这种情况下若重合闸动作或跳闸后试送，则必然会扩大事故，威胁系统的稳定运行。因此，电缆配电线路不应使用重合闸装置。

③ 电缆配电线路断路器跳闸后，不要忽视电缆的检查。电缆配电线路断路器跳闸后，首先要查清该线路所带设备方面有无故障，如设备各种形式的短路等。同时，也要检查电缆外观的变化，例如，电缆户外终端头是否浸水引起爆炸，户内终端头内部短路；中间接头盒是否由于接点过热、漏油，使绝缘热击穿胀裂；电缆路径地面有无挖掘，使电缆损伤等。必要时应通过试验进一步检查判断。

④ 直埋电缆在进行运行检查时要特别注意以下几点：电缆路径附近地面不能随便挖掘；电缆路径附近地面不准堆放重物及腐蚀性物质、临时建筑；电缆路径标桩和保护设施，不准随便移动、拆除；电缆进入建筑物处不得渗漏水；电缆停用一段时间不做试验不能轻易投入使用，这主要是考虑到电缆停用一段时间后吸收潮气，绝缘受影响。一般停电超过一星期但不满一个月的电缆，重新投入运行前，应检测其绝缘电阻值，并与上次试验记录比较（换算到同一温度下）不得降低 30%，否则需做直流耐压试验；停电超过一个月但不满一年的，则需要做直流耐压试验，试验电压可为预防性试验电压的一半；停电时间超过试验周期的，必须按标准做预防性试验。

二、电缆线路的故障探测

1. 电缆故障的分类及特点

常见的电缆故障有短路（接地）型、断线型、闪络型、复合型几种。

① 短路（接地）型：电缆一相或数相导体对地或导体之间绝缘发生贯穿性故障。根据短

路（接地）电阻的大小又有高电阻、低电阻和金属性短路（接地）故障之分。短路（接地）型故障所指的高电阻和低电阻之间，其短路（接地）电阻的分界并非固定不变。它主要取决于测试设备的条件，如测试电源电压的高低、检流计的灵敏度等。使用 QF1-A 型电缆探伤仪的测试电压为直流 600 V，当电缆故障点的绝缘电阻大于 100 kΩ时，由于受检流计灵敏度的限制，测量误差就比较大，必须采取其他措施才能提高测试结果的正确性，因此把100 kΩ作为短路（接地）电阻高低的分界。

低电阻和金属性短路（接地）故障的特点是电缆线路一相导体对地或数相导体对地或数相导体之间的绝缘电阻低 100 kΩ，而导体的连续性良好。

高电阻接地或短路故障的特点是与低电阻接地或短路故障相似，但区别在于接地或短路的电阻大于 100 kΩ。

② 断线型：电缆一相或数相导体不连续的故障。其特点是电缆各相导体的绝缘电阻符合规定，但导体的连续性试验证明有一相或数相导体不连续。

③ 闪络型：电缆绝缘在某一电压下发生瞬时击穿，但击穿通道随即封闭，绝缘又迅速恢复的故障。其特点是低电压时电缆绝缘良好，当电压升高到一定值或在某一较高电压持续一定时间后，绝缘发生瞬时击穿现象。

④ 复合型：电缆故障具有两种以上的故障特点。

2. 常用电缆故障测试和特点

电缆线路的故障测试一般包括故障测距和精确定点。故障点的初测即故障测距。根据测试仪器和设备的原理，大致分为电桥法和脉冲法两大类，其测试特点如下：

（1）电桥法

电桥法是一种传统的测试方法，如惠斯通直流单臂电桥、直流双臂电桥和根据单臂电桥原理制作的 QF1-A 型电缆探伤仪等，均可以用来进行电缆故障测试。

电桥法是利用电桥平衡时，对应桥臂电阻的乘积相等，而电缆的长度和电阻成正比的原理进行测试的。它的优点是操作简单、精度较高，主要不足是测试局限性较大。对于短路（接地）电阻在 100 kΩ以下的单相接地、相间短路、两相或三相短路接地等故障的测试误差一般在 0.3%～0.5%，但是当短路（接地）电阻超过 100 kΩ时，由于通过检流计的不平衡电流太小，误差会很大。在测试前要对电缆加以交流或直流电压，将故障点的电阻烧低后再进行测量。对于用烧穿法无效的高阻短路（接地）故障，不能用电桥法进行测试。

电缆断线故障和三相短路（接地）故障，虽然可以用 QF1-A 型电缆探伤仪进行测试，但是与其他测试设备相比，因其使用复杂、误差较大，一般很少采用。电桥法还不适用于闪络型电缆故障的测试。

（2）脉冲法

脉冲法是应用脉冲信号进行电缆故障测距的测试方法。它分低压脉冲法、脉冲电压法和脉冲电流法三种。

① 低压脉冲法是向故障电缆的导体输入一个脉冲信号，通过观察故障点发射脉冲与反射脉冲的时间差进行测距。低压脉冲法具有操作简单、波形直观、对电缆线路技术资料的依赖性小等优点。其缺点是，对于电阻大于 QF1-A 的短路（接地）故障，因反射波的衰减较大而难以观察；由于受脉冲宽度的局限，低压脉冲法存在测试盲区，如果故障点离测试端太近也观察

不到反射波形；不适用于闪络型电缆故障。

② 脉冲电压法是对故障电缆加上直流高压或冲击高电压，使电缆故障点在高压下发生击穿放电，然后仪器通过观察放电电压脉冲在测试端到放电点之间往返一次的时间进行测距。脉冲电压法基本上都融入了微电子技术，能直接从显示屏上读出故障点的距离。DGC 型、DEE 型电缆故障遥测仪都属于这一类仪器。

脉冲电压法的优点在于，电缆故障点只要在高电压下存在充分放电现象，就可以测出故障点的距离，几乎适用于所有类型的电缆故障。

脉冲电压法的缺点是测试信号来自高压回路，仪器与高压回路有电耦合，很容易发生高压信号串入导致仪器损坏。另外，故障放电时，特别是进行冲闪测试时，分压器耦合的电压波形变化不尖锐、不明显，分辨较困难。

③ 脉冲电流法原理与脉冲电压法相似，区别在于脉冲电流法是通过线性电流耦合器测量电缆击穿时的电流脉冲信号，使测试接线更简单，电流耦合器输出的脉冲电流波形更容易分辨。由于信号来自低压回路，避免了高压信号串入对仪器的影响。它是目前应用较为广泛的测试方法之一，如 T-003 型电缆故障测距仪。

三、电缆线路的检修

1. 电缆线路检修周期

① 大修 3 年 1 次。

② 小修 1 年 1～2 次。

2. 电缆线路大修

① 清扫电缆头及引线表面。

② 用 0.05 mm 的塞尺检查电缆鼻子的接触面应塞不进去。有过热现象时，重新打磨处理，必要时重新做头。

③ 检查接地线、固定卡子等应紧固。

④ 对试验不合格的电缆，应找出原因，并进行处理。

3. 电缆线路小修

① 清扫电缆头及引线表面。

② 测量电缆绝缘，不合格时应找出原因，进行处理。

4. 电缆线路绝缘不良的处理

① 电缆头外部受潮时，可用红外线灯泡、电吹热风等方法进行干燥。

② 电缆内部受潮，必须锯掉一段电缆，使绝缘经试验合格后，再重新做头。

③ 电缆有比较明显的接地、短路现象时，可用外部检查或加高电压击穿的方法，找出故障点后，进行处理。

四、电力电缆异常运行及事故处理

1. 电缆过热

电缆运行中长时间过热，会使其绝缘物加速老化；会使铅包及铠装缝隙胀裂；会使电缆终端头、中间接头因绝缘胶膨胀而胀裂；对垂直部分较长的电缆，还会加速绝缘油的流失。造成电缆过热的基本原因有两点：一是电缆通过的负荷电流过大且持续时间较长；二是电缆周围通风散热不良。

发现电缆过热应查明原因，予以处理。若有必要，可再敷设一条电缆并用，或全部更新电缆，换成大截面积的，以避免过负荷。

2. 电缆渗漏油

油浸电缆线因铅包加工质量不好，如含砂粒、压铅有缝隙等以及运行温度过高，都容易造成渗漏油。电缆终端头、中间接头因密封不严，加之引线及连接点过热，往往也会引起漏油、漏胶，甚至内部短路时温度骤升，引起爆破。发现电缆渗漏油后，应查明原因予以处理。对负荷电流过大的电缆，应设法减负荷；对电缆铅包有砂眼渗油的可实行封补；终端头、中间接头漏油较严重的，可重新做终端头或中间接头。

3. 电缆头套管闪络破损

运行中的电缆头发生电晕放电，电缆头引线严重过热，以及因漏油、漏胶、潮气侵入等原因将导致套管闪络破损。发生这种情况，应立即停止运行，以防故障扩大造成事故。

4. 机械损伤电缆线路

电缆遭受外力机械损伤的机会很多，因受机械损伤造成停电事故的也很多。如地下管线工程作业前，未经查明地下情况，盲目挖土、打桩，误伤电缆；敷设电缆时，牵引力过大或弯曲过度造成损伤；重载车辆通过地面，土地沉降，造成损伤等。

发现电缆遭受外力机械损伤，根据现场状况或带缺陷运行、或立即停电退出运行，均应通报专业人员共同鉴定。

技能实训 10 kV 架空线路运行巡视与故障分析判断

一、实训目的

① 能认识架空线路的结构并说明其作用。

② 会正确巡视架空线路运行情况并记录各项内容。

③ 能检查出架空线路异常运行情况。

④ 能提出缺陷处理办法。

二、实训所需设备、材料

① 对象：淄博无线电二厂厂区东门外沿线 10 kV 架空线路。

② 工具：长把地线一组、绝缘手套、绝缘靴、安全帽、工作服、扳手。

三、实训任务与要求

1. 线路巡视检查

（1）杆塔巡视检查

① 杆塔是否倾斜、弯曲、下沉、上拔，杆塔周围土壤有无挖掘或沉陷。

② 电杆有无裂缝、酥松、露筋，横担金具有无变形、锈蚀，螺栓销子有无松动。

③ 杆塔上有无鸟巢或其他异物。

④ 电杆有无杆号等明显标志，各种标示牌是否齐全完备。

（2）绝缘子巡视检查

① 绝缘子有无破损、裂纹，有无闪络放电现象，表面是否严重脏污。

② 绝缘子有无歪斜，紧固螺钉是否松动，扎线有无松断。

（3）导线巡视检查

① 导线三相弧垂是否一致，对地距离和交叉跨越距离是否符合要求。过引线对邻相及对地距离是否符合要求。

② 裸导线有无断股、烧伤，连接处有无接触不良、过热现象。

③ 绝缘导线外皮有无磨损、变形、龟裂等。

（4）避雷器巡视检查

① 绝缘裙有无损伤、闪络痕迹，表面是否脏污。

② 固定件是否牢固，金具有无锈蚀。

③ 引下线有无开焊、脱落。

（5）接地装置巡视检查

① 接地引下线有无断股损伤。

② 接头接触是否良好，接地线有无外露和严重锈蚀。

（6）拉线巡视检查

① 拉线有无锈蚀、松弛、断股。

② 拉线有无偏斜、损坏。

③ 水平拉线对地距离是否符合要求。

2. 异常现象及处理方法

① 导线损伤、断股、断裂应及时处理。

② 发生倒杆必须停电予以修复。

③ 发现接头过热首先应减负荷，同时增加夜间巡视，严重时应停电予以处理。

④ 当导线对被跨越物放电时应保证导线对地弧垂，降低负荷，采取除冰等措施。

⑤ 出现单相接地、两相短路、三相短路缺相故障时，应采取防雷、防暑、防寒、防风、防汛、防污等措施。

四、实训考核

①针对完成情况记录成绩。

②分组完成实训后制作 PPT 并进行演示。

③写出实训报告。

思考与练习

1. 简述架空线路的结构及各部分的作用，导线和避雷线的制成材料。
2. 架空线路装设避雷线的条件是什么？
3. 根据电杆在线路中的不同作用和受力情况，电杆分为几种？各有何特点？
4. 按绝缘材料和结构，电缆可以分为几种？各有何特点？
5. 电缆的敷设方式有几种？各有何优缺点？

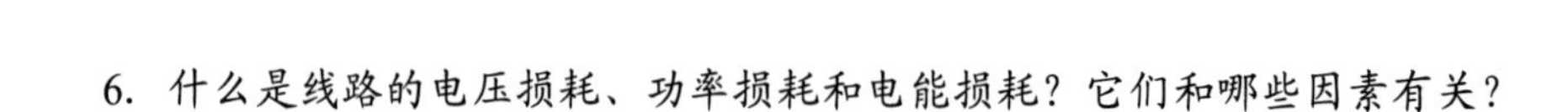

6. 什么是线路的电压损耗、功率损耗和电能损耗？它们和哪些因素有关？

7. 如何选择电力线路导线截面积？

8. 什么是经济截面积？

9. 线路巡视分为哪几种？分别在什么情况下采用？

10. 在哪种自然条件下线路容易覆冰？线路覆冰后有何危害？如何消除？

11. 什么是污秽事故？防污的措施有哪些？

12. 简述线路检修的组织工作内容。

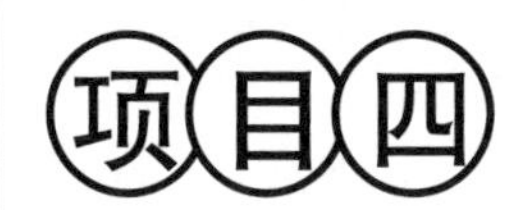

项目四

变压器的运行与维护

变压器是发电厂和变电站的主要电气设备。一般来说，大型火电厂和水电站要建造在煤矿附近或水力资源丰富的地区，在容量一定的情况下，电压越高，电流越小，其损耗越小，因此为了提高输电效率，减少损耗，希望输电线路的电压越高越好，例如 110 kV、220 kV 或更高。但是发电厂的发电机出口电压不可能很高，一般为 10～18 kV，最高不超过 27 kV。所以，必须利用升压变压器将发电机出线端电压升高，再远距离传送。而用户的用电设备电压却较低，有 6 kV、380 V、220 V 几种，这又需要利用变压器将几十万伏的输电线路电压降下来，以适应用电设备的要求。

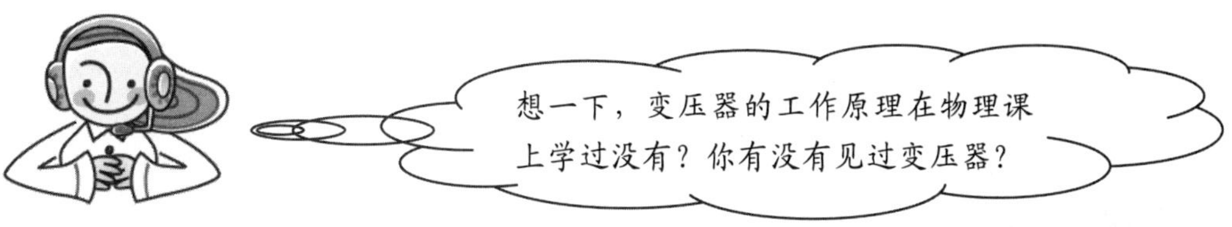

想一下，变压器的工作原理在物理课上学过没有？你有没有见过变压器？

项目目标

- 掌握变压器的结构、工作原理、功能及特点。
- 了解变压器的分类、常用型号及使用方法。
- 理解变压器的参数及运行方式。
- 了解变压器的维护及检修。

任务一　变压器的认识

变压器（transformer）是一种静止电器，它依据电磁感应定律传递交流电功率。在电力系统中常应用于升降电压、匹配阻抗、安全隔离等场所。

学习目标：

- 了解变压器的作用与分类。
- 认识变压器的结构。
- 掌握变压器的工作原理。

一、变压器的用途与分类

1. 变压器的用途

变压器是电力系统中的重要组件，发电机发出的电压受其绝缘条件的限制不可能太高，一般为 6.3 ~ 27 kV。要想把发出的大功率电能直接送到很远的用电区去，需要用升压变压器把发电机的端电压升到较高的输电电压，这是因为输出功率 P 一定时，电压 U 越大，则线路电流 I 越小，于是不仅可以减小输电线的截面积，节省导电材料的用量，而且还可减小线路的功率损耗。因此，远距离输电时利用变压器将电压升高是最经济的方法。一般来说，当输电距离越远、输送的功率越大时，要求的输电电压也越高。电能送到用电地区后，还要用降压变压器把输电电压降低为配电电压，然后再送到各用电分区，最后再经配电变压器把电压降到用户所需要的电压等级，供用户使用。图 4-1 所示是变压器在电力系统中作用的示意图。除了用于改变电压外，还可用来改变电流（如电流互感器）、变换阻抗（如电子设备中的输出变压器）。

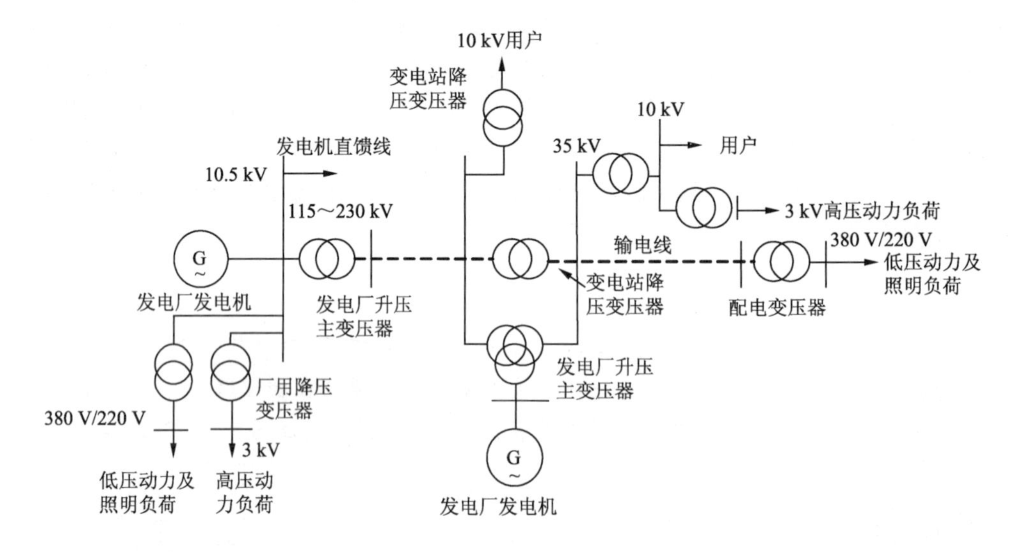

图 4-1 简单的输配电系统示意图

想一想：远距离输送电能，首先要将发电机的输出电压通过升压变压器升高到几万伏或几十万伏，以减小输电线上的（ ）。

A. 电阻　　B. 能量损耗　　C. 电感

2. 变压器的分类

用于电力系统中的变压器统称为电力变压器，它可分为下面几种类型：

① 按相数可分为单相变压器、三相变压器和多相变压器，如图 4-2（a）、（b）所示。

② 按绕组的个数可分为双绕组变压器、三绕组变压器、自耦变压器和特殊结构的分裂变压器，如图 4-2（c）、（d）所示。

③ 按照冷却方式可分为干式变压器和油浸式变压器（其又分为自冷、风冷、强迫油循环式变压器），如图 4-2（e）、（f）、（g）所示。

④ 按铁芯形式可分为芯式变压器和壳式变压器，如图 4-2（h）所示。

特殊用途的变压器主要有：对电压和电流采样的电压互感器和电流互感器，电弧焊所需的电焊变压器，电子线路阻抗匹配用的变压器，电炉变压器等。

（a）单相变压器

（b）三相变压器

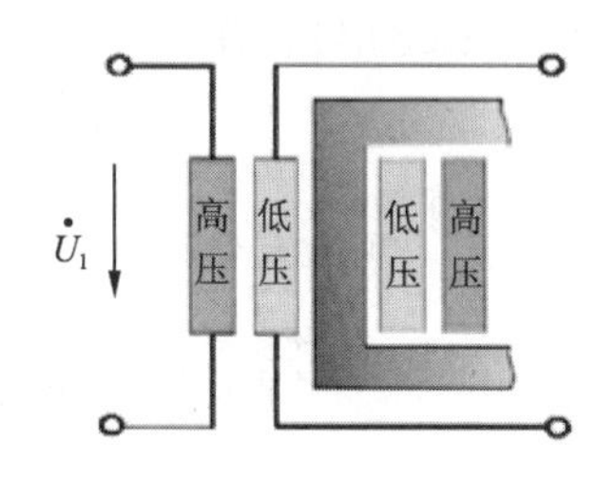

（c）双绕组变压器

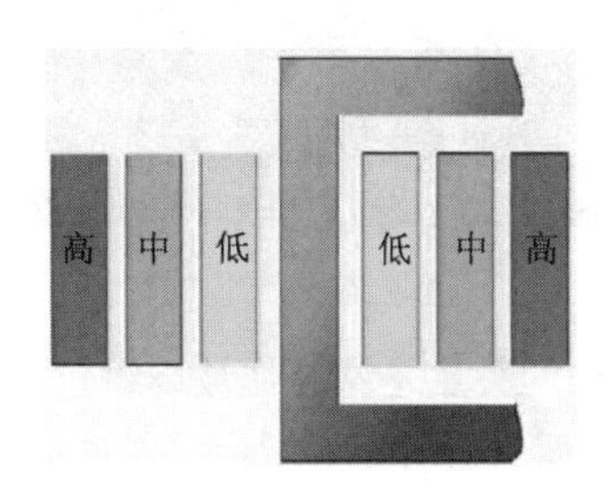

（d）三绕组变压器

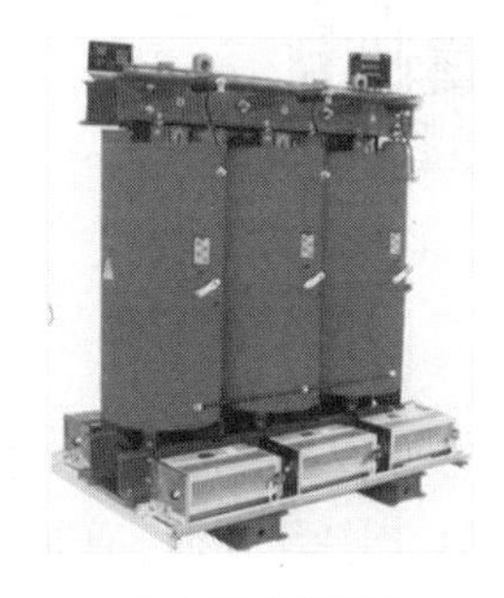

（e）干式变压器

（f）油浸式变压器

（g）强迫油循环电力变压器

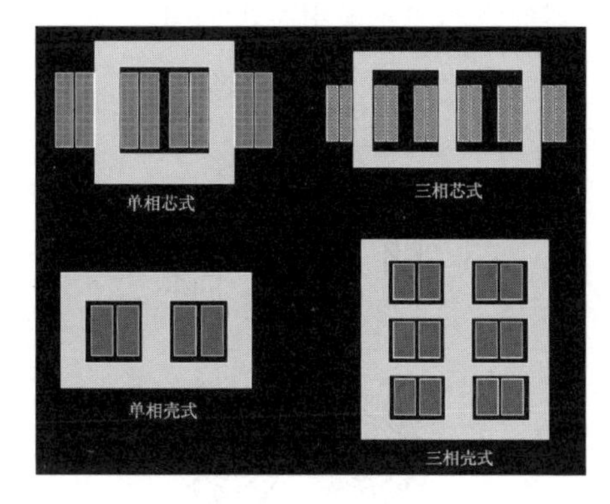

（h）芯式、壳式变压器

图 4-2　电力变压器的类型

想一想：电力变压器按冷却介质分为（　　）和干式两种。

A. 风冷式　　　B. 自冷式　　　C. 油浸式

二、变压器的结构认识

图 4-3 是一台三相油浸式电力变压器的外形图。图中剖开一个小缺口，可以窥视其内部结构。其主要由铁芯、绕组、油箱、绝缘套管及其他附件等组成。其中，铁芯和绕组是变压器的主要部件，称为器身。

1. 铁芯

铁芯构成了变压器的磁路，同时又是套装绕组的骨架，其实物图如图 4-4 所示。铁芯分为铁芯柱和铁轭两部分。铁芯柱上套绕组，铁轭将铁芯柱连接起来形成闭合磁路。为了减少铁芯中的磁滞、涡流损耗，提高磁路的导磁性能，铁芯一般采用冷轧晶粒取向优质硅钢片——高磁导率的磁性材料叠装而成，其厚度为 0.23～0.35 mm，两面带有绝缘，使片与片之间绝缘。

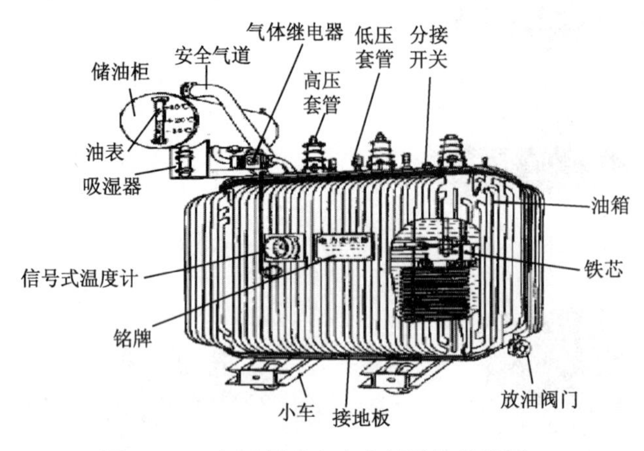

图 4-3　三相油浸式电力变压器的外形图

图 4-4　变压器的铁芯实物图

变压器铁芯的结构有芯式、壳式和渐开线式等形式。芯式结构的特点是铁芯柱被绕组包围，如图 4-5 所示。壳式结构的特点是铁芯包围绕组顶面、底面和侧面，如图 4-6 所示。壳式结构的变压器机械强度较好，但制造复杂。由于芯式结构比较简单，绕组装配及绝缘比较容易，因而电力变压器的铁芯主要采用芯式结构。

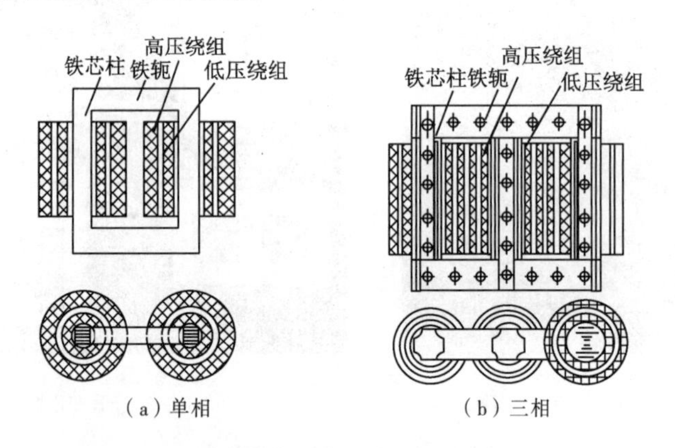

图 4-5　芯式变压器的绕组和铁芯

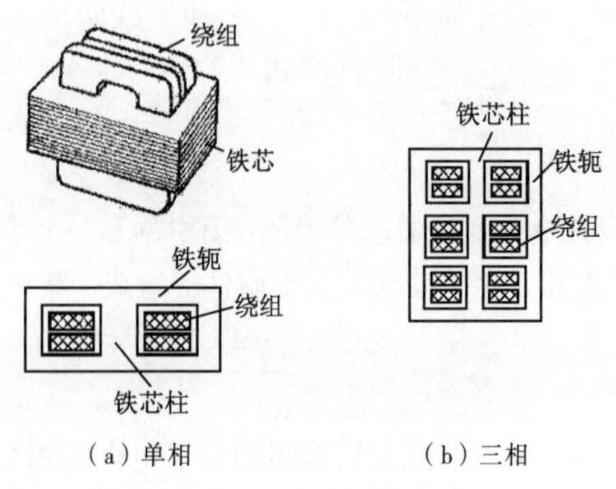

图 4-6　壳式变压器的绕组和铁芯

变压器的铁芯一般是将硅钢片剪成一定形状，然后把铁芯柱和铁轭的钢片一层一层地交错重叠制成，如图 4–7 所示。采用交错式叠装法减小了相邻层的接缝，从而减小了励磁电流。这种结构的夹紧装置简单经济，可靠性高，因此国产变压器普遍采用叠装式铁芯结构。大型变压器大都采用冷轧硅钢片作为铁芯材料，这种冷轧硅钢片沿碾压方向的磁导率较高，铁损耗较小。在磁路转角处，磁通方向和碾压方向成 90° 角，为了使磁通方向和碾压方向基本一致，通常采用图 4–8 所示的斜切冷轧硅钢片铁芯的叠装法。

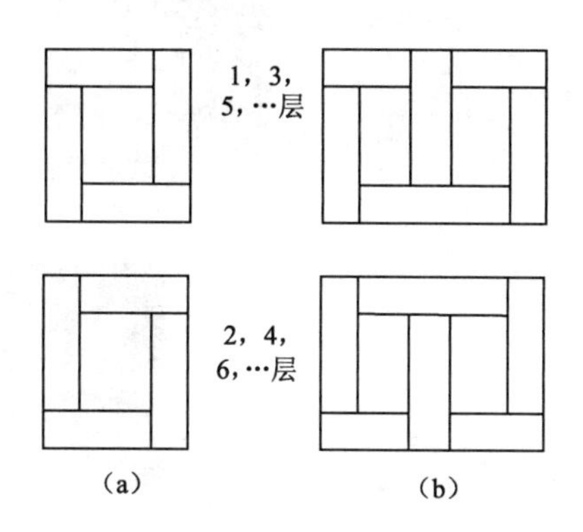

图 4–7　铁芯硅钢片交错式叠装法

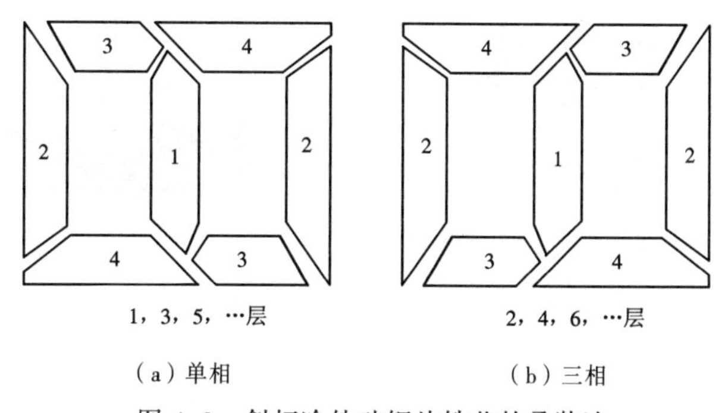

（a）单相　　（b）三相

图 4–8　斜切冷轧硅钢片铁芯的叠装法

在小型变压器中，铁芯柱截面的形状一般采用正方形或矩形。而在大容量变压器中，铁芯柱的截面一般做成阶梯形，以充分利用绕组内圆空间。铁芯的级数随变压器容量的增加而增多。大容量变压器的铁芯中常设油道，以改善铁芯内部的散热条件。

2. 绕组

绕组是变压器的电路部分，它由铜或铝绝缘导线绕制而成，图 4–9 为变压器绕组实物图。变压器的一次绕组（原绕组）输入电能，二次绕组（副绕组）输出电能，它们通常套装在同一个铁芯柱上。一、二次绕组具有不同的匝数，通过电磁感应作用，一次绕组的电能就可以传递到二次绕组，且使一、二次绕组具有不同的电压和电流。两个绕组中，电压较高的称为高压绕组，相应电压较低的称为低压绕组。从高、低压绕组的相对位置来看，变压器的绕组又可分为同心式和交叠式。高、低压线圈都做成圆筒形，在同一铁芯柱上同心排列。圆筒式绕组如图 4–10（a）所示，也可以将绕组装配到铁芯上成为器身，如图 4–10（b）和图 4–11 所示。为了便于线圈和铁芯绝缘，通常将低压线圈靠近铁芯放置。交叠式绕组的高、低压线圈沿铁芯柱高度方向交叠排列，为了减小绝缘层的厚度，通常是低压线圈靠近铁轭，这种结构主要用在壳式变压器中。由于同心式绕组结构简单、制造方便，因而国内多采用这种结构。交叠式绕组主要用于特种变压器中。

图 4-9　变压器绕组实物图

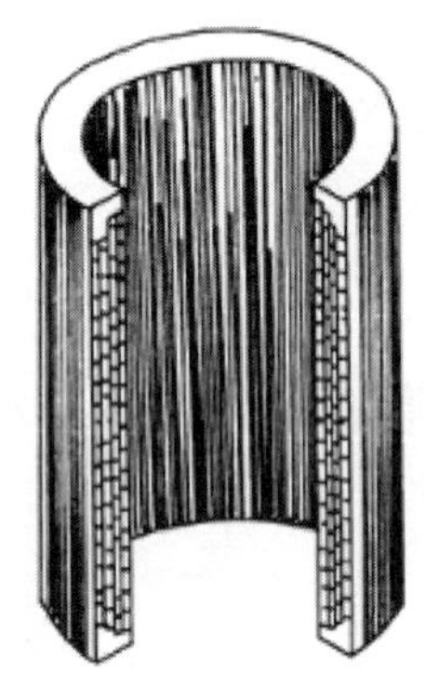

（a）圆筒式绕组　（b）装配好绕组的变压器器身

图 4-10　三相变压器的绕组与器身

图 4-11　已装配完毕的变压器器身实物图

3. 油箱

变压器器身装在油箱内，油箱内充满变压器油，如图 4-12 所示。变压器油是一种矿物油，具有很好的绝缘性能，起两个作用：一是在变压器绕组与绕组、绕组与铁芯及油箱之间起绝缘作用；二是变压器油受热后产生对流，对变压器铁芯和绕组起散热作用。

油箱有许多散热油管，以增大散热面积。为了加快散热，有的大型变压器采用内部油泵强迫油循环，外部用变压器风扇吹风或用自来水冲淋变压器油箱等，这些都是变压器的冷却方式。

（a）安装中的 220 kV 变压器油箱

（b）安装中的 18 万 kV · A 变压器油箱

图 4-12　变压器油箱实物图

4. 绝缘套管

变压器的引线从油箱内穿过油箱盖时，必须经过绝缘套管，从而使高压引线和接地的油箱绝缘。绝缘套管是一根中心导电杆，外面有瓷套管绝缘。为了增加爬电距离，套管外形做成多级伞形。10～35 kV 绝缘套管一般采用充油结构，如图 4-13 所示，电压越高，其外形尺寸越大。

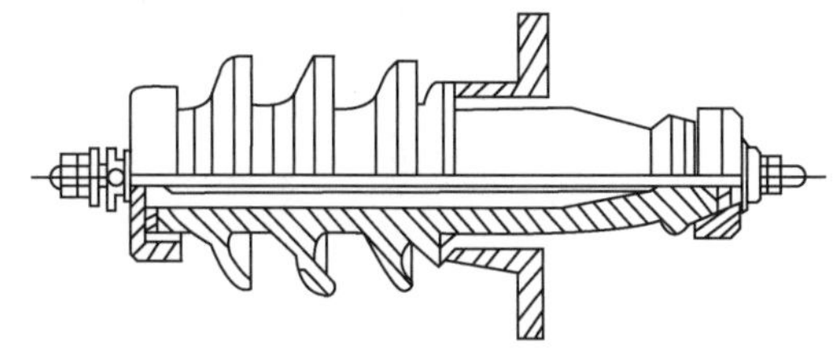

图 4-13　35 kV 绝缘套管

5. 其他附件

变压器的其他附件还有很多，比如典型的油浸式电力变压器中还有铭牌[见图 4-14（a）]、储油柜（又称油枕）[见图 4-14（b）]、吸湿器（呼吸器）、压力释放阀或安全气道（防爆管）、继电保护装置、调压分接开关、温度监控装置等附件。

（a）铭牌

（b）储油柜

图 4-14　铭牌和储油柜实物图

想一想：变压器的绕组与铁芯之间是（　　）的。

A. 绝缘　　　　B. 导电　　　　C. 电连接

三、变压器的基本工作原理

一般情况下，变压器都有铁芯和绕组（线圈）两个主要部件。图 4-15 所示为一单相变压器原理图，两个相互绝缘的绕组套在一个共同的铁芯上，它们之间只有磁的耦合，没有电的联系。其中，与交流电源相接的绕组称为一次绕组或原绕组，简称初级或原边；与用电设备（负载）相接的绕组称为二次绕组或副绕组，简称次级或副边。

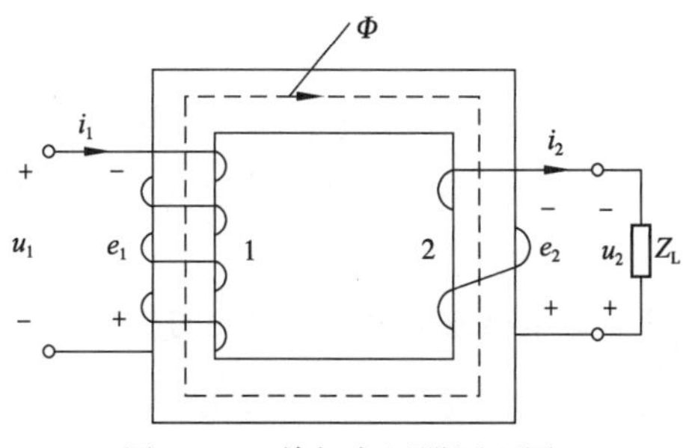

图 4-15　单相变压器原理图

当一次绕组接通交流电源时，在外施电压作用下，一次绕组中流过交流电流，并在铁芯中产生交变磁通，其交变频率与外施电压频率一样。该交变磁通同时交链一、二次绕组，根据电磁感应定律，便在一、二次绕组内感应出电动势。二次绕组有了电动势，当接上负载后，形成回路，便向负载供电，从而实现能量传递。

设两个绕组的匝数分别为 N_1 和 N_2，在电动势与磁通规定正方向符合右手螺旋定则的前提下，一次电动势为

$$e_1 = -N_1 \frac{\mathrm{d}\Phi}{\mathrm{d}t} \tag{4-1}$$

二次电动势为

$$e_2 = -N_2 \frac{\mathrm{d}\Phi}{\mathrm{d}t} \tag{4-2}$$

式（4–1）和式（4–2）相除可得

$$\frac{e_1}{e_2} = \frac{N_1}{N_2} \tag{4-3}$$

可见一、二次绕组感应电动势的大小正比于各自绕组的匝数，而绕组的感应电动势近似于各自的电压。因此，只要改变绕组匝数比，就能改变电压，这就是变压器的变压原理。

想一想： 变压器的一、二次绕组匝数之比可以近似地认为等于（　　）之比。

A.一、二次电压瞬时值　B.一、二次电压有效值　C.一、二次电压最大值

四、变压器的额定值

设计部门和制造厂对变压器或电机在有关产品标准规定工作条件下，所规定的有关电气和机械的最佳的运行值称为额定值，如额定电压、额定电流等。这些额定值都标在铭牌上，因此又称铭牌值。

运行在额定值下的变压器或电机，称为额定运行。变压器的额定值主要有：

1. 变压器的额定容量 S_N

变压器的额定容量指在额定状态下变压器的视在功率。额定容量以伏·安（V·A）、千伏·安（kV·A）或兆伏·安（MV·A）为单位。对三相变压器，额定容量指三相的总容量。通常将变压器输入侧的额定容量与输出侧的额定容量设计为相同。

2. 变压器的额定电压

变压器的额定电压是指变压器在空载状态下一次侧允许的电压 U_{1N} 和二次侧测得的电压 U_{2N}，以伏（V）或千伏（kV）为单位。对于三相变压器，额定电压指线电压。

3. 变压器的额定电流

变压器的额定电流是指变压器在额定工况下的一次侧和二次侧按绕组容量允许的电流 I_{1N}、I_{2N}，以安（A）或千安（kA）为单位。对于三相变压器，额定电流指线电流。

4. 变压器的额定频率

变压器的额定频率是指变压器电压或电流每秒交变的次数 f_N，以赫[兹]（Hz）为单位。我国额定工频为 50 Hz。

对于单相变压器

$$I_{1N}=\frac{S_N}{U_{1N}} \tag{4-3}$$

$$I_{2N}=\frac{S_N}{U_{2N}} \tag{4-4}$$

对于三相变压器

$$I_{1N}=\frac{S_N}{\sqrt{3}U_{1N}} \tag{4-5}$$

5. 变压器的型号

型号表示一台变压器的结构、额定容量、电压等级、冷却方式等内容，表示方法如图 4-16 所示。

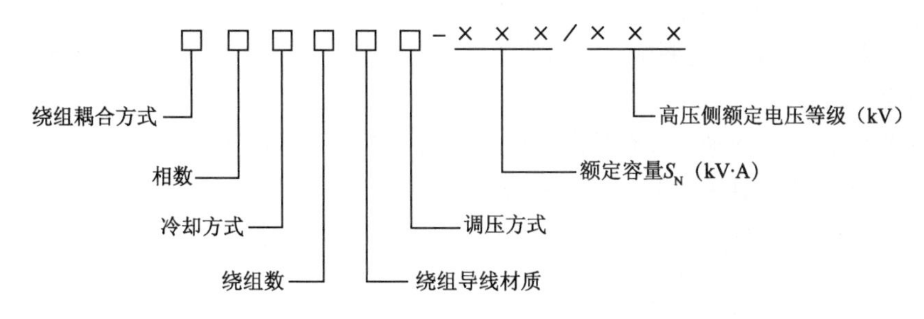

图 4-16　变压器型号的表示方法

如 OSFPSZ-250000/220 表明自耦三相强迫油循环风冷三绕组铜线有载调压，额定容量为 250 000 kV · A，高压额定电压为 220 kV 电力变压器。

想一想：变压器的铭牌上标有变压器的（　　）。

A. 最小输出功率　　B. 效率　　C. 技术参数

任务二　变压器的运行与检修

变压器在运行过程中一般情况不会出现故障，但是如果缺乏必要的维护同样会出现问题。本任务就介绍一下变压器是如何运行的，如何对其进行维护和检修。

学习目标：

- 掌握变压器的空载运行、负载运行和并联运行的运行条件、特点及性能等。
- 了解变压器在运行中的检查项目、常见故障及处理方法。
- 知道变压器的检修周期、检修项目、检修工艺及质量标准等。

子任务一　变压器的运行

子任务目标：

- 掌握变压器的空载、负载及并联运行方式。
- 掌握变压器的运行性能。
- 了解变压器在运行中的要求及其允许运行方式。

通过本子任务的学习，掌握变压器的空载运行、负载运行和并联运行的运行条件、特点及性能等。

一、变压器的空载运行

1. 空载运行的物理现象

图 4-17 为单相变压器的空载运行示意图，当二次绕组开路，一次绕组接到电压为 U_1 的交流电网上时，一次绕组中便有电流 I_0 流过，该电流称为变压器的空载电流。由于二次绕组开路，因而 $I_2=0$。空载电流产生交变的空载磁场，空载磁动势 $F_0=N_1I_0$，一般把该磁场等效为两部分磁通：一部分磁通沿铁芯闭合，同时与一、二次绕组相交链，称为主磁通或互感磁通，用 Φ_0 表示；另一部分磁通主要沿非铁磁材料（变压器油或空气）闭合，它仅与一次绕组相交链，称为一次绕组的漏磁通，用 $\Phi_{1\sigma}$ 表示。

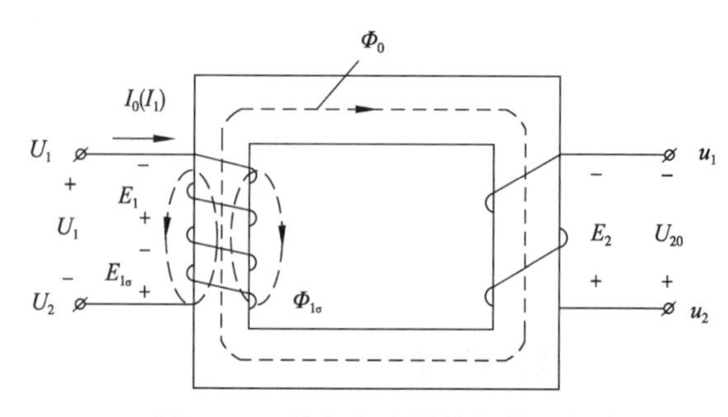

图 4-17 单相变压器的空载运行

虽然主磁通 Φ_0 和漏磁通 $\Phi_{1\sigma}$ 都是由空载电流 I_0 产生的，但由于路径不同，两者差异很大：

① 在性质上，由于铁磁材料存在饱和现象，因而主磁通 Φ_0 与建立它的电流 I_0 之间的关系是非线性的；漏磁通 $\Phi_{1\sigma}$ 沿非铁磁材料构成的路径闭合，其磁阻基本上是常数，它与电流 I_0 成线性关系。

② 在作用上，Φ_0 是传递能量的媒介，$\Phi_{1\sigma}$ 仅起漏抗压降的作用。主磁通在一、二次绕组内感应电动势，如果二次绕组接上负载，则在二次绕组电动势的作用下向负载输出电功率。因此，主磁通起着传递能量的媒介作用，而漏磁通仅在一次绕组内感应电动势，只起电压降的作用，不能传递能量。

③ 在数量上，Φ_0 占总磁通的 99%以上，$\Phi_{1\sigma}$ 只占 1%以下，为总磁通的 0.1%～0.2%，这是因为铁芯的磁导率远大于空气（或变压器油），铁芯磁阻小，所以磁通的绝大部分通过铁芯而闭合。

2. 变压器中各电磁量假定正方向的惯例

变压器中各电压、电流、磁通和感应电动势的大小和方向都是随时间而变化的。为了分析、计算电路，必须规定出各个电磁量的假定正方向。

从理论上讲，正方向可以任意选择，因为各物理量的变化规律是一定的，并不因正方向的选择不同而改变，但假定的正方向不同，描述变压器电磁关系的方程式和相量图也就不同，因此描述电磁规律必须与选定的正方向相配合。为了用同一方程式表示同一电磁现象，在电机学中通常按习惯方式假定正方向，称为惯例。变压器中各电磁量的正方向常用的惯例标注原则如下：

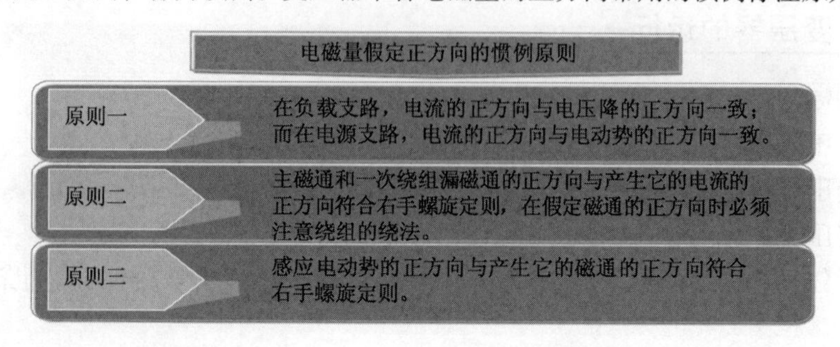

3. 变压器的空载电流和空载损耗

（1）空载电流

变压器空载运行时，一次绕组中流过的电流 I_0 称为空载电流。它一方面建立空载时的主磁通，另一方面还要补偿空载时的变压器损耗。前者是仅仅起磁化作用的励磁电流，不消耗功率，用 I_{0r} 表示；而后者则对应于铁芯中的磁滞损耗和涡流损耗。

当忽略空载损耗时，变压器的空载电流 I_0 就是建立磁场的无功电流。当磁路不饱和时，其 I_{0r} 和主磁通 Φ_0 成线性关系，磁通按正弦规律变化，励磁电流也按正弦规律变化。由于导磁材料（硅钢片）磁化曲线的非线性关系，在一定的电压下，励磁电流的大小和波形取决于铁芯的饱和程度，即取决于铁芯磁通密度 B_m 的大小。当磁通饱和时，I_{0r} 和主磁通 Φ_0 的关系不是线性的，I_{0r} 的增长比主磁通 Φ_0 的增长更快。

（2）空载损耗

变压器空载运行时，一次绕组从电源中吸取了少量的电功率 P_0，它用来补偿铁芯中的铁损耗 P_{Fe} 和极少量的绕组铜损耗 P_{Cu}，由于 I_0 和线圈电阻 r_1 很小，因而空载损耗可近似等于铁损耗。

想一想： 变压器二次绕组开路，一次绕组施加额定频率的额定电压时，一次绕组中流过的电流为（　　）。

A. 空载电流　　　　B. 短路电流　　　　C. 额定电流

二、变压器的负载运行

变压器的一次绕组接交流电源，二次绕组接负载的运行状态称为变压器的负载运行。图 4-18 所示为变压器负载运行的原理示意图，此时二次绕组两端接负载阻抗 Z_L，负载端电压为 $\dot{U}_2$，电流为 I_2；一次绕组电流为 I_1，端电压为 $\dot{U}_1$。以下分析变压器在负载运行状态下的电磁关系。

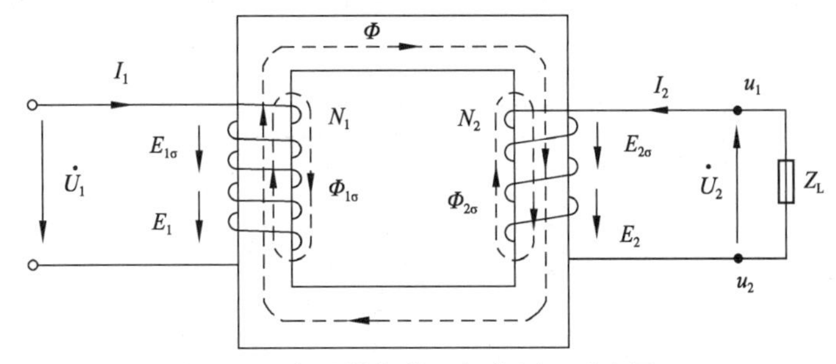

图 4-18　变压器负载运行的原理示意图

1. 变压器负载运行时的物理状况

当变压器二次绕组接上负载时，电动势 E_2 将在二次绕组中产生电流 I_2，其方向与 E_2 相同，随负载的变化而变化，I_2 流过二次绕组 N_2 时建立磁动势 $F_2=I_2N_2$。从电磁关系上来说，变压器就从空载运行过渡到了负载运行。F_2 也将在铁芯内产生磁通，即此时铁芯中的主磁通 Φ 不再单独由一次绕组决定，而是由一、二次绕组共同作用在同一磁路产生。磁动势 F_2 的出现使主磁通 Φ 趋于改变，随之电动势 E_1 和 E_2 也发生变化，从而打破了原来空载运行时的平衡状态。在一定的电网电压 $\dot{U}_1$ 下，E_1 的改变会导致一次绕组电流由空载时的 I_0 改变为负载运行时的 I_1。但由于电源电压和频率不变，因而相应的主磁通也应保持不变。

于是为了保持主磁通 Φ 不变，一次绕组电流应比 I_0 增加一个分量 ΔI_1，该电流增量所产生的磁动势 ΔI_1N_1 恰好与二次绕组电流产生的磁动势 I_2N_2 相抵消，从而保持主磁通基本不变，通过电磁感应关系，一、二次绕组的电流是紧密联系在一起的，二次绕组电流变化的同时必然引起一次电流的变化；相应地，二次绕组输出功率变化的同时也必然引起一次绕组从电网吸收功率的变化。

2. 变压器负载运行时的基本方程

（1）磁动势平衡方程式

变压器负载运行时，一次绕组磁动势 F_1 和二次绕组磁动势 F_2 都作用在同一磁路上，如图 4–18 所示，于是根据磁路全电流定律可得到变压器负载运行时的磁动势方程式

$$F_1 + F_2 = F_0 \tag{4–6}$$

这就是说，变压器负载运行时，作用在主磁路的两个磁动势 F_1 和 F_2 构成了负载时的合成磁动势 F_0，从而由 F_0 建立了铁芯内的主磁通。

（2）电动势平衡方程式

由于实际上变压器的一、二次绕组之间不可能完全耦合，因而除了主磁通在一、二次绕组中感应的电动势 E_1 和 E_2 外，仅与一次绕组交链的一次漏磁通 $\Phi_{1\sigma}$ 和与二次绕组交链的二次漏磁通 $\Phi_{2\sigma}$ 又在各自交链的绕组内产生漏感电动势 $E_{1\sigma}$ 和 $E_{2\sigma}$。

想一想：当交流电源电压加到变压器的一次绕组后，在变压器铁芯中产生的交变磁通只在二次绕组中产生感应电动势。（　　）

三、变压器的并联运行

由于现代的发电厂和变电所的容量很大，一台变压器往往不能担负起全部容量的升压或降压任务，于是要采用多台变压器并联运行。所谓并联运行，就是将变压器的一、二次绕组分别接到一、二次绕组的公共母线上，共同向负载供电的运行方式，如图 4–19 所示。

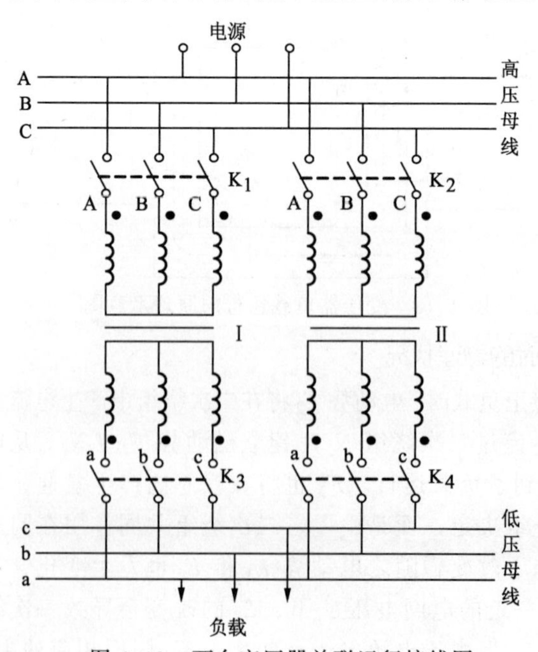

图 4–19　两台变压器并联运行接线图

并联运行的优点有：

① 提高供电的可靠性。并联运行的变压器如有某台变压器发生故障，可以把它从电网切除进行检修，而电网仍能继续供电。

② 可根据负荷大小调整投入并联变压器的台数，以提高运行效率。

③ 可以减少总的备用容量。

④ 可以随着用电量的增加，分批安装新的变压器，以减少第一次投资。

1. 变压器并联运行的理想条件

并联运行时，各台变压器的容量和结构型式可以不同，但希望达到的理想情况是：

① 空载时并联的各变压器二次侧之间没有循环电流，这样，空载时各变压器一、二次侧的铜耗也较小。

② 负载后，各变压器所承担的负载电流按它们的额定容量成比例分配，这样，并联变压器的装机容量能得到充分利用。

③ 负载后，各变压器二次电流同相位。这样在总的负载电流一定时各变压器所分担的电流最小；如果各变压器二次电流一定时，则共同承担的总电流最大。

要达到上述的理想并联运行情况，并联运行的变压器必须满足如下条件：

① 各变压器一、二次绕组的额定电压应分别相等，即电压比相同。

② 各变压器的连接组标号必须相同。

③ 各变压器的短路阻抗（或短路电压）的标么值相等，且短路阻抗角也相等。

2. 不满足并联运行理想条件时的运行分析

（1）电压比不等时的并联运行

设两台变压器Ⅰ和Ⅱ的电压比不等，即 $k_{\mathrm{I}} \neq k_{\mathrm{II}}$。若它们一次侧接同一电源，一次电压相等，可将一次绕组各物理量折算到二次绕组，则二次侧空载电压必然不等，分别为$\dot{U}_1/k_{\mathrm{I}}$和$\dot{U}_2/k_{\mathrm{II}}$。忽略励磁电流，则得到并联运行时的简化等效电路如图 4-20 所示。图中 Z_{kI}、Z_{kII}分别为折算到二次侧的两台变压器的短路阻抗。

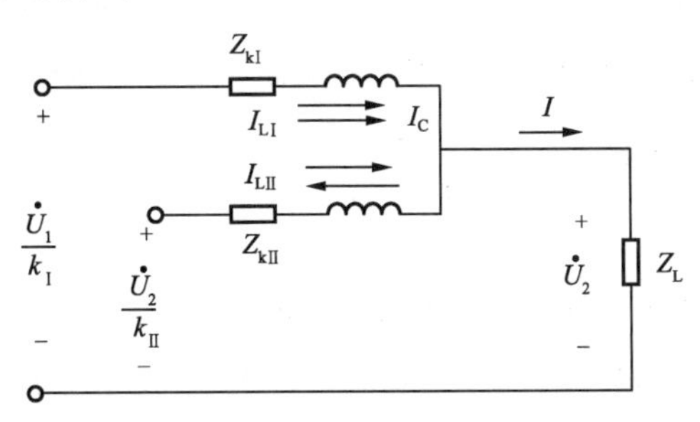

图 4-20 电压比不等的变压器并联运行简化等效电路

由于变压器短路阻抗很小，因而即使电压比差值很小，也能产生较大的环流，这既占用了变压器容量，又增加了变压器的损耗，是很不利的。通常规定并联运行的变压器电压比相差不超过 1%。

（2）连接组号与变压器并联运行的关系

连接组号不同的变压器，即使一、二次绕组额定电压相同，如果并联运行，则由前面连接组别的分析可知，二次绕组电压之间的相位至少相差 30°。例如，（Y，y0）与（Y，d11）两组变压器并联时二次绕组电压的相量图如图 4-21 所示。

（3）短路阻抗标么值不等时的并联运行

设两台变压器电压比相等，连接组别相同，略去励磁电流，可得到并联运行的简化等效电路如图 4-22 所示，此时空载环流 I_c 为零。

$$\frac{\beta_1}{\beta_2}=\frac{I_1^*}{I_2^*}=\frac{S_1^*}{S_2^*}=\frac{Z_{kII}^*}{Z_{kI}^*}=\frac{u_{kII}}{u_{kI}} \tag{4-7}$$

式中　β_1、β_2——第 1 和第 2 台变压器的负载系数。

由式（4-7）可知，并联运行的各台变压器所分担的负载大小与其短路阻抗标么值成反比，即短路阻抗标么值大的变压器分担的负载小，而标么值小的变压器分担的负载大。当短路阻抗标么值小的变压器满载时，标么值大的变压器欠载；当短路阻抗标么值大的变压器满载时，标么值小的变压器超载。要充分利用变压器容量，应使各台变压器的负载系数相等，即并联运行变压器的短路阻抗标么值相等。要求并联运行变压器的最大容量和最小容量之比不宜超过 3∶1，短路阻抗标么值之差小于 10%。

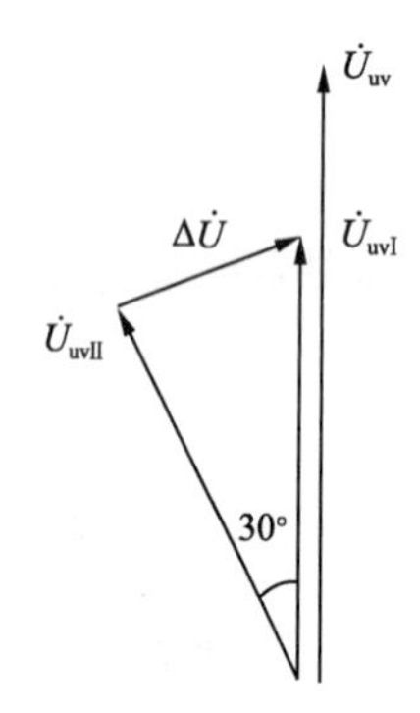

图 4-21　（Y, y0）与（Y, d11）两组变压器并联时二次绕组电压相量图

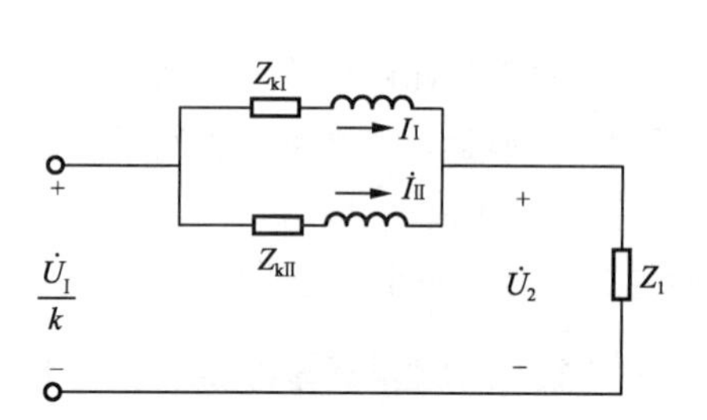

图 4-22　短路阻抗标么值不等时并联运行的简化等效电路

想一想：变压器理想并联运行的条件中，变压器的连接组标号必须相同。（　　）

四、变压器的运行性能

1. 变压器的外特性

由于变压器一、二次绕组都具有电阻和漏磁感抗，当一次绕组外加电压保持不变，负载变化时，二次绕组电流或功率因数改变，将导致一、二次绕组的阻抗压降发生变化，使变压器二次绕组输出电压也随之发生变化。

变压器的外特性即二次绕组输出电压和输出电流的关系。

（1）电压变化率

对变压器做负载试验时，会发现变压器的二次绕组端电压随着负载电流的改变而改变，而且当负载的性质或功率因数变化时，其二次绕组端电压变化的幅度也不一样，这是什么原因？下面将分析这个问题。

变压器负载运行时，由于一、二次绕组都存在漏阻抗，故当负载电流通过时，变压器内部将产生阻抗压降，使二次绕组端电压随负载电流的变化而变化。为了表征 U_2 随负载电流 I_2 变化的程度，引进电压变化率的概念。所谓电压变化率，是指变压器一次侧施以额定电压，负载大小及功率因数一定的情况下，二次侧空载电压 U_{20} 与带负载时二次电压 U_2 之差再与二次侧额定电压 U_{2N} 的比值，用 ΔU 表示，即

$$\Delta U=\frac{U_{20}-U_2}{U_{2N}}\times 100\%=\frac{U_{2N}-U_2}{U_{2N}}\times 100\%=\frac{U_{1N}-U_2'}{U_{1N}}\times 100\%=1-U_2^* \qquad (4\text{–}8)$$

ΔU 的大小反映了供电电压的稳定性，是表征变压器运行性能的重要指标之一。

（2）外特性

当电源电压和负载的功率因数等于常数时，二次绕组端电压随负载电流变化的规律[即 $U_2=f(I_2)$ 曲线]称为变压器的外特性（曲线）。图 4–23 表示不同性质负载时变压器的外特性曲线。由图可知，变压器二次绕组电压的大小不仅与负载电流的大小有关，而且还与负载的功率因数有关。纯电阻负载时，端电压变化较小；感性负载时，端电压变化较大，但外特性都是下降的；容性负载时，外特性可能上翘，上翘程度随容性的增大而增大。

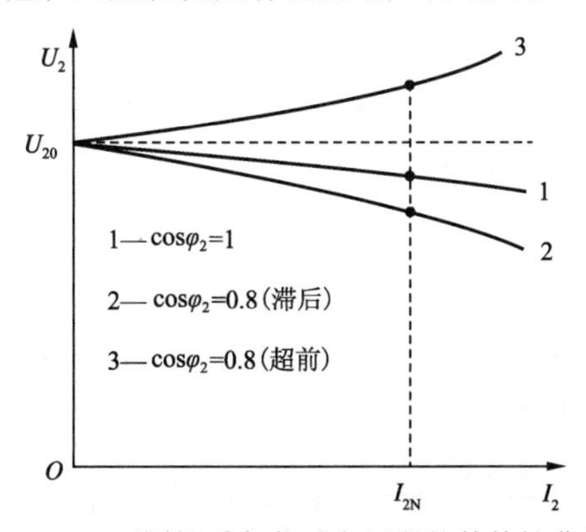

图 4–23　不同性质负载时变压器的外特性曲线

由于一般电力变压器中 x_k（短路电抗）比 r_k（短路电阻）大得多，故对不同性质负载的外特性分析如下：

① 电阻性负载时，$\varphi_2=0$，$\cos\varphi_2=1$，$\sin\varphi_2=0$，ΔU 为正值且很小，故外特性曲线的下垂程度很小。

② 电感性负载时，$\varphi_2>0$，$\cos\varphi_2$ 和 $\sin\varphi_2$ 均为正值，ΔU 也为正值且较大，故外特性曲线下斜程度增大。也就是说，二次绕阻端电压 U_2 将随负载电流 I_2 的增加而下降，而且 φ_2 越大，U_2 下降就越多。

③ 电容性负载时，$\varphi_2<0$，$\cos\varphi_2$ 为正值，而 $\sin\varphi_2$ 为负值，并且一般情况下，$|I_1'r_k\cos\varphi_2|<|I_1'x_k\sin\varphi_2|$，故 ΔU 也为负值，因此外特性曲线上翘。也就是说，二次绕组端电压 U_2 随负载电流 I_2 的增加而升高，而且 $|\varphi_2|$ 越大，U_2 与空载电压 U_{20} 相比就越大。

2. 变压器的电压调节

变压器负载运行时，二次绕组端电压随负载大小及功率因数而变化，如果电压变化过大，则将对用户产生不利影响。为了保证二次绕组端电压的变化在允许范围内，通常在变压器一次侧设置抽头，并装设分接开关，用以调节一次绕组的工作匝数，从而调节二次侧端电压。分接头之所以常设置在一次侧，是因为一次绕组套在最外面，便于引出分接头。另外，一次电流相

对也较小，分接头的引线及分接开关载流部分的导体截面也小，开关触点也易制造。

分接开关有两种形式：一种只能在断电的情况下进行调节，称为无载分接开关；另一种可以在带负载的情况下进行调节，称为有载分接开关。

3. 变压器的损耗和效率特性

（1）变压器的损耗

变压器是静止电气设备，因此在能量传递过程中没有机械损耗，故其效率比旋转电机高。一般中小型电力变压器的效率在 95%以上，大型电力变压器的效率可达 99%以上。变压器产生的损耗主要包括铁损耗和一、二次绕组的铜损耗。

变压器的铁损耗为铁芯中的磁滞和涡流损耗，它决定于铁芯中磁通密度的大小、磁通交变的频率和硅钢片的质量。变压器的铁损耗近似与一次绕组外加电源电压 U_1 成正比，而与负载大小无关。当电源电压一定时，变压器的铁损耗就基本不变了，故铁损耗又称“不变损耗”。

变压器铜损耗中的基本铜损耗是电流在一、二次绕组直流电阻上的损耗 $I_{21}r_k$。变压器铜损耗的大小与负载电流的二次方成正比，因此称为“可变损耗”。

（2）变压器的效率特性

变压器在能量转换过程中产生损耗，使输出功率小于输入功率。变压器的输出功率 P_2 与输入功率 P_1 之比称为效率，用百分数表示，即

$$\eta=\frac{P_2}{P_1}\times 100\% \tag{4-9}$$

效率的大小反映了变压器运行的经济性，是表征变压器运行性能的重要指标之一。工程上大都采用间接法来计算变压器的效率，即通过空载试验和短路试验求出变压器的铁损耗 p_{Fe} 和铜损耗 p_{Cu} ，然后按式（4-9）计算效率：

$$\eta=\frac{P_2}{P_1}=\left(1-\frac{\sum p}{P_1}\right)\times 100\%=\left(1-\frac{p_{Fe}+p_{Cu}}{P_2+p_{Fe}+p_{Cu}}\right)\times 100\% \tag{4-10}$$

式中

$$\sum p=p_{Cu}+p_{Fe} \tag{4-11}$$

为简便起见，在用式（4-10）计算效率时，先做以下几个假定：

① 计算输出功率时，由于变压器的电压变化率很小，因而带负载时可忽略二次绕组端电压 U_2 的变化，S_N 为变压器的额定容量，且

$$S_N=mU_{1PN}I_{1PN}=mU_{2PN}I_{2PN} \tag{4-12}$$

式中　m——变压器的相数；

U_{1PN}，I_{1PN}——变压器一次绕组额定相电压、额定相电流；

U_{2PN}，I_{2PN}——变压器二次绕组额定相电压、额定相电流。

② 额定电压下空载损耗 $p_0=p_{Fe}$=常数，即认为铁损耗不随负载变化，为不变损耗。

③ 额定电流时的短路损耗 p_{kN} 作为额定负载电流时的铜损耗 p_{CuN}，且认为铜损耗与负载电流的二次方成正比，即 $p_{Cu}=\beta^2 p_{CuN}$，β 为变压器的负载系数。

应用以上三个假定后，式（4-10）可写成

$$\eta=\left(1-\frac{p_0+\beta^2 p_{kN}}{\beta S_N\cos\varphi_2+p_0+\beta^2 p_{kN}}\right)\times 100\% \tag{4-13}$$

将式（4-11）对 β 取一阶导数，并令 $\mathrm{d}\eta/\mathrm{d}\beta=0$，得变压器产生最大效率的条件:

$$\beta_m = \sqrt{\frac{p_0}{p_{kN}}} \quad 或 \quad \beta_m^2 p_{kN} = p_0 \tag{4-14}$$

式中　β_m——最大效率时的负载系数。

实际变压器常年接在电网上，铁损耗总是存在，而铜损耗却随负载变化，一般变压器不可能总在额定负载下运行，因此为保证变压器的运行性能，提高全年经济效益，设计时，铁损耗应设计得小些，一般取 β_m=0.5～0.6。

想一想：变压器一次绕组加额定频率的额定电压，在给定的负载功率因数下，二次空载电压和（　　）之差与二次额定电压的比值称为变压器的电压调整率。

A. 二次短路电压　　B. 二次负载电压　　C. 一次额定电压

五、变压器在运行中的要求

1. 音响正常无杂音

变压器通电后，就有嗡嗡的响声，这是因为在铁芯里产生了周期性变化的磁感线，而引起硅钢片振动的结果，此现象属于正常现象。当变压器内部或外部发生故障时，交流电的波形发生变化，除基本波形即正弦波之外，还有其他高次谐波，故会产生杂音。此种现象属于不正常现象，应查明原因，设法消除，以保证变压器的正常运行。

2. 无严重漏油现象，油位及油色应正常

变压器内的油是起冷却线圈和铁芯之用的，同时起绝缘作用，因此，油位应正常，油色应清晰透明。

3. 油温不能超过允许值

变压器温度以变压器油的上层油温作为标准。它对变压器的寿命影响很大，变压器的寿命一般是指绝缘材料的寿命，因为变压器线圈的绝缘长期在高温作用下，逐渐变脆而破裂，结果使变压器的绝缘损坏，造成变压器故障。当环境最高气温为+40 ℃时，变压器的顶层油温不要超过 95 ℃，为了防止变压器油劣化过速，顶层油温不宜经常超过 85 ℃。

4. 注意变压器的温度

影响变压器温度的因素：

① 周围环境温度的影响。由于周围环境温度的变化，使变压器的温度随之而变化。因夏季的气温比冬季高，所以，在夏季室外变压器温度比冬季高。另外，因通风不好，室内变压器温度就比室外变压器温度高。

② 变压器制造质量的影响。如变压器制造质量好，其铜损耗、铁损耗都小，温度也比较低。

③ 变压器所带负荷的影响。变压器线圈的发热量与负荷电流的二次方成正比，若变压器经常按额定容量运行，设计寿命为 18～20 年；若变压器经常在过负荷情况下运行，则变压器的寿命大大缩短。

④ 变压器工作电压的影响。在正常情况下，变压器应保持在额定电压下运行，因为高于允许电压运行时，会缩短变压器的寿命。假如工作电压比额定电压高出 10%时，变压器的铁损耗就要增加 30%～50%，因此,变压器温度就要升高。

⑤ 变压器的外壳必须接地良好。变压器的外壳应装设接地线，接地线应保持完整无腐蚀，

且接触良好。其接地电阻值视变压器的容量而定，容量在 100 kV · A 及以下者，接地电阻不应大于 10 Ω。

⑥ 变压器套管应良好。套管应保持完整及清洁，且无裂纹、破损及放电痕迹。当变压器的套管上存在着上述缺陷时，如遇毛毛雨、大雾及雪，此套管的泄漏电流会增加，引起绝缘下降，甚至会产生对地闪络故障。所以，当发现有上述缺陷时应及时处理。

想一想：变压器稳定温升的大小与变压器周围环境的温度、变压器的损耗和散热能力等相关。(　　)

六、变压器的允许运行方式

1. 允许温度

变压器运行中要产生铜损耗和铁损耗，这两部分损耗最后全部转变为热能，使变压器的铁芯和绕组发热，变压器的温度升高。对于油浸式自然空气冷却的电力变压器来说，铁芯和绕组产生的热量的一部分使自身温度升高，其余部分则传递给变压器油，再由油传递给油箱和散热器。当变压器的温度高于周围介质（空气或油）温度时，向外散热快。当单位时间内变压器内部产生的热量等于单位时间内散发出去的热量时，变压器的温度就不再升高，达到了热的稳定状态。若变压器的温度长时间超过允许值，则变压器的绝缘容易损坏，因为绝缘长期受热后要老化，温度愈高，绝缘老化得愈快，当绝缘老化到一定程度时，由于在运行中受到振动便会使绝缘破坏，另一方面，即使绝缘还没有损坏，但是温度愈高，在电动力的作用下，绝缘愈容易破裂，绝缘性能愈差，便很容易被高电压击穿而造成故障。因此，变压器正常运行时，不允许超过绝缘的允许温度。

我国电力变压器大部分采用 A 级绝缘，即浸渍处理过的有机材料如纸、木材、棉纱等。在变压器运行时的热量传播过程中，各部分的温度差别很大，各部分的温度是不相同的，绕组的温度最高，其次是铁芯的温度，绝缘油的温度低于绕组和铁芯的温度，而且上层油温还高于下层油温。变压器运行中的允许温度是按上层油温来检查的，上层油温的允许值应遵守制造厂的规定。采用 A 级绝缘的变压器，在正常运行中，当最高周围空气温度为+40 ℃时，变压器绕组的极限工作温度为 105 ℃。由于绕组的平均温度比油温高 10 ℃，同时为了防止油质劣化，所以规定变压器上层油温最高不超过 95 ℃，而在正常情况下，为保护绝缘油不致过度氧化，上层油温以不超过 85 ℃为宜。对于采用强迫油循环水冷和风冷的变压器，上层油温最高不越过 80 ℃，当正常运行时，上层油温不宜经常超过 75 ℃。当变压器绝缘的工作温度超过允许值后，每升高 6 ℃，其使用期限便减少一半，这就是过去沿用的 6 ℃规则。例如，绝缘的温度经常保持在 95 ℃时，其使用期限为 20 年；温度为 105 ℃时，其使用期限约为 6 年；温度为 120 ℃时，其使用期限约为 2 年。可见变压器的使用年限主要决定于绕组的运行温度，绕组温度越高绝缘损坏得越快，因此，对变压器绕组的允许温度做出上述规定，以保证变压器具有经济上合理的使用期限。

2. 允许温升

变压器温度与周围介质温度的差值称为变压器的温升。由于变压器内部热量的传播不均匀，故变压器各部位的温度差别很大，这对变压器的绝缘强度有很大影响。其次，当变压器温度升高时，绕组的电阻就会增大，还会使铜损耗增加。因此，需要对变压器在额定负荷时各部分的温升做出规定，这就是变压器允许温升。对 A 级绝缘的变压器，当最高周围空气温度为 40 ℃时，根据国家标准规定，绕组的温升为 65 ℃。当周围空气温度超过允许值后，就不允许变压器带满负荷运行，因为这时散热困难，会使变压器绕组过热；当周围空气温度低于允许值时，虽然变压器外壳的散热能力大大增加，在同样的负荷下，变压器外壳的温度很低，但仍不允许变压器过负荷运行，这是因为变压器内部的散热能力不与周围空气温度的变化成正比，虽然变压器外壳的散热能力大大增加，使外壳温度降低很多时，但是变压器内部本体的散热能力却提高很少，这就是不能相应提高的缘故。

3. 允许负荷电流

负荷电流是从绕组温升不超过 65 ℃考虑的，所以过负荷运行会使绝缘老化，缩短变压器的使用期限。但是，变压器负荷能力与周围空气温度的变化及是否经常满负荷运行有关，故在不影响变压器寿命的情况下，可以考虑短时的过负荷，对室外变压器而言，过负荷值不应超过额定容量的30%；对室内变压器而言，过负荷值不应超过额定容量的 20%，在正常情况下，变压器的负荷应经常保持在额定容量的 25%～90%时较适宜。

4. 允许的不平衡电流和电压变动范围

二相四线式配电变压器，中性线电流不得超过低压额定电流的 25%，否则应调整负荷。变压器在运行中，由于昼夜负荷的变化，电流、电压有一定的变动，因而变压器的外加一次电压也有一定变动。若大于其额定电压时，不应越过规定的允许数值，一般不得超过额定电压的±5%。

5. 允许的短路电流

变压器在运行中，由于供电系统发生故障，如过电压造成的绝缘击穿，绝缘的机械损坏，运行人员的误操作等，均会使变压器在事故过程中承受比额定电流大得多的短路电流，在此短路电流作用下，变压器线圈受到巨大电动力的作用而可能产生变形，并造成线圈内部温度突然升高，致使绝缘老化加速。这是对变压器极其有害的，为此规定短路电流的稳定值应不超过额定电流的 25 倍；如超过时，应采取限制措施，如加装限流电抗器等。

子任务二　变压器的检查与维护

子任务目标：

- 了解变压器检查的周期、原则及方法。
- 掌握变压器常见故障的处理方法。
- 掌握变压器的检修方法。

为了保障电力变压器的正常运行，我们要维持对电力变压器的日常检查并对其进行定期检修，及时排除故障，以保障电力用户的用电需求。

一、变压器的检查

1. 检查周期

在有人值班的变电所，所内变压器每天至少检查一次，每周应有一次夜间检查；无人值班的变电所每周至少检查一次；室外柱上变压器应每月巡视检查一次；新设备或经过检修的变压器在投运 72 h 内、在变压器负荷变化剧烈、天气恶劣（如大风、大雾、大雪、冰雹、寒潮等）、变压器运行异常或线路故障后应增加特殊巡视。

2. 变压器的定期外部检查

① 变压器的油温、油位和油色应正常，储油柜的油位应与温度相对应，各部位应无渗、漏油。

变压器上层油温不应高于 85 ℃。变压器油温突然增高，可能是其内部有故障或散热装置有堵塞所致。

油温升高可导致油面过高。若油面过低，有两种可能：一是漏油严重；二是油表管上部排气孔或吸湿器排气孔堵塞而出现的假油面。

油枕内油的颜色应是透明微带黄色和半蓝色，如呈红棕色则有两种可能：一是油面计本身脏污；二是由于变压器油老化变质所致。一般变压器油每年应进行一次滤油处理，以保证变压器油在正常状态下运行。

② 检查变压器的声音是否正常。当变压器正常运行时，有一种均匀的“嗡嗡”电磁声，如果运行中有其他声音，则属于声音异常。

③ 检查套管是否清洁，有无破损裂纹和放电痕迹，套管油位应正常。

④ 各冷却器手感温度应相近，风扇、油泵运转正常，油流继电器工作正常。

⑤ 检查引线是否过松、过紧，接头的接触应良好不发热，无烧伤痕迹。检查电缆和母线有无异常情况，各部分电气距离是否符合要求，无发热迹象；检查变压器的接地线，是否接地良好。

⑥ 呼吸器应畅通，吸湿剂干燥，不应饱和、变色。

⑦ 压力释放器或安全气道防爆膜应完好无损。

⑧ 瓦斯继电器的油阀门应打开，应无渗漏油。

⑨ 变压器的所有部件不应有漏油和严重渗油，外壳应保持清洁。

⑩ 室内安装的变压器，应检查门、窗、门闩是否完整，房屋是否漏雨，照明和温度是否适宜，通风是否良好。

3. 新装或检修后变压器投入运行前的检查

① 各散热管、净油器及瓦斯继电器与储油柜间阀门开闭应正常。

② 要注意安全排除内部空气，强油循环风冷变压器在投入运行前应启用全部冷却设备，使油循环运转一段时间，将残留气体排出，如轻瓦斯保护装置连续动作，则不得投入运行。

③ 检查分接头位置正确，并做好记录。

④ 呼吸器应畅通，油封完好，硅胶干燥未变色，数量充足。

⑤ 瓦斯继电器安装方向，净油器进出口方向，潜油泵风扇运转方向正确；变压器外壳接地、铁芯接地、中性点接地情况良好，电容式套管电压抽取端应不接地。

二、变压器的负荷检查

① 应经常监视变压器电源电压的变化范围，应在±5%额定电压以内，以确保二次电压质量。如电源电压长期过高或过低，应通过调整变压器的分接开关，使二次电压趋于正常。

② 对于安装在室外的变压器，无计量装置时，应测量典型负荷曲线。对于有计量装置的变压器，应记录小时负荷，并画出日负荷曲线。

③ 测量三相电流的平衡情况。对采用 Y/yn0 接线方式的三相四线制的变压器，其中线电流不应超过低压线圈额定电流的 25%，超过时应调节每相的负荷，尽量使各相负荷趋于平衡。

三、变压器常见故障及处理

运行人员发现运行中的变压器有不正常现象（如漏油、油位过高或过低、温度异常、声响不正常及冷却系统异常等）时，应立即汇报，设法尽快消除故障。

1. 变压器内部的异常声音

变压器在正常运行时，由于周期性变化的磁通在铁芯中流过，而引起硅钢片间的振动，产生均匀的“嗡嗡”声，这是正常的，如果产生不均匀的其他声音，均是不正常现象。

变压器运行发生异常声音有以下几种可能：

① 过负荷及大负荷起动造成负荷变化大。变压器由于各种外部原因，像过电压(如中性点不接地系统中单相接地、铁磁共振)等均会引起较正常声音大的“嗡嗡”声，但也可能随负载的急剧变化，呈现“咯咯咯”突击的间歇响声，同时电流表、电压表指针也摆动，是容易辨别的。

② 个别零件松动。如铁芯的夹紧螺栓或方铁松动，变压器会产生剧烈振动，发出非常惊人的锤击和刮大风之声。如“叮叮叮”或“呼呼”之声。此时指示仪表和油温均正常。

③ 内部接触不良，放电打火。铁芯接地不良或断线，引起铁芯对其他部件放电，而发生劈裂声。

④ 系统有接地或短路及铁磁谐振。由于铁芯的穿心螺栓或方铁的绝缘损坏，使硅钢片短路而产生大的涡流损耗，引起铁芯长期过热，导致硅钢片片间绝缘损坏，最后形成“铁芯着火”而发出不正常的鸣音。

由于线圈匝间短路，造成短路处严重局部过热，以及分接开关接触不良局部发热，使油局部沸腾，发出“咕噜咕噜”类似水开了的声音。

如变压器遇到以上情况时，保护装置应及时动作，将变压器从电网上切除；否则，应手动切除，防止发生事故。

2. 温度不正常

在正常冷却条件下，变压器的温度不正常，且不断升高。此时，值班人员应检查：

① 变压器的负荷是否超过允许值。若超过允许值，应立即调整。

② 校对温度表，观察其是否准确。

③ 检查变压器的散热装置或变压器的通风情况。若温度升高的原因是散热系统的故障，如蝶阀堵塞或关闭等，不停电即能处理，应立即处理，否则应停电处理。若通风冷却系统的风扇有故障，又不能短时间修好，可暂时降低负荷，调整为风机停止时的相应负荷以下。若经检查结果证明散热装置和变压器室的通风情况良好，温度不正常，油温较平时同样负荷时高出 10 ℃以上，则认为是变压器内部故障，应立即将变压器停电处理。

3. 储油柜内油位的不正常变化

若发现变压器储油柜的油面，比此油温正常油面低时，应加油。加油时，将瓦斯保护装置改接到信号；加油后，待变压器内部空气完全排除后，方可将瓦斯保护装置恢复正常状态。

如发生大量漏油致使油面迅速下降时，禁止将瓦斯保护装置动作于信号，必须采取停止漏油的措施，同时加油至规定油面。

为避免油溢，当油面因温度升高而逐渐升高，在可能高出油面指示计时，应放油，使油面降至适当高度。

4. 储油柜喷油或防爆管喷油

储油柜喷油或防爆管喷油，表示变压器内部已经严重损伤。喷油使油面下降到一定程度时，瓦斯保护装置动作，使变压器两侧断路器跳闸。若瓦斯保护装置未动，油面低于箱盖时，由于引线对油箱绝缘的降低，造成变压器内部有“吱吱”的放电声，此时，应切断变压器的电源，防止事故扩大。

5. 油色明显变化

油色明显变化时，应取油样化验，可以发现油内有碳质和水分，油的酸价增高，闪点降低，绝缘强度降低。这说明油质急剧下降，容易引起线圈对地放电，此时必须停止运行。

6. 套管击穿

套管瓷裙产生严重破损和裂纹，或表面有放电及电弧的闪络时，会引起套管的击穿。由于此时发热很剧烈，套管表面膨胀不均，而使套管爆炸。此时，变压器应停止运行，更换套管。

7. 瓦斯保护装置动作时的处理

瓦斯保护装置动作分两种情况：一是动作于信号，不跳闸；二是瓦斯保护装置既动作于信号，又动作于跳闸。

① 瓦斯保护装置动作于信号而不跳闸。当瓦斯保护装置信号动作而不跳闸时，值班人员应停止声音信号，对变压器进行外部检查，查明原因。其原因主要有三种可能：一是因漏油、加油和冷却系统不严密，以致空气进入变压器内；二是因温度下降和漏油，致使油面缓慢降低；变压器故障，产生少量气体；三是由于保护装置二次回路故障等原因引起的。

当外部检查未发现变压器有异常现象时，应查明瓦斯继电器中气体的性质。

若气体不可燃，而且是无色无臭的，混合气体中主要是惰性气体，氧气含量大于16%，油的闪点不降低，说明是空气进入变压器内，变压器可以继续运行。

若气体是可燃的，则说明变压器内部有故障：如气体为黄色且不易燃，说明是木质绝缘损坏。若气体为灰黑色且易燃，氢气的含量在 30%以下，有焦油味，闪点降低，说明油因过热而分解或油内曾发生过闪络故障。若气体为浅灰色且带强烈臭味，可燃，说明是纸或纸板绝缘损坏。

若上述分析对变压器内潜伏性的故障不能正确判断，则可采用气相色谱分析法做出适当的判断。

② 瓦斯保护装置动作于跳闸的原因可能是：变压器内部发生严重故障；油位下降太快；保护装置二次回路有故障；在某些情况下，如变压器修理后投入运行，油中空气分离出来得太快，也可能使瓦斯保护装置跳闸。

需要注意的是，在未查明变压器跳闸的原因前，不准重新合闸。

8. 变压器的自动跳闸

变压器自动跳闸时，如有备用变压器应将备用变压器投入，然后查明原因。如检查结果不是由内部故障所引起的，而是由于过负荷、外部短路或保护装置二次回路故障所造成的，则变压器可不经外部检查重新投入运行，否则需进行内部检查，测量线圈的绝缘电阻等，以查明变压器的故障原因。原因查明并处理后方可投入运行。

9. 变压器起火

变压器起火时，应首先断开电源，停用冷却器，使用灭火装置灭火。若油箱溢油，在变压器顶盖上着火时，则应打开下部油门放油至适当油位；若是变压器内部故障引起着火，则不能放油，以防变压器发生爆炸。如有备用变压器，应将其投入运行。

10. 分接开关故障

若发现变压器油箱内有“吱吱”的放电声，电流表指针随着响声发生摆动，瓦斯继电器可能发出信号，经化验如果油的闪点降低，此时可初步认为是分接开关故障，其故障原因可能是：

① 分接开关弹簧压力不足，触头滚轮压力不均，使接触面积减少，以及因镀银层的机械强度不均而严重磨损等引起分接开关在运行中烧毁。

② 分接开关接触不良，引出线焊接不良，经不起短路冲击而造成分接开关故障。

③ 分接开关操作有误，使分接头位置切换错误，而使分接开关烧毁。

④ 分接开关绝缘材料性能降低，在大气过电压和操作过电压下绝缘击穿，造成分接开关相间短路。

有载分接开关故障可能有下列原因：

① 过渡电阻在切换过程中被击穿烧毁，在烧断处发生闪络，引起触点间的电弧越拉越长，并发出异常声音。

② 分接开关由于密封不严而进水，造成相间闪络。

③ 由于分接开关滚轮卡住，使分接开关停在过渡位置上，造成相间短路而烧毁。

四、变压器的检修

1. 变压器的检修周期

（1）大修周期

① 一般在投入运行后的 5 年内和以后每间隔 10 年大修一次。

② 箱沿焊接的全密封变压器或制造厂另有规定者，若经过试验与检查并结合运行情况，判定有内部故障或本体严重渗漏油时，才进行大修。

③ 在电力系统中运行的主变压器当承受出口短路后，经综合诊断分析，可考虑提前大修。

④ 运行中的变压器，当发现异常状况或经试验判明有内部故障时，应提前进行大修；运行正常的变压器经综合诊断分析良好，总工程师批准，可适当延长大修周期。

（2）小修周期

① 一般每年一次。

② 安装在 2～3 级污秽地区的变压器，其小修周期应在现场规程中予以规定。

（3）附属装置的检修周期

① 保护装置和测温装置的校验，应根据有关规程的规定进行。

② 变压器油泵（以下简称“油泵”）的解体检修：2 级泵 1～2 年进行一次，4 级泵 2～3 年进行一次。

③ 变压器风扇（以下简称“风扇”）的解体检修，1～2 年进行一次。

④ 净油器中吸附剂的更换，应根据油质化验结果而定；吸湿器中的吸附剂视失效程度随时更换。

⑤ 自动装置及控制回路的检验，一般每年进行一次。

⑥ 水冷却器的检修，1～2 年进行一次。

⑦ 套管的检修随本体进行，套管的更换应根据试验结果确定。

2. 变压器的检修项目

（1）大修项目

① 吊开钟罩检修器身，或吊出器身检修；

② 绕组、引线及磁（电）屏蔽装置的检修；

③ 铁芯、铁芯紧固件（穿心螺杆、夹件、拉带、绑带等）、压钉、压板及接地片的检修；

④ 油箱及附件的检修，包括套管、吸湿器等；

⑤ 冷却器、油泵、水泵、风扇、阀门及管道等附属设备的检修；

⑥ 安全保护装置的检修；

⑦ 油保护装置的检修；

⑧ 测温装置的校验；

⑨ 操作控制箱的检修和试验；

⑩ 无励磁分接开关和有载分接开关的检修；

⑪ 全部密封胶垫的更换和组件试漏；

⑫ 必要时对器身绝缘进行干燥处理；

⑬ 变压器油的处理或换油；

⑭ 清扫油箱并喷涂油漆；

⑮ 大修的试验和试运行。

（2）小修项目

① 处理已发现的缺陷；

② 放出储油柜积污器中的污油；

③ 检修油位计，调整油位；

④ 检修冷却装置：包括油泵、风扇、油流继电器、差压继电器等，必要时吹扫冷却器管束；

⑤ 检修安全保持及装置：包括储油柜、压力释放阀（安全气道）、气体继电器、速动油压继电器等；

⑥ 检修油保护装置；

⑦ 检修测温装置：包括压力式温度计、电阻温度计(绕组温度计)、棒形温度计等；

⑧ 检修调压装置、测量装置及控制箱，并进行调试；

⑨ 检查接地系统；

⑩ 检修全部阀门和塞子，检查全部密封状态，处理渗漏油；

⑪ 清扫油箱和附件，必要时进行补漆；

⑫ 清扫并绝缘和检查导电接头（包括套管将军帽）；

⑬ 按有关规程规定进行测量和试验。

（3）临时检修项目

可视具体情况确定。

（4）对于老、旧变压器的大修，建议可参照下列项目进行改进

① 油箱机械强度的加强；

② 器身内部接地装置改为引外接地；

③ 安全气道改为压力释放阀；

④ 高速油泵改为低速油泵；

⑤ 油位计的改进。

3. 检修前的准备工作

准备检修的油浸式变压器如图 4-24 所示。

（1）查阅档案了解变压器的运行状况

① 运行中所发现的缺陷和异常（事故）情况，出口短路的次数和情况；

② 负载、温度和附属装置的运行情况；

③ 查阅上次大修总结报告和技术档案；

④ 查阅试验记录（包括油的化验和色谱分析），了解绝缘状况；

⑤ 检查渗漏油部位并做出标记；

⑥ 进行大修前的试验，确定附加检修项目。

图 4-24　准备检修的油浸式变压器

（2）编制大修工程技术、组织措施计划

① 人员组织及分工；

② 施工项目及进度表；

③ 特殊项目的施工方案；

④ 确保施工安全、质量的技术措施和现场防火措施；

⑤ 主要施工工具、设备明细表，主要材料明细表；

⑥ 绘制必要的施工图。

（3）施工场地要求

① 变压器的检修工作，如条件许可，应尽量安排在发电厂或变电所的检修间内进行；

② 施工现场无检修间时，亦可在现场进行变压器的检修工作，但需做好防雨、防潮、防尘和消防措施，同时应注意与带电设备保持安全距离，准备充足的施工电源及照明，安排好储油容器、大型机具、拆卸附件的放置地点和消防器材的合理布置等。

4. 变压器的解体检修与组装

（1）解体检修

① 办理工作票、停电，拆除变压器的外部电气连接引线和二次接线，进行检修前的检查和试验。

② 部分排油后拆卸套管、升高座、储油柜、冷却器、气体继电器、净油器、压力释放阀（或安全气道）、联管、温度计等附属装置，并分别进行校验和检修，在储油柜放油时应检查油位计指示是否正确。

③ 排出全部油并进行处理。

④ 拆除无励磁分接开关操作杆；各类有载分接开关的拆卸方法参见《有载分接开关运行维修导则》；拆卸中腰法兰或大盖连接螺栓后吊钟罩（或器身）。

⑤ 检查器身状况，进行各部件的紧固并测试绝缘。

⑥ 更换密封胶垫，检修全部阀门，清洗、检修铁芯、绕组及油箱。

（2）组装

① 装回钟罩（或器身）紧固螺栓后按规定注油。

② 适量排油后安装套管，并装好内部引线，进行二次注油。

③ 安装冷却器等附属装置。

④ 整体密封试验。

⑤ 注油至规定的油位线。

⑥ 大修后进行电气和油的试验。

（3）解体检修和组装时的注意事项

① 拆卸的螺栓等零件应清洗干净，分类妥善保管，如有损坏应检修或更换。

② 拆卸时，首先拆小型仪表和套管，后拆大型组件，组装时顺序相反。

③ 冷却器、压力释放阀（或安全气道）、净油器及储油柜等部件拆下后，应用盖板密封，对带有电流互感器的升高座应注入合格的变压器油（或采取其他防潮密封措施）。

④ 套管、油位计、温度计等易损部件拆下后应妥善保管，防止损坏和受潮；电容式套管应垂直放置。

⑤ 组装后要检查冷却器、净油器和气体继电器阀门，按照规定开启或关闭。

⑥ 对套管升高座、上部管道孔盖、冷却器和净油器等上部的放气孔应进行多次排气，直至排尽为止，并重新密封好，擦净油迹。

⑦ 拆卸无励磁分接开关操作杆时，应记录分接开关的位置，并做好标记；拆卸有载分接开关操作杆时，分接头应置于中间位置（或按制造厂的规定执行）。

⑧ 组装后的变压器各零部件应完整无损。

⑨ 认真做好现场记录工作。

（4）检修中的起重工作及注意事项

① 起重工作应分工明确，专人指挥，并有统一信号。

② 根据变压器钟罩（或器身）的重量选择起重工具，包括起重机、钢丝绳、吊环、U 形挂环、千斤顶、枕木等。

③ 起重前应先拆除影响起重工作的各种连接。

④ 如系吊器身，应先紧固器身有关螺栓。

⑤ 起吊变压器整体或钟罩（或器身）时，钢丝绳应分别挂在专用起吊装置上，遇棱角处应放置衬垫；起吊 100 mm 左右时应停留检查悬挂及捆绑情况，确认可靠后再继续起吊。

⑥ 起吊时钢丝绳的夹角不应大于 60°，否则应采用专用吊具或调整钢丝绳套。

⑦ 起吊或落回钟罩（或器身）时，四角应系缆绳，由专人扶持，使其保持平稳。

⑧ 起吊或降落速度应均匀，掌握好重心，防止倾斜。

⑨ 起吊或落回钟罩（或器身）时，应使高、低压侧引线，分接开关支架与箱壁间保持一定的间隙，防止碰伤器身。

⑩ 当钟罩（或器身）因受条件限制，起吊后不能移动而需在空中停留时，应采取支撑等防止坠落措施。

⑪ 吊装套管时，其斜度应与套管升高座的斜度基本一致，并用缆绳绑扎好，防止倾倒损坏瓷件。

⑫ 采用汽车吊起重时，应检查支撑稳定性，注意起重臂伸张的角度、回转范围与邻近带

电设备的安全距离，并设专人监护。

（5）搬运工作及注意事项

① 了解道路及沿途路基、桥梁、涵洞、地道等的结构及承重载荷情况，必要时予以加固，通过重要的铁路道口，应事先与当地铁路部门取得联系。

② 了解沿途架空电力线路、通信线路和其他障碍物的高度，排除空中障碍，确保安全通过。

③ 变压器在厂(所)内搬运或较长距离搬运时，均应绑扎固定牢固，防止冲击振动、倾斜及碰坏零件；搬运倾斜角在长轴方向上不大于 15°，在短轴方向上不大于 10°；如用专用托板(木排)牵引搬运时，牵引速度不大于 100 m/h；如用变压器主体滚轮搬运时，牵引速度不大于 200 m/h（或按制造厂说明书的规定）。

④ 利用千斤顶升（或降）变压器时，应顶在油箱指定部位，以防变形；千斤顶应垂直放置；在千斤顶的顶部与油箱接触处应垫以木板防止滑倒。

⑤ 在使用千斤顶升（或降）变压器时，应随升（或降）随垫木方和木板，防止千斤顶失灵突然降落倾倒；如在变压器两侧使用千斤顶时，不能两侧同时升（或降），应分别轮流工作，注意变压器两侧高度差不能太大，以防止变压器倾斜；荷重下的千斤顶不得长期负重，并应自始至终有专人照料。

⑥ 变压器利用滚杠搬运时，牵引的着力点应放在变压器的重心以下，变压器底部应放置专用托板。为增加搬运时的稳固性，专用托板的长度应超过变压器的长度，两端应制成楔形，以便于放置滚杠；搬运大型变压器时，专用托板的下部应加设钢带保护，以增强其坚固性。

⑦ 采用专用托板、滚杠搬运、装卸变压器时，通道要填平，枕木要交错放置；为便于滚杠的滚动，枕木的搭接处应沿变压器的前进方向，由一个接头稍高的枕木过渡到稍低的枕木上，变压器拐弯时，要利用滚杠调整角度，防止滚杠弹出伤人。

⑧ 为保持枕木的平整，枕木的底部可适当加垫厚薄不同的木板。

⑨ 采用滑轮组牵引变压器时，工作人员必须站在适当位置，防止钢丝绳松扣或拉断伤人。

⑩ 变压器在搬运和装卸前，应核对高、低压侧方向，避免安装就位时调换方向。

⑪ 充氮搬运的变压器，应装有压力监视表计和补氮瓶，确保变压器在搬运途中始终保持正压，氮气压力应保持 0.01～0.03 MPa，露点应在-35 ℃以下，并派专人监护押运，氮气纯度要求不低于 99.99%。

5. 变压器检修工艺及质量标准

（1）器身检修

变压器的器身检修如图 4-25 所示。

（a）变压器的器身检修一

（b）变压器的器身检修二

（c）变压器的器身检修三

图 4-25 变压器的器身检修

① 施工条件与要求：

a. 吊钟罩（或器身）一般宜在室内进行，以保持器身的清洁；如在露天进行时，应选在无尘土飞扬及其他污染的晴天进行。器身暴露在空气中的时间应不超过如下规定：空气相对湿度≤65%为 16 h；空气相对湿度≤75%为 12 h，器身暴露时间是从变压器放油时起至开始抽真空或注油时为止。如暴露时间需超过上述规定，宜接入干燥空气装置进行施工。

b. 器身温度应不低于周围环境温度，否则应用真空滤油机循环加热油，将变压器加热，使器身温度高于环境温度 5 ℃以上。

c. 检查器身时，应由专人进行，穿着专用的检修工作服和鞋，并戴清洁手套，寒冷天气还应戴口罩，照明应采用低压行灯。

d. 进行器身检查所使用的工具应由专人保管并应编号登记，防止遗留在油箱内或器身上；进入变压器油箱内检修时，需要考虑通风，防止工作人员窒息。

② 绕组检修如表 4-1 所示。

表 4-1　绕 组 检 修

检　修　工　艺	质　量　标　准
检查相间隔板和围屏(宜解开一相)有无破损、变色、变形、放电痕迹，如发现异常应打开其他两相围屏进行检查	（1）围屏清洁无破损，绑扎紧固完整，分接引线出口处封闭良好，围屏无变形、发热和树枝状放电痕迹。 （2）围屏的起头应放在绕组的垫块上，接头处一定要错开搭接，并防止油道堵塞。 （3）检查支撑围屏的长垫块应无爬电痕迹，若长垫块在中部高场强区时，应尽可能割断相间距离最小处的轴向垫块 2～4 个。 （4）相间隔板完整并固定牢固
检查绕组表面是否清洁，匝绝缘有无破损	（1）绕组应清洁，表面无油垢、无变形。 （2）整个绕组无倾斜、无位移，导线轴向无明显弹出现象
检查绕组各部垫块有无位移和松动情况	各部垫块应排列整齐，轴向间距相等，轴向成一垂直线，支撑牢固有适当压紧力，垫块外露出绕组的长度至少应超过绕组导线的厚度
检查绕组绝缘有无破损；油道有无被绝缘、油垢或杂物(如硅胶粉末)堵塞现象，必要时可用软毛刷(或用绸布、泡沫塑料)轻轻擦拭，绕组线匝表面如有破损裸露导线处，应进行包扎处理	（1）油道保持畅通，无油垢及其他杂物积存。 （2）外观整齐清洁，绝缘及导线无破损。 （3）特别注意导线的统包绝缘，不可将油道堵塞，以防局部发热、老化
用手指按压绕组表面检查其绝缘状态	绝缘状态可分为： （1）一级绝缘：绝缘有弹性，用手指按压后无残留变形，属良好状态。 （2）二级绝缘：绝缘仍有弹性，用手指按压时无裂纹、脆化，属合格状态。 （3）三级绝缘：绝缘脆化，呈深褐色，用手指按压时有少量裂纹和变形，属勉强可用状态。 （4）四级绝缘：绝缘已严重脆化，呈黑褐色，用手指按压时即酥脆、变形、脱落，甚至可见裸露导线，属不合格状态

③ 引线及绝缘支架检修如表 4-2 所示。

表 4-2　引线及绝缘支架检修

检　修　工　艺	质　量　标　准
检查引线及引线锥的绝缘包扎有无变形、变脆、破损，引线有无断股，引线与引线接头处焊接情况是否良好，有无过热现象	（1）引线绝缘包扎应完好，无变形、变脆，引线无断股、卡伤情况。 （2）对穿缆引线，为防止引线与套管的导管接触处产生分流烧伤，应将引线用白布带半叠包绕一层，220 kV 引线接头焊接处去毛刺，表面光洁，包金属屏蔽层后再加包绝缘。 （3）早期采用锡焊的引线接头应尽可能改为磷铜或银焊接。 （4）接头表面应平整、清洁、光滑无毛刺，并不得有其他杂质。 （5）引线长短适宜，不应有扭曲现象。 （6）引线绝缘的厚度，应符合相关规程的规定
检查绕组至分接开关的引线，其长度、绝缘包扎的厚度、引线接头的焊接(或连接)、引线对各部位的绝缘距离、引线的固定情况是否符合要求	分接引线对各部绝缘距离应满足相关要求
检查绝缘支架有无松动和损坏、位移，检查引线在绝缘支架内的固定情况	（1）绝缘支架应无破损、裂纹、弯曲变形及烧伤现象。 （2）绝缘支架与铁夹件的固定可用钢螺栓，绝缘件与绝缘支架的固定应用绝缘螺栓；两种固定螺栓均需有防松措施（220 kV 级变压器不得应用环氧螺栓）。 （3）绝缘夹件固定引线处应垫以附加绝缘，以防卡伤引线绝缘。 （4）引线固定用绝缘夹件的间距，应考虑在电动力的作用下，不致发生引线短路
检查引线与各部位之间的绝缘距离	（1）引线与各部位之间的绝缘距离，根据引线包扎绝缘的厚度不同而异，但应不小于相关规程的规定。 （2）对大电流引线（铜排或铝排）与箱壁间距，一般应大于 100 mm，以防漏磁发热，铜（铝）排表面应包扎一层绝缘，以防异物形成短路或接地

④ 铁芯检修如表 4-3 所示。

表 4-3　铁 芯 检 修

检　修　工　艺	质　量　标　准
检查铁芯外表是否平整，有无片间短路或变色、放电烧伤痕迹，绝缘漆膜有无脱落，上铁轭的顶部和下铁轭的底部是否有油垢杂物，可用洁净的白布或泡沫塑料擦拭，若叠片有翘起或不规整之处，可用木锤或铜锤敲打平整	铁芯应平整，绝缘漆膜无脱落，叠片紧密，边侧的硅钢片不应翘起或成波浪状，铁芯各部表面应无油垢和杂质，片间应无短路、搭接现象，接缝间隙符合要求
检查铁芯上下夹件、方铁、绕组压板的紧固程度和绝缘状况，绝缘压板有无爬电烧伤和放电痕迹。为便于监测运行中铁芯的绝缘状况，可在大修时在变压器箱盖上加装一小套管，将铁芯接地线(片)引出接地	（1）铁芯与上下夹件、方铁、压板、底脚板间均应保持良好绝缘。 （2）钢压板与铁芯间要有明显的均匀间隙；绝缘压板应保持完整、无破损和裂纹，并有适当紧固度。 （3）钢压板不得构成闭合回路，同时应有一点接地。 （4）打开上夹件与铁芯间的连接片和钢压板与上夹件的连接片后，测量铁芯与上下夹件间和钢压板与铁芯间的绝缘电阻，与历次试验相比较应无明显变化
检查压钉、绝缘垫圈的接触情况，用专用扳手逐个紧固上下夹件、方铁、压钉等各部位紧固螺栓	螺栓紧固，夹件上的正、反压钉和锁紧螺帽无松动，与绝缘垫圈接触良好，无放电烧伤痕迹，反压钉与上夹件有足够距离
用专用扳手紧固上下铁芯的穿心螺栓，检查与测量绝缘情况	穿心螺栓紧固，其绝缘电阻与历次试验相比较应无明显变化

续表

检修工艺	质量标准
检查铁芯间和铁芯与夹件间的油路	油路应畅通，油道垫块无脱落和堵塞，且应排列整齐
检查铁芯接地片的连接及绝缘状况	铁芯只允许一点接地，接地片用厚度为0.5 mm，宽度不小于30 mm的紫铜片，插入3～4级铁芯间，对大型变压器插入深度不小于80 mm，其外露部分应包扎绝缘，防止短路铁芯
检查无孔结构铁芯的拉板和钢带	应紧固并有足够的机械强度，绝缘良好不构成环路，不与铁芯相接触
检查铁芯电场屏蔽绝缘及接地情况	绝缘良好，接地可靠

⑤ 油箱检修如图4-26及表4-4所示。

图4-26 变压器的油箱

表4-4 油箱检修

检修工艺	质量标准
对油箱上焊点、焊缝中存在的砂眼等渗漏点进行补焊	消除渗漏点
清扫油箱内部，清除积存在箱底的油污杂质	油箱内部洁净，无锈蚀，漆膜完整
清扫强油循环管路,检查固定于下夹件上的导向绝缘管，连接是否牢固，表面有无放电痕迹，打开检查孔，清扫联箱和集油盒内杂质	强油循环管路内部清洁，导向管连接牢固，绝缘管表面光滑，漆膜完整、无破损、无放电痕迹
检查钟罩（或油箱）法兰结合面是否平整，发现沟痕，应补焊磨平	法兰结合面清洁平整
检查器身定位钉	防止定位钉造成铁芯多点接地；定位钉无影响可不退出
检查磁（电）屏蔽装置，有无松动放电现象，固定是否牢固	磁（电）屏蔽装置固定牢固无放电痕迹，可靠接地
检查钟罩（或油箱）的密封胶垫，接头是否良好，接头处是否放在油箱法兰的直线部位	胶垫接头粘合牢固，并放置在油箱法兰直线部位的两螺栓的中间，搭接面平放，搭接面长度不少于胶垫宽度的2～3倍，胶垫压缩量为其厚度的1/3左右（胶棒压缩量为1/2左右）
检查内部油漆情况，对局部脱漆和锈蚀部位应处理，重新补漆	内部漆膜完整，附着牢固

（2）整体组装

① 整体组装前的准备工作和要求：

a. 组装前应彻底清理冷却器（散热器），储油柜，压力释放阀（安全气道），油管，升高座，套管及所有组件、部件。用合格的变压器油冲洗与油直接接触的组件、部件。

b. 所附属的油、水管路必须进行彻底的清理，管内不得有焊渣等杂物，并做好检查记录。

c. 油管路内不许加装金属网，以避免金属网冲入油箱内，一般采用尼龙网。

d. 安装上节油箱前，必须将油箱内部、器身和箱底内的异物、污物清理干净。

e. 有安装标志的零、部件，如气体继电器、分接开关、高压、中压套管升高座及压力释放阀（或安全气道）升高座等与油箱的相对位置和角度需按照安装标志组装。

f. 准备好全套密封胶垫和密封胶。

g. 准备好合格的变压器油。

h. 将注油设备、抽真空设备及管路清扫干净；新使用的油管亦应先冲洗干净，以去除油管内的脱模剂。

② 组装：

a. 装回钟罩（或器身）。

b. 安装组件时，应按制造厂的《安装使用说明书》规定进行。

c. 油箱顶部若有定位件，应按外形尺寸图及技术要求进行定位和密封。

d. 制造时无升高坡度的变压器，在基础上应使储油柜的气体继电器侧具有规定的升高坡度。

e. 变压器引线的根部不得受拉、扭及弯曲。

f. 对于高压引线，所包扎的绝缘锥部分必须进入套管的均压球内，防止扭曲。

g. 在装套管前必须检查无励磁分接开关连杆是否已插入分接开关的拨叉内，调整至所需的分接位置上。

h. 各温度计座内应注以变压器油。

i. 按照变压器外形尺寸图(装配图)组装已拆卸的各组件、部件，其中储油柜、吸湿器和压力释放阀（安全气道）可暂不装，连接法兰用盖板密封好；安装要求和注意事项按各组件部件《安装使用说明书》进行。

（3）排油和注油

① 排油和注油的一般规定：

a. 检查清扫油罐、油桶、管路、滤油机、油泵等，应保持清洁干燥，无灰尘杂质和水分。

b. 排油时，必须将变压器和油罐的放气孔打开，放气孔宜接入干燥空气装置，以防潮气侵入。

c. 储油柜内油不需放出时，可将储油柜下面的阀门关闭。将油箱内的变压器油全部放出。

d. 有载调压变压器的有载分接开关油室内的油应分开抽出。

e. 强油水冷变压器，在注油前应将水冷却器上的差压继电器和净油器管路上的塞子关闭。

f. 可利用本体箱盖阀门或气体继电器联管处阀门安装抽空管，有载分接开关与本体应安连通管，以便与本体等压，同时抽空注油，注油后应予拆除恢复正常。

g. 向变压器油箱内注油时，应经压力式滤油机（220 kV 变压器宜用真空滤油机，如图 4-27 所示）。

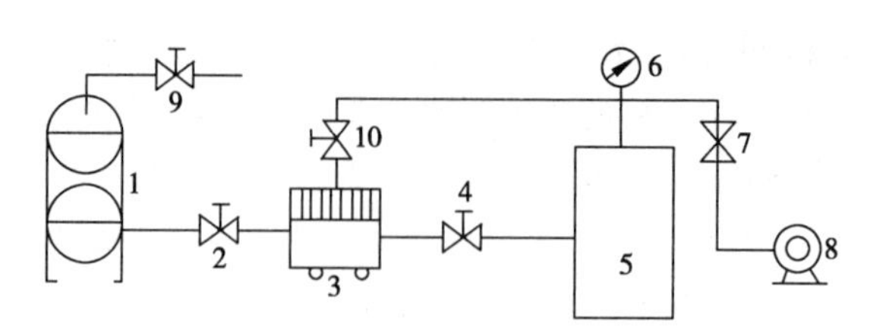

图 4-27　真空注油连接示意图

1—油罐；2，4，9，10—阀门；3—压力滤油机或真空滤油机；5—变压器；6—真空计；7—逆止阀；8—真空泵

② 真空注油。220 kV 变压器必须进行真空注油，其他变压器有条件时也应采用真空注油，真空注油应遵守制造厂规定，或按下述方法进行，其连接示意图见图 4-27。

通过试抽真空检查油箱的强度，一般局部弹性变形不应超过箱壁厚度的 2 倍，并检查真空系统的严密性。操作方法如下：

a. 以均匀的速度抽真空，达到指定真空度并保持 2 h 后，开始向变压器油箱内注油(一般抽空时间=1/3 ~ 1/2 暴露空气时间)，注油温度宜略高于器身温度。

b. 以 3 ~ 5 t/h 的速度将油注入变压器距箱顶约 200 mm 时停止，并继续抽真空保持 4 h 以上。

c. 变压器补油：变压器经真空注油后补油时，需经储油柜注油管注入，严禁从下部油门注入。注油时应使油流缓慢注入变压器至规定的油面为止，再静止 12 h。

③ 胶囊式储油柜的补油：

a. 进行胶囊排气：打开储油柜上部排气孔，由注油管将油注满储油柜，直至排气孔出油，再关闭注油管和排气孔。

b. 从变压器下部油门排油，此时空气经吸湿器自然进入储油柜胶囊内部，至油位计指示正常油位为止。

④ 隔膜式储油柜的补油：

a. 注油前应首先将磁力油位计调整至零位，然后打开隔膜上的放气塞，将隔膜内的气体排除，再关闭放气塞。

b. 由注油管向隔膜内注油达到比指定油位稍高，再次打开放气塞充分排除隔膜内的气体，直到向外溢油为止，经反复调整达到指定油位。

c. 发现储油柜下部集气盒油标指示有空气时，应用排气阀进行排气。

d. 正常油位低时的补油，利用集气盒下部的注油管接至滤油机，向储油柜内注油，注油过程中发现集气盒中有空气时应停止注油，打开排气管的阀门向外排气，如此反复进行，直至储油柜油位达到要求为止。

⑤ 油位计带有小胶囊时储油柜的注油：

a. 变压器大修后储油柜未加油前，先对油位计加油，此时需将油表呼吸塞及小胶囊室的塞子打开，用漏斗从油表呼吸塞座处徐徐加油，同时用手按动小胶囊，以便将囊中空气全部排出。

b. 打开油表放油螺栓，放出油表内多余油量（看到油表内油位即可），然后关上小胶囊室的塞子。注意油表呼吸塞不必拧得太紧，以保证油表内空气自由呼吸。

（4）整体密封试验

变压器安装完毕后，应进行整体密封性能的检查，具体规定如下：

① 静油柱压力法：220 kV 变压器油柱高度 3 m，加压时间为 24 h；35 ~ 110 kV 变压器油

柱高度为 2 m，加压时间为 24 h；油柱高度从拱顶（或箱盖）算起。

② 充油加压法：加油压为 0.035 MPa，时间为 12 h，应无渗漏和损伤。

（5）变压器油处理

① 一般要求：

a. 大修后注入变压器内的变压器油，其质量应符合 GB/T 7665—2005 规定。

b. 注油后，应从变压器底部放油阀（塞）采取油样进行化验与色谱分析。

c. 根据地区最低温度，可以选用不同牌号的变压器油。

d. 注入套管内的变压器油亦应符合 GB/T 7665—2005 规定。

e. 补充不同牌号的变压器油时，应先做混油试验，合格后方可使用。

② 压力滤油：

a. 采用压力式滤油机过滤油中的水分和杂质；为提高滤油速度和质量，可将油加温至 50 ~ 60 ℃。

b. 滤油机使用前应先检查电源情况，滤油机及滤网是否清洁，极板内是否装有经干燥的滤油纸，转动方向是否正确，外壳有无接地，压力表指示是否正确。

c. 起动滤油机应先开出油阀门，后开进油阀门，停止时操作顺序相反；当装有加热器时，应先起动滤油机，当油流通过后，再投入加热器，停止时操作顺序相反。

滤油机压力一般为 0.25 ~ 0.4 MPa，最大不超过 0.5 MPa。

③ 真空滤油：

a. 简易真空滤油系统：简易真空滤油管路连接示意图如图 4-28 所示，储油罐中的油被抽出，经加热器加温，由滤油机除去杂质，喷成油雾进入真空罐。

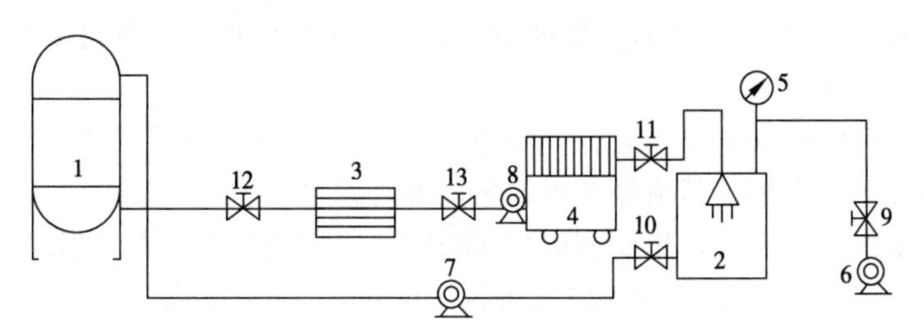

图 4-28　简易真空滤油管路连接示意图

1—储油罐；2—真空罐；3—加热器；4—压力滤油机；

5—真空计；6—真空泵；7、8—油泵；9 ~ 13—阀门

油中水分蒸发后被真空泵抽出排除，真空罐下部的油可抽入储油罐再进行处理，直至合格为止。

选择加热器的容量 P，可按式（4-15）计算：

$$P=1.16QC_p(t_2-t_1)\times10^{-3} \tag{4-15}$$

式中　Q——变压器油的流量，kg/h；

C_p——变压器油的比热，平均值为 1.67 ~ 2.01 J/(kg · ℃)；

t_2——加热器出口油温，℃；

t_1——加热器进口油温，℃。

也可利用储油罐的箱壁缠绕涡流线圈进行加热，但处理过程中箱壁温度一般不超过 95 ℃，

油温不超过 80 ℃。

油泵可选用流量为 100～150 L/min，压力为 0.5 MPa 的齿轮油泵，亦可用压力式滤油机替代。

真空罐的真空度可根据罐的情况决定，一般残压为 0.021 MPa 为宜。

b. 采用真空滤油机进行油处理，其系统连接及操作注意事项参照使用说明书。

（6）变压器的干燥

① 变压器是否需要干燥的判断。运行中的变压器大修时一般不需要干燥，只有经试验证明受潮，或检修中超过允许暴露时间导致器身绝缘下降时，才考虑进行干燥，其判断标准如下：

a. tan δ 在同一温度下比上次测得数值增高 30%以上，且超过部分预防性试验规程规定时。

b. 绝缘电阻在同一温度下比上次测得数值降低 30%以上，35 kV 及以上的变压器在 10～30 ℃的温度范围内吸收比低于 1.3 和极化指数低于 1.5。

c. 油中含有水分或油箱中及器身上出现明显受潮迹象时。

② 干燥的一般规定：

a. 干燥方法的选择：根据变压器绝缘的受潮情况和现场条件，可采用热油循环、涡流真空热油喷雾、零序、短路、热风等方法进行干燥并抽真空。当在检修间烘房中干燥时，也可采用红外线和蒸汽加热等方法。

b. 干燥中的温度控制：当利用油箱加热不带油干燥时，箱壁温度不宜超过 110 ℃，箱底温度不宜超过 100 ℃，绕组温度不得超过 95 ℃；带油干燥时，上层油温不得超过 85 ℃；热风干燥时，进风温度不得超过 100 ℃，进风口应设有空气过滤预热器，并注意防止火星进入变压器内。

干燥过程中尚应注意加温均匀，升温速度以 10～15 ℃/h 为宜，防止产生局部过热，特别是绕组部分，不应超过其绝缘等级的最高允许温度。

c. 真空的要求：变压器采用真空加热干燥时，应先进行预热，并根据制造厂规定的真空值抽真空；按变压器容量大小以 10～15 ℃/h 的速度升温到指定温度，再以 6.7 kPa/h 的速度递减抽真空。

真空度一般应达到表 4-5 中的规定。

抽真空的管路安装图如图 4-29 所示。

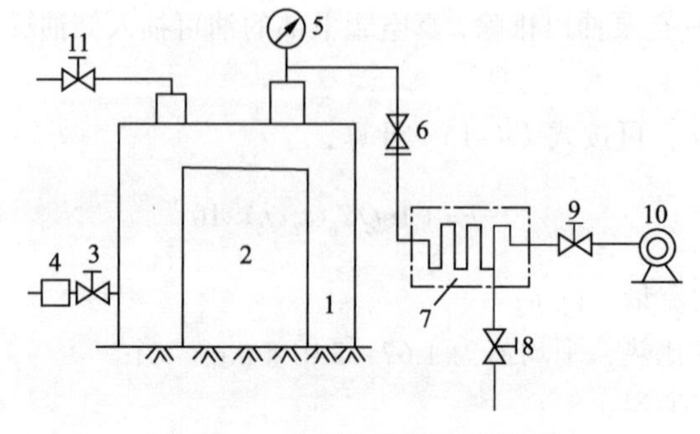

图 4-29　抽真空的管路安装图

1—真空罐（油箱）；2—变压器器身；3、8、9、11—放气阀门；
4—干燥剂（硅胶）；5—真空计；6—逆止阀；7—冷却器；10—真空泵

③ 干燥过程中的检查与记录。干燥过程中应每 2 h 检查与记录如表 4-5 所示的内容。

表 4-5　真空度规定

电压等级/kV	容量/（kV·A）	真空度（残压）/Pa
35	4 000 ~ 31 500	3.5×10^4
66	≥20 000	5.1×10^4
	5 000 ~ 16 000	5.1×10^4
	≤4 000	5.1×10^4
110	≥20 000	3.5×10^4
	≤16 000	5.1×10^4

a. 测量绕组的绝缘电阻；

b. 测量绕组、铁芯和油箱等各部温度；

c. 测量真空度；

d. 定期排放凝结水，用量杯测量记录(1 次/4 h)；

e. 定期进行热扩散，并记录通热风时间；

f. 记录加温电源的电压与电流；

g. 检查电源线路、加热器具、真空管路及其他设备的运行情况。

④ 干燥终结的判断：

a. 在保持温度不变的条件下，绕组绝缘电阻：110 kV 及以下的变压器持续 6 h 不变；220 kV 变压器持续 12 h 以上不变。

b. 在上述时间内无凝结水析出。

达到上述条件即认为干燥终结。干燥完成后，变压器即可以 10 ~ 15 ℃/h 的速度降温（真空仍保持不变）。此时应将预先准备好的合格变压器油加温，且与器身温度基本接近（油温可略低，但温差不超过 5～10 ℃）时，在真空状态下将油注入油箱内，直至器身完全浸没于油中为止，并继续抽真空 4 h 以上。

⑤ 进行变压器干燥时，应事先做好防火等安全措施，并防止加热系统故障或线圈过热烧损变压器。

⑥ 变压器干燥完毕注油后，须吊罩(或器身)检查。

技能实训　工 101 变压器柜停电倒闸操作

一、实训目的

① 会正确填写变压器柜停电倒闸操作票。

② 能正确进行倒闸操作。

③ 在全部操作过程中能严格执行操作五制。

④ 操作过程中能正确使用安全用具。

二、实训所需设备、材料

① 场地：淄博职业学院北校区配电房。

② 设备：工 101 变压器柜。(已停役退出运行)

③ 仪器仪表：10 kV 验电器。

④ 工具：长把地线一组、绝缘手套、绝缘靴、安全帽、工作服、扳手、“禁止合闸、有人工作”标示牌。

三、实训任务与要求

① 接受停电倒闸操作命令。

② 填写倒闸操作票，操作项目顺序如下：

a. 断开工 101 开关。

b. 检查工 101 开关已断开。

c. 拉开工 101 甲刀闸,检查已断开。

d. 拉开工 101 东倒闸,检查已断开。

e. 向调度汇报待命后。

f. 在工 101 甲刀闸靠变压器侧验电。

g. 无电后在工 101 甲刀闸靠变压器侧装 X 地线一组。

③ 在模拟图上进行模拟操作。

④ 正确着装。

⑤ 按操作项目顺序进行操作。

⑥ 将长把接地线接地端与接地极可靠连接。

⑦ 工作结束，整理现场，拆除地线，清理场地，摆放安全用具。

四、实训考核

① 针对完成情况记录成绩。

② 分组完成实训后，制作 PPT 并进行演示。

③ 写出实训报告。

思考与练习

1. 简要说明变压器是如何工作的？

2. 在变压器中，为什么铁芯用硅钢片制成？

3. 一台单相变压器，额定容量 S_N = 500 kV・A,额定电压 U_{1N}/U_{2N}=10 kV/0.4 kV 求额定电流 I_{1N}、I_{2N}。

4. 一台三相变压器，额定容量 S_N = 12 500 kV・A，额定电压 U_{1N}/U_{2N}=220 kV/10.5 kVYN,d 接线方式，求一、二次额定电流。

5. 变压器负载运行时引起二次电压变化的原因是什么？二次电压变化率是如何定义的？它与哪些因素有关？当二次侧带什么性质负载时有可能使电压变化率为零？

6. 变压器的电压调整率的大小与哪些因素有关？变压器带什么性质负载才有可能是电压调整率为 0?

7. 变压器并联运行的理想条件是什么？试分析当某一条件不满足时并联运行所产生的后果。

8. 电压器二次侧带阻感性负载或阻容性负载时，变压器的铁芯损耗、励磁电流及二次侧的电压有何不同？

9. 变压器的检查周期与检修周期有什么不同？

10. 变压器的效率与哪些因素有关系？

供配电系统的保护

在供电系统中需装设不同类型的保护装置，在发生故障时能自动检测出故障，并且迅速、及时地将故障区域从供电系统中切除，以免系统设备继续遭到破坏。当系统处于不正常运行，如过载、欠电压等情况时，能发出报警信号，以便及时处理，保证安全可靠地供电。

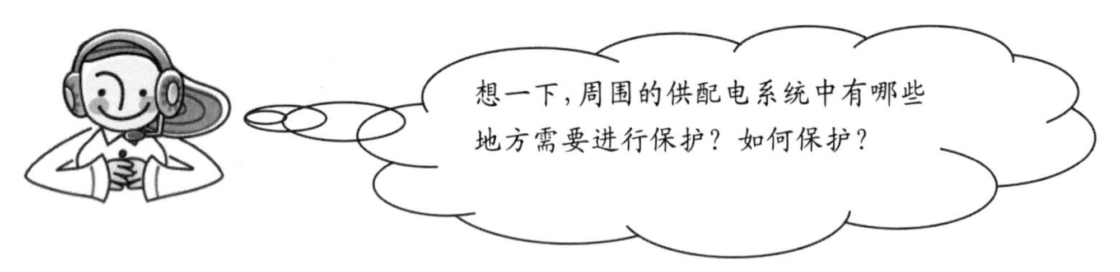

想一下，周围的供配电系统中有哪些地方需要进行保护？如何保护？

项目目标

- 掌握继电保护的工作原理、继电保护装置的要求。
- 知道继电保护装置的任务及要求。
- 了解常用的保护继电器及保护装置的分类及接线方式。
- 掌握电网的电流保护和电网的距离保护。
- 了解电力变压器保护的分类及实现方法。
- 掌握低压配电系统保护的主要方式和实现方法。

任务一　继电保护概述

在供配电系统的正常运行过程中，在没有保护的情况下会发生一些故障，其中最常见的同时也是最危险的故障是各种形式的短路。其中，以单相接地短路最为常见。如果不对其进行保护，会产生严重后果。

发生故障可能引起的后果主要有：

① 故障点通过很大的短路电流和所燃起的电弧，使故障设备烧坏。

② 系统中电气设备在通过短路电流时，所产生的热和电动力会缩短其使用寿命。

③ 因电压降低，破坏用户工作的稳定性或影响产品质量。

④ 破坏系统并列运行的稳定性，产生振荡，甚至使整个系统瓦解。

供配电系统有时还会处于非正常运行状态下，其中最常见的非正常运行状态是过负荷。所谓过负荷就是电气设备的负荷电流超过了额定电流。此外，发电过程中发电机有功功率不足所引起的频率降低，水轮发电机突然甩负荷所引起的过电压，系统发生振荡等都属于非正常运行状态。

供配电系统的非正常运行状态会造成一系列后果，如过负荷会加速电气设备绝缘材料的老化和损坏，甚至引起事故扩大造成严重故障。总之，非正常运行状态往往影响电能的质量、设备的寿命、用户生产产品的质量等。

学习目标：

- 认识继电保护装置的组成。
- 掌握继电保护的工作原理及要求。
- 了解各种类型常用继电保护装置的分类及工作方式。

子任务一　了解继电保护的原理及要求

子任务目标：

- 了解继电保护装置的组成。
- 掌握继电保护装置的作用。

一、继电保护装置的组成

继电保护的种类虽然很多，但是在一般情况下，都是由三个部分组成的，即测量部分、逻辑部分和执行部分，其原理结构图如图 5-1 所示。

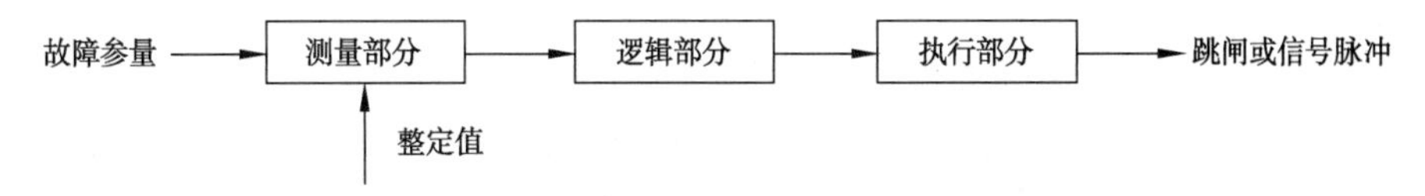

图 5-1　继电保护装置的原理结构图

① 测量部分：测量部分是测量被保护元件工作状态（正常工作、非正常工作或故障状态）的一个或几个物理量，并和已给的整定值进行比较，从而判断保护是否应该起动。

② 逻辑部分：逻辑部分的作用是根据测量部分各输出量的大小、性质、出现的顺序或它们的组合，使保护装置按一定的逻辑程序工作，最后传到执行部分。

③ 执行部分：执行部分的作用是根据逻辑部分送的信号，最后完成保护装置所担负的任务。如发出信号、跳闸或不动作等。

想一想：继电保护装置是由（　　）组成的。

A. 二次回路各元件　　B. 测量元件、逻辑元件、执行元件

C. 各种继电器、仪表回路　　D. 仪表回路

二、继电保护装置的作用

继电保护装置，就是指反映供配电系统中电气元件发生故障或非正常运行状态，并动作于断路器跳闸或发出信号的一种自动装置。

为保证供配电系统的安全运行，避免过负荷和短路引起的过电流对系统的影响，在供配电系统中要装有不同类型的过电流保护装置。常用的过电流保护装置有熔断器保护、低压断路器保护和继电保护。其中，继电保护广泛应用于高压供配电系统中，其保护功能很多，而且是实现供配电自动化的基础。

继电保护的主要任务如下：

① 发生故障时，自动、迅速、有选择地将故障元件（设备）从供配电系统中切除，使非故障部分继续运行。

② 正确反映电气设备的非正常运行状态。为保证选择性，一般要求保护经过一定的延时，并根据运行维护条件（如有无经常值班人员），发出预报信号（减负荷或跳闸），以便操作人员采取措施，恢复电气设备正常工作。

③ 能与供配电系统的自动装置（如自动重合闸装置、备用电源自动投入装置等）配合，提高供配电系统的运行可靠性。

想一想：当电流超过某一预定数值时，反应电流升高而动作的保护装置称为（　　）。

A. 过电压保护　　B. 过电流保护　　C. 电流差动保护　　D. 欠电压保护

子任务二　认识继电保护装置的原理及结构

子任务目标:

- 理解继电保护的基本要求。
- 认识常用保护继电器，了解其原理及分类。

一 继电保护的基本原理及基本要求

1. 继电保护的基本原理

电力系统发生故障时会引起电流的增加、电压的降低以及电流与电压间相位的变化，因此，电力系统中所采用的各种继电保护大多数是利用故障时某物理量与正常运行时该物理量的差别来实现的，当被保护线路或设备故障前后该物理量的差别达到一定值时，保护系统启动逻辑控制环节，发出相应的跳闸动作或信号。例如，反映电流增大的过电流保护、反映电压降低（或升高）的低电压（或过电压）保护等。

（1）利用基本电气参数的区别

①过电流保护。反映电流的增大而动作，其起动电流按照躲开流过本线路的最大负荷电流来整定。如图 5-2 所示，当 d 点短路时，短路电流将通过保护 1，2 这些地方装设的过电流保护都要动作，但按照选择性要求应由保护 2 动作切除故障，然后保护 1 由于电流减小而立即返回原位。

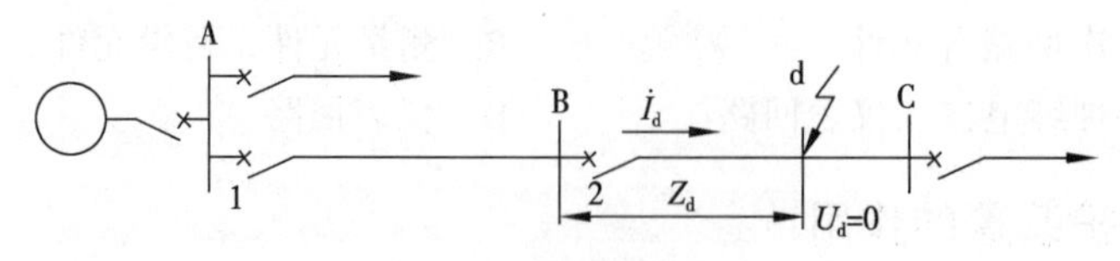

图 5-2　单侧电源线路

② 低电压保护。反映电压的降低而动作，如图 5-2 所示，当 d 点短路时，d 点处电压降低，低压继电器动作跳开 2 处的断路器。

③ 距离保护（或低阻抗保护）。反映短路点到保护安装地之间的距离（或测量阻抗的减小）而动作，如图 5-2 所示，当 d 点短路时，阻抗继电器测量阻抗 Z_d 与整条线路 BC 间阻抗不同，从而动作跳开 2 处的断路器。

（2）利用内部故障和外部故障时被保护元件两侧电流相位(或功率方向)的差别

如图 5-3 所示双侧电源网络。规定电流的正方向是从母线流向线路。正常运行和线路 AB 外部故障时，A、B 两侧电流的大小相等，相位相差 180°；当线路 AB 内部短路时，A、B 两侧电流一般大小不相等，相位相等，从而可以利用两侧电流相位或功率方向的差别构成各种差动原理的保护（内部故障时保护动作），如纵联差动保护，相差高频保护、方向高频保护等。

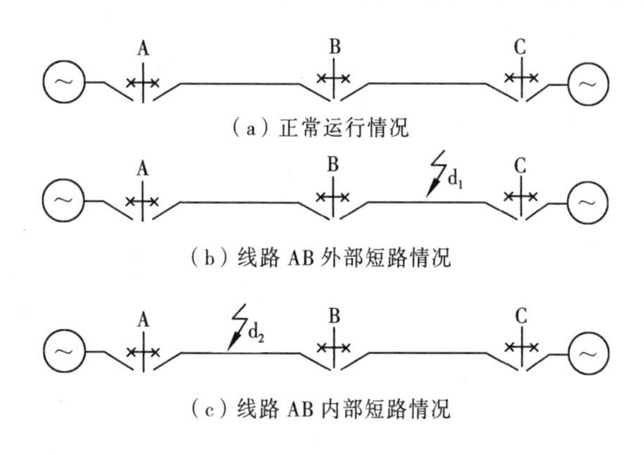

（a）正常运行情况

（b）线路 AB 外部短路情况

（c）线路 AB 内部短路情况

图 5-3　双侧电源网络

（3）对称分量是否出现

电气元件在正常运行（或发生对称短路）时，负序分量和零序分量为零；在发生不对称短路时，一般负序和零序都较大。因此，根据这些分量的是否存在可以构成零序保护和负序保护。此种保护装置都具有良好的选择性和灵敏性。

（4）反应非电气量的保护

反应变压器油箱内部故障时所产生的气体而构成瓦斯保护；反映电动机绕组的温度升高而构成过负荷保护等。

2. 继电保护的基本要求

电网对继电保护的基本要求是选择性、快速性、灵敏性、可靠性，即通常所说的“四性”。这些要求之间，有的相辅相成、有的相互制约，需要对不同的使用条件分别进行协调。

（1）选择性

选择性是指保护装置动作时，仅将故障元件从供配电系统中切除，使停电范围尽量缩小，以保证系统中的无故障部分仍能继续安全运行，继电保护前选择性动作示意图如图 5-4 所示。

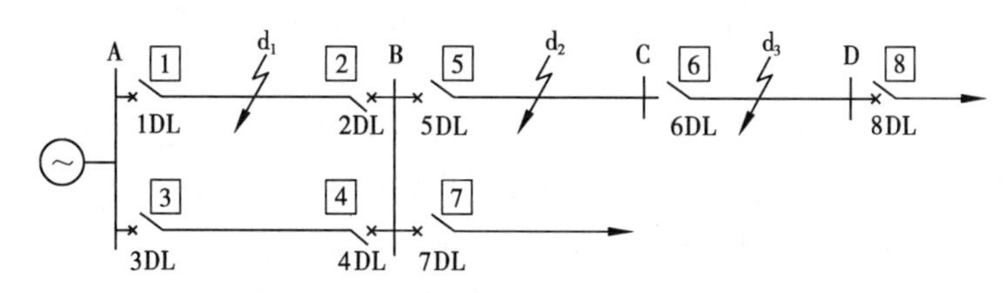

图 5-4　继电保护前选择性动作示意图

① 远后备保护。远后备保护是指在要求继电保护动作有选择性的同时，还必须考虑继电保护或断路器有拒绝动作的可能性。如果拒绝，则由相邻电力设备或线路的保护实现后备以切除故障。

如图 5-5（a）所示，当 2#线路短路时，应该 2#保护装置动作，但由于某种原因，该处的

断路器 2DL 拒绝动作时，此时如果上一级线路的 1#保护装置动作，使断路器 1DL 断开，此时也可切除故障。这种动作虽然停电范围有所扩大，仍认为是有选择性的动作，是非常必要的。1#保护装置除了保护本线路外，还作为相邻 2#线路的后备保护，由于 2#保护装置相对于 1#线路是在远处实现的，因此又称远后备保护。

② 近后备保护。在复杂的高压电网中，当实现远后备保护有困难时，在每一元件上应装设单独的主保护装置和后备保护装置。如在 1#线路上装设两套保护装置，如图 5-5（b）所示。当主保护装置拒绝动作时，由后备保护装置动作；当发生断路器拒绝动作时，由断路器失灵保护来实现后备保护。由于这种后备保护是在主保护同一处实现的，因此称为近后备保护。

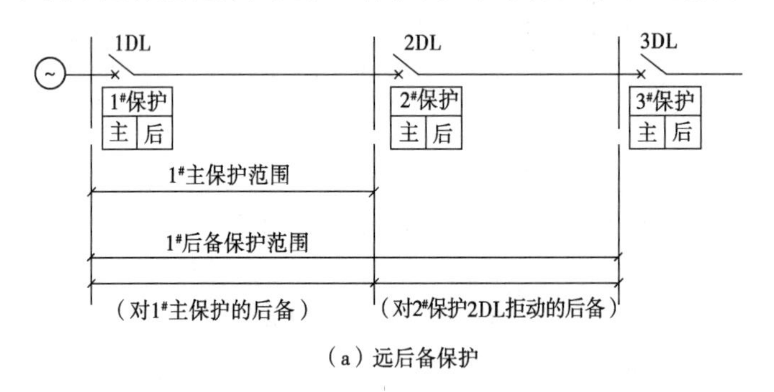

（a）远后备保护

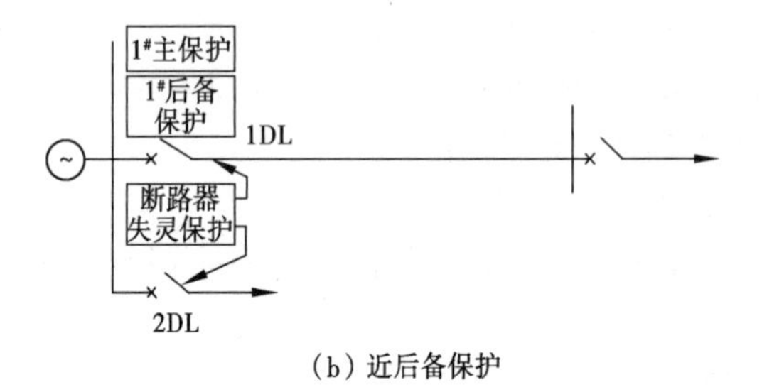

（b）近后备保护

图 5-5　后备保护的构成方式

（2）快速性

短路时快速切除故障，可以缩小故障范围，减轻短路引起的破坏程度，减小对用户工作的影响，提高供配电系统的稳定性。因此，在发生故障时，应力求保护装置能快速动作切除故障。

（3）灵敏性

灵敏性是指继电保护在其保护范围内对发生故障或不正常工作状态时的反应能力。

（4）可靠性

可靠性是指保护装置应该动作时动作，不该动作时不动作。为保证可靠性，宜选用尽可能简单的保护方式，采用可靠的元件和尽可能简单的回路构成性能良好的装置，并应有必要的检测、闭锁和双重化等措施。保护装置应便于整定、调试和运行维护。

对不同作用的保护装置和被保护设备，所要求的灵敏度是不同的，在《电力装置的继电保护和自动装置设计技术规范》（GB/T 50062—2008）中都有规定。

另外，上述介绍的四项基本要求对于一个具体的保护装置不一定都是同等重要的，而应有所侧重。例如，电力变压器是供配电系统中最关键的设备，对其保护装置的灵敏性要求较高；而对一般电力线路的保护装置，就要求其选择性较高。

想一想：继电保护的基本要求有（　　）。

A. 选择性　　B. 快速性　　C. 可靠性　　D. 灵敏性

二、常用保护继电器的认识

继电器是一种在其输入的物理量（电气量或非电气量）达到规定值时，其电气输出电路被接通或分断的自动电器。它一般由感受元件、比较元件和执行元件三个主要部分组成。在工作过程中，首先由感受元件将感受到的物理量（如电流、电压）的变化情况综合后送到比较元件；然后由比较元件将感受元件送来的物理量与预先给定的物理量（整定值）相比较，根据比较的结果向执行元件发出指令；最后由执行元件根据来自比较元件的指令自动完成继电器所担负的任务，例如向断路器发出跳闸脉冲或进行其他操作。

继电器的分类按其应用，有控制继电器和保护继电器两大类，机床控制电路应用的继电器多属于控制继电器；供配电系统中应用的继电器多属于保护继电器。在供配电系统中常用的保护继电器有电磁式继电器、感应式继电器以及晶体管继电器。前两种是机电式继电器，它们工作可靠，而且有成熟的运行经验，所以目前仍普遍使用；晶体管继电器具有动作灵敏、体积小、能耗低、耐振动、无机械惯性、寿命长等一系列优点，但由于晶体管元件的特性受环境温度变化影响大，元件的质量及运行维护的水平都影响到保护装置的可靠性，目前国内较少采用，在现代电力系统中已向集成电路和微机保护方向发展。这里主要介绍机电式继电器。

1. 电磁式继电器

（1）电磁式电流继电器

电磁式电流继电器在继电保护装置中，通常用作起动元件，因此又称起动继电器。电磁式电流继电器依据构成原理，可分为螺管线圈式、吸引衔铁式、转动舌片式三种。其中，最常用的是 DL-10 系列电磁式电流继电器，它属于转动舌片式，其主要由电磁铁、线圈、衔铁、反作用弹簧，动、静触点及止档构成，如图 5-6、图 5-7 所示。

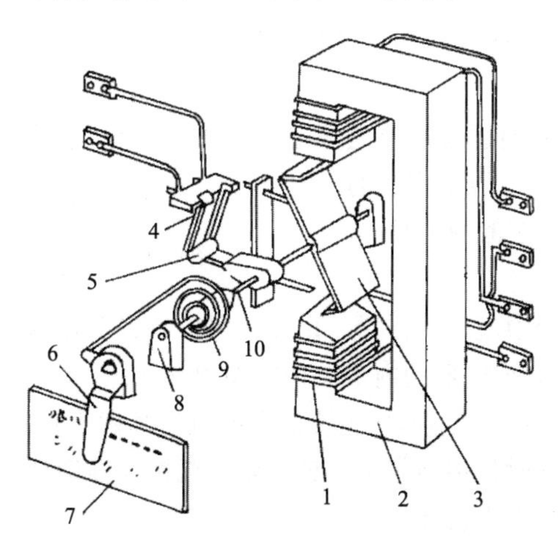

图 5-6　DL-10 系列电磁式电流继电器内部结构图

1—线圈；2—电磁铁；3—钢舌片；4—静触点；5—动触点；

6—起动电流调节转杆；7—标度盘(铭牌)；8—轴承；9—反作用弹簧；10—轴

当电磁式继电器线圈中通入电流时，会产生磁通。磁通经铁芯、衔铁和气隙形成回路，衔铁被磁化，产生电磁力。当产生的电磁力能够克服弹簧反作用力时，衔铁被吸起，触点接通，称为继电器动作。在这一过程中，将能使过电流继电器动作（触点闭合）的最小电流，称为继电器的“动作电流”，用I_{op}表示；使过电流继电器由动作状态返回到起始位置的最大电流，称为继电器的“返回电流”，用I_{re}表示。图 5-8 为 DL-10 系列电磁式电流继电器的内部接线图。

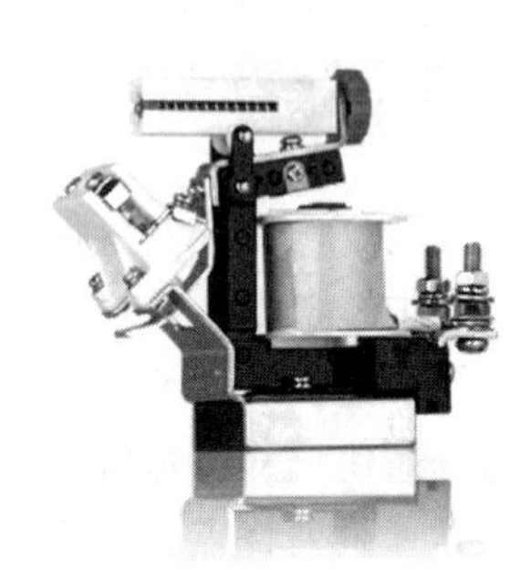

图 5-7　DL-10 系列电磁式电流继电器的实物图

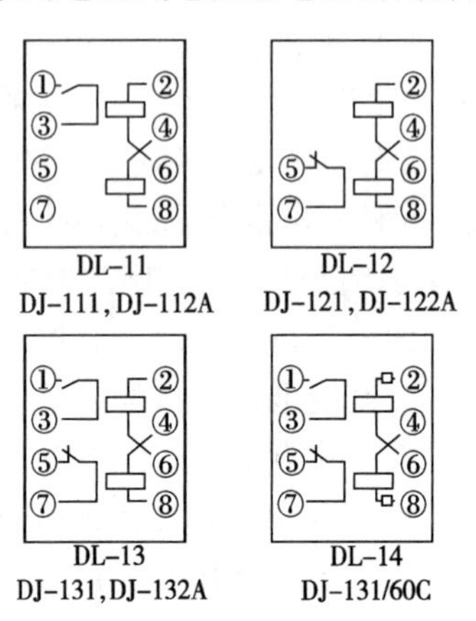

图 5-8　DL-10 系列电磁式电流继电器的内部接线图

继电器“返回电流”与“动作电流”的比值，称为继电器的返回系数，用K_{re}表示，即

$$K_{re} = \frac{I_{re}}{I_{op}} \tag{5-1}$$

对于过量继电器，返回系数总是小于 1（欠量继电器则大于 1），返回系数越接近于 1，说明继电器越灵敏；如果返回系数过低，可能使保护装置误动作。

DL-10 系列电磁式电流继电器的返回系数一般不小于 0.8。

DL-10 系列电磁式电流继电器的电流-时间特性如图 5-9 所示。

只要通入继电器的电流超过某一预先整定的数值时，它就能动作，动作时限是固定的，与外加电流无关，这种特性称为定时限特性。

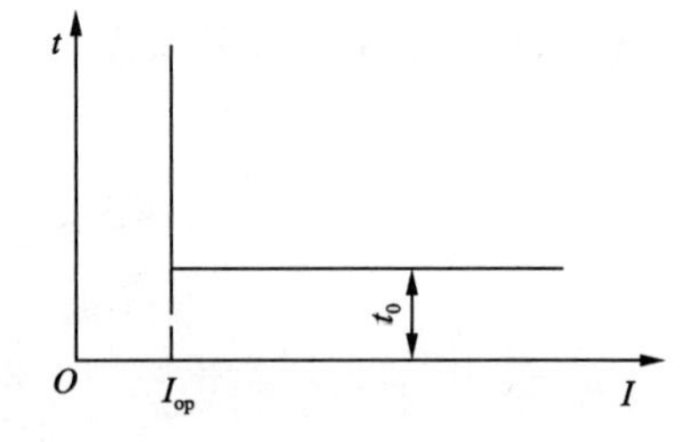

图 5-9　电磁式电流继电器的电流-时间特性

（2）电磁式时间继电器

时间继电器在保护装置中起延时作用，以保证保护装置动作的选择性。

DS-110 系列电磁式时间继电器的内部结构图如图 5-10 所示，实物图如图 5-11 所示。从图可知，DS-110 系列电磁式时间继电器主要由电磁机构和钟表延时机构两部分组成，电磁机构主要起锁住和释放钟表延时机构的作用，钟表延时机构起准确延时作用。DS-110 系列电磁式时间继电器的线圈按短时工作设计。

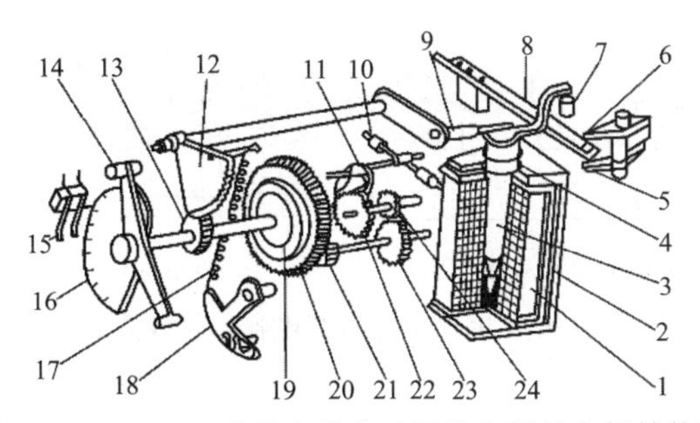

图 5-10 DS-110 系列电磁式时间继电器的内部结构图

1—线圈；2—铁芯；3—可动铁芯；4—返回弹簧；

5、6—瞬时静触点；7—绝缘杆；8—瞬时动触点；9—压杆；10—平衡锤；

11—摆动卡板；12—扇形齿轮；13—传动齿轮；14—主动触点；15—主静触点；16—标度盘；17—拉引弹簧；

18—弹簧拉力调节器；19—摩擦离合器；20—主齿轮；21—小齿轮；22—擎轮；23、24—钟表机构传动齿轮

（3）电磁式信号继电器

在继电保护和自动装置中，信号继电器用于各保护装置回路中，作为保护动作的指示器。电磁式信号继电器一般按电磁原理构成，继电器的电磁起动机构采用吸引衔铁式，由直流电源供电。DX 系列电磁式信号继电器的结构图如图 5-12 所示。在正常情况下，继电器线圈中没有电流流过，信号继电器在正常位置；当继电器线圈中有电流流过时，信号牌落下或凸出，指示信号继电器掉牌。为了便于分析故障的原因，要求信号指示不能随电气量的消失而消失。因此，电磁式信号继电器须设计为手动复归式。

图 5-11 DS-110 系列电磁式时间继电器的实物图

电磁式信号继电器可分为串联信号继电器（电流型信号继电器）和并联信号继电器（电压型信号继电器）两种，其中电流型可串联在二次回路中而不影响其他二次元件的动作，电压型必须并联在二次回路内。其接线方式如图 5-13 所示。实际使用时，一般采用电流型信号继电器。

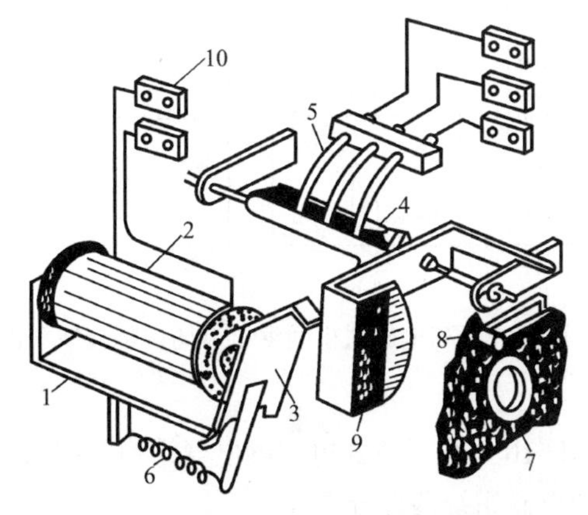

图 5-12 DX 系列电磁式信号继电器的结构图

1—电磁铁；2—线圈；3—衔铁；4—动触点；5—静触点；6—弹簧；7—玻璃孔窗；8—复位旋钮；9—信号牌；10—接线端子

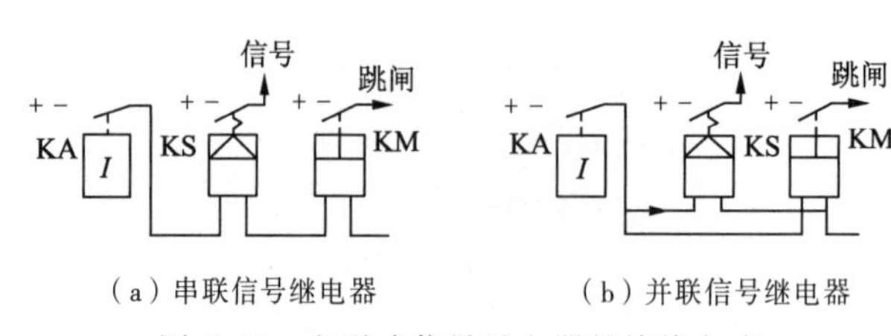

图 5-13　电磁式信号继电器的接线方式

(4) 电磁式中间继电器

中间继电器的作用是为了扩充保护装置出口继电器的接点数量和容量，也可以使触点闭合或断开时带有不大的延时（0.4～0.8 s），或者通过继电器的自保持以适应保护装置的需要。

电磁式中间继电器的工作原理一般按电磁原理构成。图 5-14 为 DZ 系列电磁式中间继电器结构图。

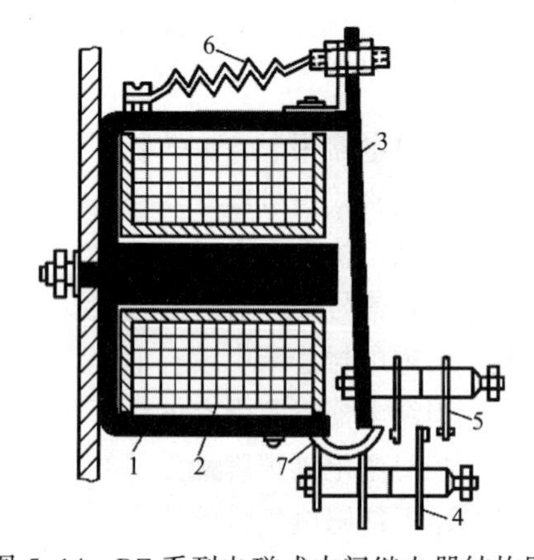

图 5-14　DZ 系列电磁式中间继电器结构图

1—铁芯；2—线圈；3—衔铁；4—静触点；5—动触点；6—弹簧；7—底座

工厂供配电系统中常用的 DZ-10 系列电磁式中间继电器的内部接线和图形符号如图 5-15 所示。

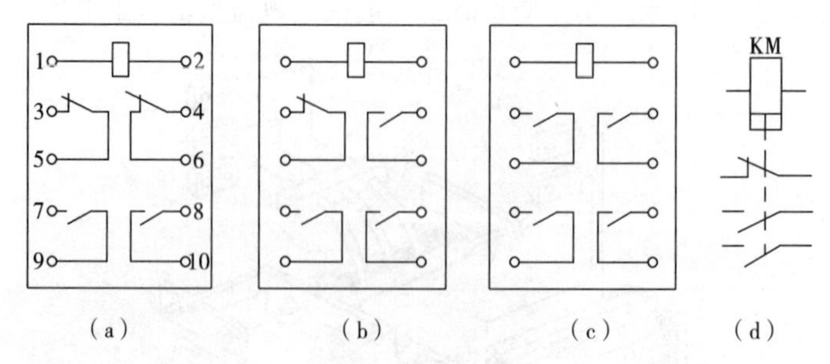

图 5-15　DZ-10 系列电磁式中间继电器的内部接线和图形符号

2. 感应式电流继电器

供配电系统中常用的 GL-10 系列感应式电流继电器结构图如图 5-16 所示，它由带延时动作的感应系统与瞬时动作的电磁系统两部分组成。

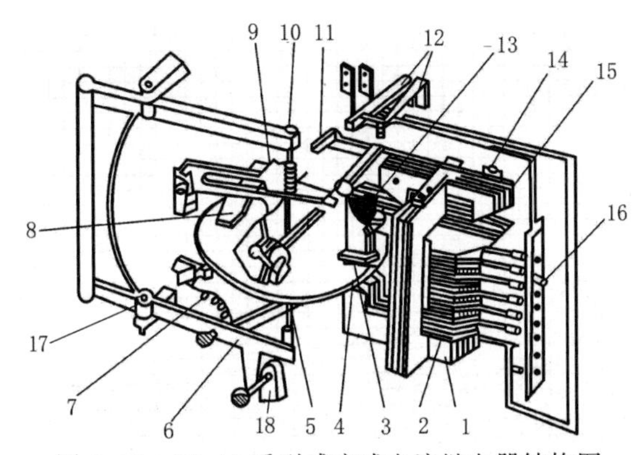

图 5-16　GL-10 系列感应式电流继电器结构图

1—铁芯；2—线圈；3—短路环；4—铝盘；5—钢片；6—铝框架；

7—调节弹簧；8—制动永久磁铁；9—扇形齿轮；10—蜗杆；11—横担；12—触点；

13—时限调节螺钉；14—速断电流调节螺杆；15—衔铁；16—动作电流调节插销；17—转轴；18—挡板

感应系统主要由带有短路环 3 的电磁铁芯和圆形铝盘 4 组成。圆盘的另一侧装有制动永久磁铁 8，圆盘的转轴 17 放在铝框架 6 的轴承内，铝框架可绕轴转动一个小角度，正常未触动时框架被弹簧拉向挡板 18 的位置。

电磁系统由装在电磁铁上侧的衔铁 15 构成，衔铁左端有横担 11，通过它可瞬时闭合触点 12。正常时，衔铁左端重于右端而偏落于左边位置，触点不闭合。

当继电器通入电流时，在铝盘上产生旋转转矩为 $M=K'\Phi_1\Phi_2\sin\theta=KI_K^2\sin\theta$。

显然，通入继电器的电流 I_K 越大，转矩 M 越大，铝盘转速越快。当通入的电流为整定值的 30%～40%时，圆形铝盘就会慢慢转动，但这时不能称为起动。当通入继电器线圈中的电流大于整定值时，铝框架向轴移动，使轴上蜗杆与扇形齿片相咬合，此时圆形铝盘继续转动并带动扇形齿片上升，直到扇形齿片尾部托起横担，使衔铁被电磁铁芯吸下，将触点闭合。从轴上蜗杆与扇形齿片相咬合起到触点闭合这一段时间称为继电器的动作时间。

通入继电器的电流越大，铝盘转速越快，动作时间就越短，这种特性称为反时限特性。当通入的电流大到一定程度，使铁芯饱和，铝盘的转速再也不随电流的增大而加快时，继电器的动作时间便成为定值。将图 5-16 中时限调节螺钉 13 调整在某一位置（即某一固定动作电流），改变通入继电器的电流，测出其相应的动作时间，即可绘出图 5-17 所示曲线（曲线上的时间数字均为 10 倍动作电流整定值时的动作时间）。

感应系统的动作电流是指继电器铝盘轴上蜗杆与扇形齿片相咬合时线圈所需要通入的最小电流。感应系统的返回电流是指扇形齿片脱离蜗杆返回到原来位置时的最大电流。继电器线圈有七个触头，通过插孔板拧入螺钉来改变线圈的匝数，用来调整动作电流的整定值。

当通入继电器线圈的电流增大到整定值的若干倍时，未等感应系统动作，衔铁右端瞬时被吸下，触点立即闭合，即构成电磁系统的速断特性。速断部分的动作电流值通过改变衔铁与电磁铁芯之间气隙来调整，其速断动作电流调整范围是感应系统整定电流值的 2～8 倍。GL-10 系列感应式电磁继电器本身带有信号掉牌，而且触点容量又较大，所以组成反时限过电流保护时，无须再接入其他继电器。

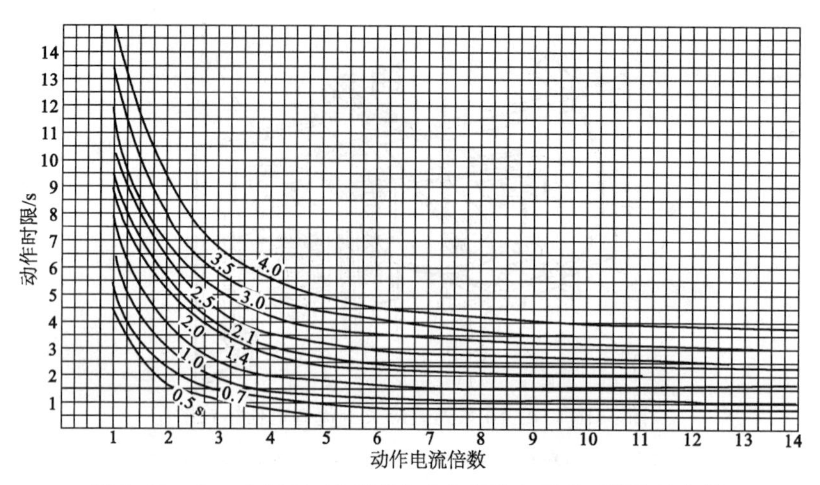

图 5-17　GL-10（20）系列感应式电流继电器的时限特性曲线

想一想：信号继电器动作后（　　）。

A. 继电器本身掉牌　　B. 继电器本身掉牌或灯光指示

C. 应立即接通灯光音响回路　　D. 应是一边掉牌，一边触点闭合，接通其他回路

任务二　电网的保护

在电网中，当输电线路发生短路故障时，电流突然增大，利用电流突然增大来使继电器动作而构成的保护装置，称为电流保护。电流保护在 35 kV 及以下的电网中被广泛采用，对于更高电压的电力网络，如果能满足系统对保护装置的基本要求，也可以考虑电流保护，但是当不满足要求时，要进一步考虑采用其他性能较好的保护措施。

学习目标：

- 掌握电力线路的继电保护方式（过电流保护、电流速断保护）的原理及组成接线。
- 掌握电网的距离保护原理及组成。

子任务一　线路的保护

子任务目标：

- 认识过电流保护接线方式。
- 理解线路过电流保护的工作原理及适用范围。
- 掌握电流速断保护的工作原理及适用范围。

一、线路过电流保护

1. 过电流保护的接线原理

（1）三相完全星形接线

三相完全星形接线方式又称三相三继电器式接线，如图 5-18（a）所示。它是用三台电流互感器与三只继电器对应连接的，这样，不论发生任何类型的短路故障，流过继电器线圈中的电流 U、V、W 总是与电流互感器一次侧 U、V、W 电流成比例。

三相完全星形接线方式对各种短路故障如三相短路、两相短路、单相接地短路都能起到保

护作用，而且具有相同的灵敏度。在各种短路时，电流相量如图 5-18（b）、（c）、（d）所示。当发生三相短路时，各相电流互感器二次侧通过二次变换的短路电流分别通过三只电流继电器的线圈，使之动作；而当两相或单相接地短路时，与短路相对应的两只或一只电流继电器动作。

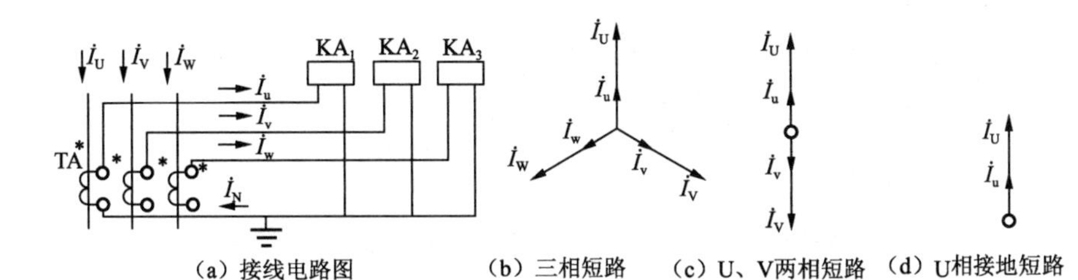

图 5-18　完全星形接线及各种短路时电流相量图

为了表征流入继电器的电流 I_{KA} 与电流互感器二次电流 I_{TA} 之间的关系，在这里引入接线系数 K_W 的概念。所谓接线系数，是指流入继电器的电流 I_{KA} 与电流互感器二次电流 I_{TA} 的比值，即

$$K_W = I_{KA} / I_{TA} \tag{5-2}$$

（2）两相不完全星形接线

两相不完全星形接线方式又称两相两继电器式接线，如图 5-19 所示。它是在 U、W 两相装有电流互感器，分别与两只电流继电器相连接。与三相完全星形接线方式的差别是在 V 相上没有装电流互感器和继电器。

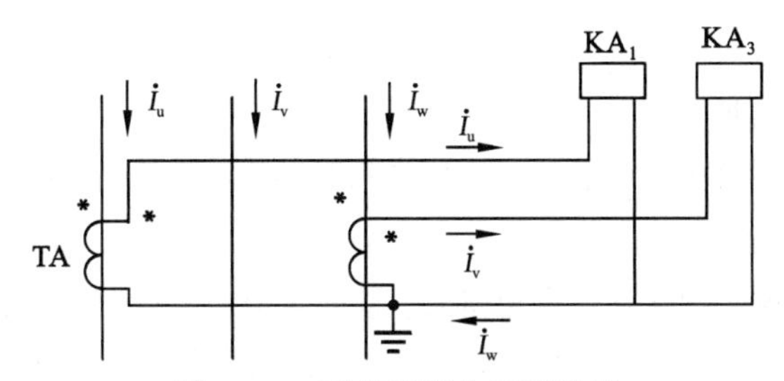

图 5-19　两相不完全星形接线

两相不完全星形接线方式对各种相间短路都能起到保护作用，但 V 相接地短路故障时不反应。因此，该接线方式不能用于单相接地保护装置，适用于 6 ~ 10 kV 中性点不接地的供电系统中作为相间短路保护装置的接线。该接线方式的接线系数在正常工作和相间短路时均为 1。

（3）两相电流差接线

两相电流差接线方式又称两相一继电器式接线，如图 5-20（a）所示。它由两只电流互感器和一只电流继电器组成。正常工作时，流入继电器的电流 $\dot{I}_{KA}$ 为

$$\left|\dot{I}_{KA}\right| = \left|\dot{I}_U - \dot{I}_W\right| = \sqrt{3}\,\dot{I}_U = \sqrt{3}\,\dot{I}_W \tag{5-3}$$

即流入继电器的电流是 U 相和 W 相电流的相量差，其数值是电流互感器二次侧电流的 $\sqrt{3}$ 倍。

两相电流差接线方式能够反映各种相间短路。发生各种类型的相间短路时，短路电流的相量如图 5-20（b）、（c）、（d）所示。由相量图可知，不同的相间短路流入继电器的电流与电流互感器二次侧电流的比值是不相同的，即其接线系数 K_W 是不一样的，因而其灵敏度也是不一样的。

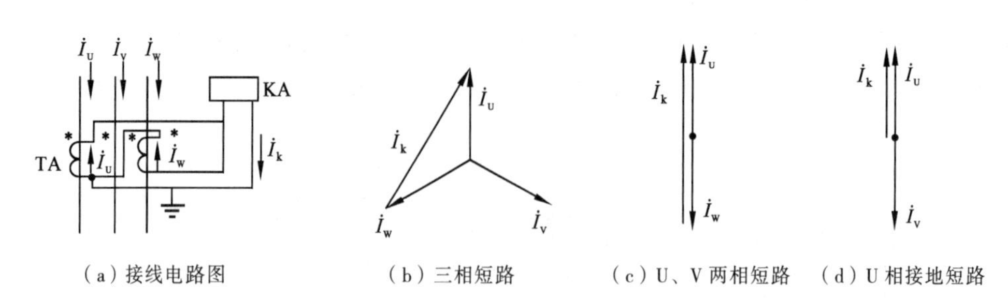

图 5-20　两相电流差接线及各种短路时电流相量图

① 发生三相短路时，流入继电器 KA 的电流 I_{KA} 是 I_{TA} 的 $\sqrt{3}$ 倍，即 $K_{(3)W}=\sqrt{3}$。

② 当 U、W 两相（均装有 TA）短路时，由于两相短路电流大小相等，相位差 180°，所以 I_{KA} 是 I_{TA} 的 2 倍，即 $K_{(U,W)W}=2$。

③ 当 U、V 两相或 V、W 两相（V 相未装 TA）短路时，由于只有 U 相或 W 相，TA 反映短路电流，而且直接流入 KA，因此 $K_{(U,V)W}=K_{(V,W)W}=1$。

从以上电流互感器三种基本接线方式分析可知，采用三相完全星形接线的保护装置可以反映各种短路故障，其缺点是需要三个电流互感器与三个继电器，因而不够经济。两相两继电器不完全星形接线可以准确反映两相的真实电流。该方式应用在 6~10 kV 中性点不接地的小电流接地系统中，保护线路的三相短路和两相短路。两相电流差接线反映两相差电流，该接线方式应用在 6~10 kV 中性点不接地的小电流接地系统中，保护线路的三相短路、两相短路，以及小容量电动机、变压器保护。

想一想：电流互感器有哪几种接线方式？各有何特点？

2. 带时限过电流保护

在供电系统中，当被保护线路发生短路时，继电保护装置动作，并以动作时间来保证选择性，带时限过电流保护就是这样的保护装置。带时限过电流保护，按其动作时间特性分为定时限过电流保护和反时限过电流保护两种。所谓定时限，是指保护装置的动作时间是恒定的，与短路电流大小无关；所谓反时限，是指保护装置的动作时间与短路电流大小（反映到继电器中的电流）成反比关系。

（1）定时限过电流保护的动作原理

图 5-21 中过电流保护装置 1、2、3 分别装设在线路 WL_1、WL_2、WL_3 的电源侧，每套保护装置主要保护本段线路和由该段线路直接供电的变电所母线。假设在线路 WL_3 上的 k-1 点发生相间短路，短路电流将由电源经过线路 WL_1、WL_2、WL_3 流到短路点 k-1。

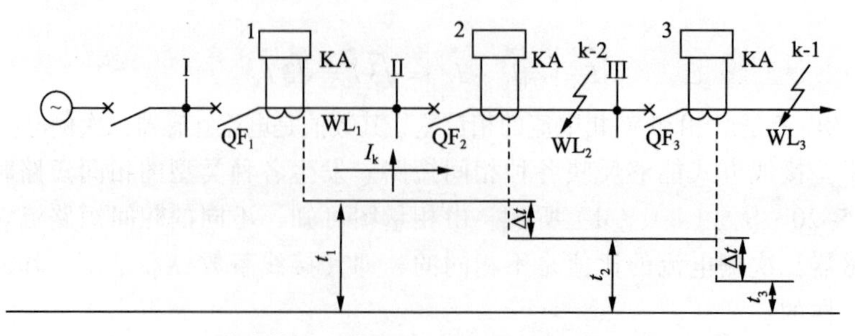

图 5-21　单端供电线路的定时限过电流保护配置示意图

如果短路电流大于过电流保护装置 1、2、3 的动作电流时，则三套保护装置将同时起动。根据选择性的要求，应该是距离故障点 k-1 最近的保护装置 3 动作，使断路器 QF_3 跳闸。为此，需要经过延时来保证选择性，也就是使保护装置 3 的动作时间 t_3 小于保护装置 2 和保护装置 1 的动作时间 t_2 和 t_1，这样，当 k-1 点短路时，保护装置 3 首先以较短的延时 t_3 动作于 QF_3 跳闸。QF_3 跳闸后，短路电流消失，保护装置 2、1 还来不及使 QF_2 和 QF_1 跳闸就返回到正常位置。

同理，当线路 WL_2 上的 k-2 点发生相间短路时，为了保证选择性，保护装置 2 的动作时间 t_2 应小于保护装置 1 的动作时间 t_1。因此，为了保证单端供电线路过电流保护动作的选择性，保护装置的动作时间必须满足以下条件：

$$t_1 > t_2 > t_3 \quad (5\text{-}4)$$

$$t_2 = t_3 + \Delta t \quad (5\text{-}5)$$

$$t_1 = t_2 + \Delta t = t_3 + 2\Delta t \quad (5\text{-}6)$$

这种选择保护装置动作时间的方法称为时间阶梯原则。

（2）定时限过电流保护的组成接线

定时限过电流保护一般是由两个主要元件组成的，即起动元件和延时元件。起动元件即电流继电器，当被保护线路发生短路故障，短路电流增加到电流继电器的动作电流时，电流继电器立即起动。延时元件即时间继电器，用以建立适当的延时，保证保护动作的选择性。

图 5-22 为两相两继电器式定时限过电流保护装置电路图。在正常情况下，电流继电器 KA_1、KA_2 和时间继电器 KT 的触点是断开的。当 QF 出线端发生短路故障时，短路电流经电流互感器、TA_u、TA_w 流入电流继电器 KA_1、KA_2，如果短路电流大于其整定值时便起动，并通过其触点将时间继电器 KT 的线圈回路接通，时间继电器开始动作。经过整定的延时后，其触点闭合，并起动信号继电器 KS 发出信号，出口中间继电器 KM 接通断路器跳闸线圈 YR，使 QF 断路器跳闸，切除短路故障。由上述动作过程可知，保护装置的动作时间是恒定的，因此，称这种保护装置为定时限过电流保护。

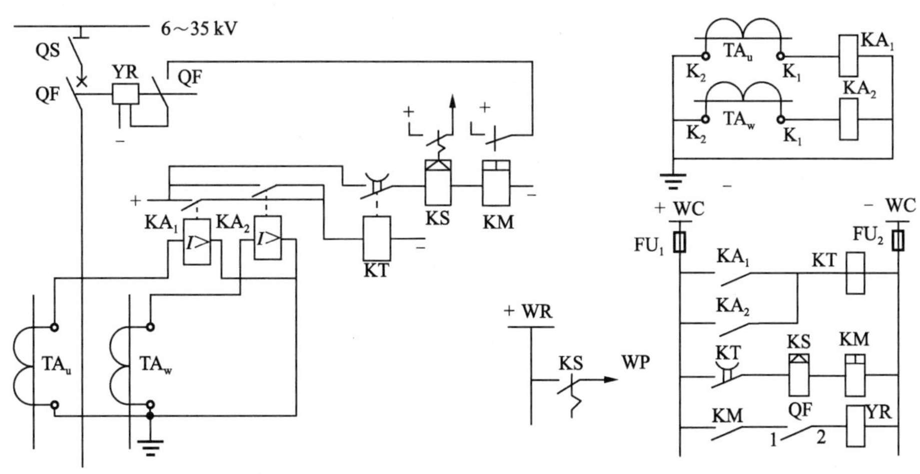

（a）集中表示（总归式）电路图　　（b）分开表示（展开式）电路图

图 5-22　两相两继电器式定时限过电流保护装置电路图

（3）定时限过电流保护的整定原则

以图 5-23 为例来说明定时限过电流保护的整定原则。

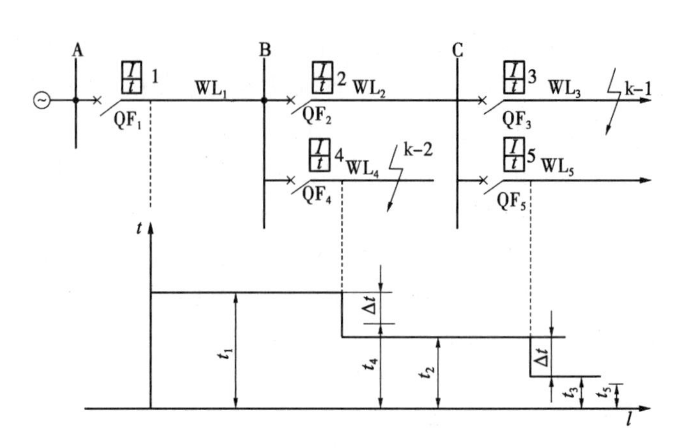

图 5-23　单侧电源放射形网络定时限过电流保护的时限配合

① 动作电流的整定。保护相间短路的定时限过电流保护，动作电流整定必须满足以下两个条件：

a. 线路输送最大负荷电流时保护装置不应起动，动作电流必须躲过（大于）最大负荷电流，以免在最大负荷电流通过时保护装置误动作，即

$$I_{op(1)}>I_{L,max} \tag{5-7}$$

b. 保护装置在外部短路被切除后，应能可靠地返回。如图 5-23 所示，当 k-1 点发生短路时，保护装置 1、2 的电流继电器都动作，根据选择性的要求，保护装置 2 的时限比保护装置 1 的小，所以保护装置 2 首先动作于断路器，使之跳闸。这时，短路电流消失，但线路 WL_1 上仍接有负荷，保护装置 1 仍通过较大的负荷电流。此时要求保护装置 1 已动作的电流继电器可靠返回，因此，保护装置 1 的返回电流应大于自起动时最大负荷电流 I_{max}，即

$$I_{re(1)}>I_{max} \tag{5-8}$$

由于保护装置的返回电流小于动作电流，所以其返回系数 $K_{re}<1$，即

$$K_{re}=I_{re(1)}/I_{op(1)}<1 \tag{5-9}$$

因 $I_{re(1)}>I_{max}$，引入可靠系数 K_{co} 后，返回电流为

$$I_{re(1)}=K_{co}I_{max} \tag{5-10}$$

式中　K_{co}——保护装置的可靠系数，DL 型继电器一般取 1.2；GL 型电流继电器一般取 1.3。

将式（5-10）代入式（5-9），可得保护装置一次侧动作过电流为

$$I_{op(1)}=\frac{K_{co}I_{max}}{K_{re}} \tag{5-11}$$

考虑了接线系数 K_W 和电流互感器的电流比 K_{TA} 以后，过电流保护装置的二次侧动作电流为

$$I_{op}=\frac{K_W K_{co}I_{max}}{K_{re}K_{TA}} \tag{5-12}$$

式中　K_W——接线系数，相电流接线时，取 1，两相电流差接线时，取 $\sqrt{3}$；

K_{re}——返回系数，一般取 0.85。

② 灵敏度校验。按式（5-12）确定的动作电流，在线路出现最大负荷电流时不会发生误动作。但当线路发生各种短路故障时，保护装置都必须准确动作，即要求流过保护装置的最小短路电流必须大于其动作电流。能否满足这项要求，需要进行灵敏度校验。具体校验方法分两

种情况进行:

a. 过电流保护作为本段线路的近后备保护时，灵敏度校验点设在被保护线路末端，其灵敏度应满足

$$S_{\mathrm{P}}=\frac{K_{\mathrm{W}}I_{\mathrm{k,min}}^{(2)}}{K_{\mathrm{TA}}I_{\mathrm{op}}}\geqslant 1.5 \tag{5-13}$$

b. 过电流保护作为相间线路的远后备保护时，灵敏度校验点设在相间线路末端，其灵敏度应满足

$$S_{\mathrm{P}}=\frac{K_{\mathrm{W}}I_{\mathrm{k,min}}^{(2)}}{K_{\mathrm{TA}}I_{\mathrm{op}}}\geqslant 1.2 \tag{5-14}$$

③ 动作时限的整定。在图 5-23 中，设被保护线路 WL_1、WL_2、WL_3、WL_4、WL_5 上分别装有定时限过电流保护。

当 k-1 点发生短路时，短路电流由电源经 WL_1、WL_2、WL_3 流向短路点 k-1；当 k-2 点发生短路时，短路电流由电源经 WL_1、WL_4 流向短路点 k-2。为了保证选择性，继电保护应该作用于距短路点最近的断路器跳闸，为此，其时限的配合应从距电源最远的保护装置开始，即在图 5-23 中应从变电所 C 的保护装置 3、5 开始。

在通常情况下，这些保护装置都有一定的延时 t_3 和 t_5，以保证用电设备发生故障时有选择性地动作。装在变电所 B 的保护装置 2，其延时应比变电所 C 的保护装置 3、5 的延时 t_3 和 t_5 大一个时限级差 Δt，假定 $t_3>t_5$，则 $t_2>t_3+\Delta t$；同理，变电所 A 的保护装置 1，其延时 t_1 也应比变电所 B 各出线的最大延时大一个时限级差 Δt，假定 $t_4>t_2$，则 $t_1>t_4+\Delta t$。

总之，定时限过电流保护的动作时限应该比下一段母线各条线路上的过电流保护中最大的动作时限大一个时限级差 Δt。所以，在一般情况下，对 n 段线路保护的延时可按式（5-15）选择，即

$$t_{n-1}=t_{n,\max}+\Delta t \tag{5-15}$$

Δt 不能取得太小，其值应保证电力网任一段线路短路时上一段线路的保护不应误动作。然而，为了降低整个电力网的时限水平，Δt 应尽量取小，否则靠近电源侧的保护动作时限太长。考虑上述两个因素，一般情况下 DL 型继电器取 $\Delta t=0.5$ s，GL 型继电器取 $\Delta t=0.6\sim0.7$ s。

由图 5-23 可见，放射形电力网定时限过电流保护的动作时限是按照从负荷侧向电源侧逐级增加的整定原则，恰似阶梯一样，故称为时限阶梯原则。

【例 5-1】 在图 5-24 所示的无限大容量供电系统中，6 kV 线路 L-1 上的最大负荷电流为 298 A，电流互感器 TA 的电流比为 400/5。k-1、k-2 点三相短路时归算至 6.3 kV 侧的最小短路电流分别为 930 A、2 600 A。变压器 T-1 上设置的定时限过电流保护装置 1 的动作时限为 0.6 s，拟在线路 L-1 上设置定时限过电流保护装置 2，试进行整定计算。

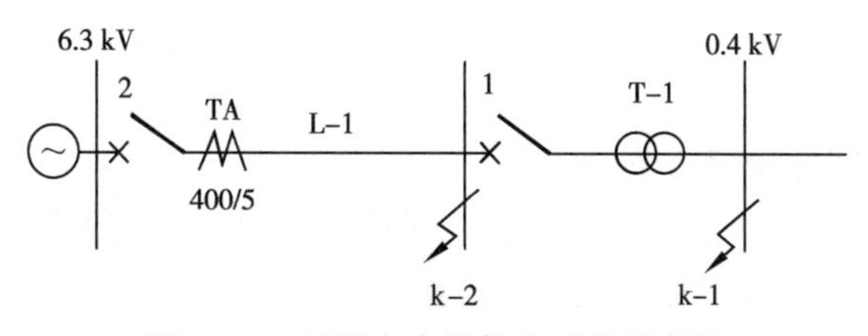

图 5-24　无限大容量供电系统示意图

解：采用两相不完全星形接线的保护装置，其原理接线图如图 5-19 所示。

① 动作电流的整定。取 K_{co}=1.2，K_W=1，K_{re}=0.85，则过电流继电器的动作电流为

$$I_{op}=K_{co}K_W/(K_{re}K_{TA})I_{max}=1.2\times1/\left(0.85\times400/5\right)\times298\text{ A}=5.26\text{ A}$$

选 DL-21/10 型电流继电器两只，并整定为 I_{op}=6 A，则保护装置一次侧动作电流为

$$I_{op(1)}=K_{co}I_{max}/K_{re}=480\text{ A}$$

② 灵敏度校验：

a. 作为线路 L-1 主保护的近后备保护时

$$S_p=\frac{K_W I_{k,min}^{(2)}}{K_{TA}I_{op}}=1.93\geqslant1.5$$

b. 作为线路 L-1 主保护的远后备保护时

$$S_p=\frac{K_W I_{k,min}^{(2)}}{K_{TA}I_{op}}=1.93\geqslant1.2$$

均满足要求。

③ 动作时间整定。由时限阶梯原则，动作时限应比下一级大一个时限阶梯，则

$$t_{L-1}=t_{T-1}+\Delta t=(0.6+0.5)\text{ s}=1.1\text{ s}$$

选 DS-21 型时间继电器，时间整定范围为 0.2 ~ 1.5 s。

3. 反时限过电流保护

（1）反时限过电流保护的接线与工作原理

动作时间与短路电流成反比而改变的过电流保护称为反时限过电流保护。反时限过电流保护装置可以采用两台 GL-10 系列感应式继电器和两台电流互感器组成的不完全星形接线，也可以采用两相电流差接线方式，如图 5-25 所示。

图 5-25（a）为直流操作电源、两相式反时限过电流保护装置原理电路图。正常运行时继电器不动作。当主电路发生短路，流经继电器的电流超过其整定值时，继电器铝盘轴上蜗杆与扇形齿片立即咬合起动，经反时限延时，触点闭合，使断路器跳闸。同时，继电器中的信号牌掉牌，指示保护动作。

图 5-25（b）为交流操作电源、两相电流差式反时限过电流保护装置原理电路图。其中继电器 KA 采用 GL-15 型感应式电流继电器，正常时常开触点断开，交流瞬时脱扣器 OR 无电流通过，不能跳闸。当主回路发生短路时，电流经继电器本身常闭触点流过其线圈，如果电流超过整定值，则经反时限延时，其触点立即闭合，常开触点接通，常闭触点断开，将瞬时电流脱扣器串入电流互感器二次侧，利用短路电流的能量使断路器跳闸。一旦跳闸，短路电流被切除，保护装置返回原来状态。这种交流操作方式对 6 ~ 10 kV 以下的小型变电所或高压电动机是很适用的。

（2）反时限过电流保护的整定计算

反时限过电流保护装置动作电流的整定和灵敏度校验方法与定时限过电流保护完全一样，在此不再重复。以下介绍动作时限的整定方法。

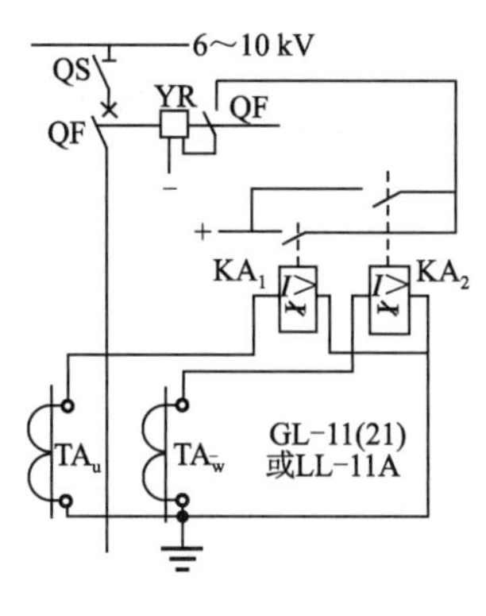

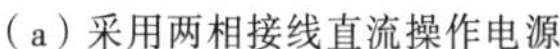

(a) 采用两相接线直流操作电源

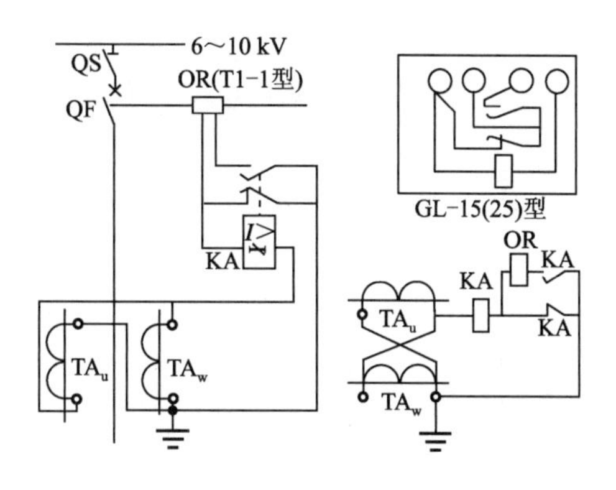

(b) 采用两相电流差式接线交流操作电源

图 5-25 反时限过电流保护装置原理电路图

由于反时限过电流保护的动作时限与流过的电流值有关，因此其动作时限并非定值，现以图 5-26 两段线路装设反时限过电流保护装置为例，说明其动作时限特性与相互配合关系。

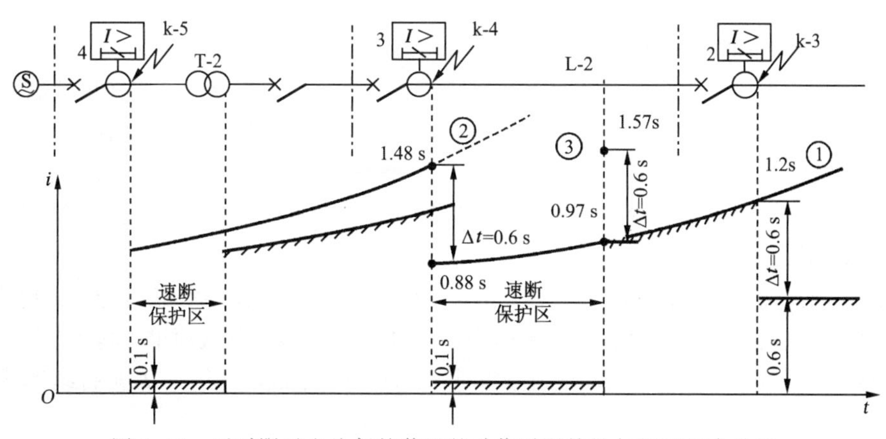

图 5-26 反时限过电流保护装置的动作时限特性与相互配合关系

在图 5-26 中，对于保护装置 3，当被保护线路 L-2 末端 k-3 点短路时，动作时间为 1.2 s，如线路 L-2 中间某一点短路时，其动作时间必然要小于 1.2 s；若 k-4 点短路时，短路电流则更大，动作时间还要小。如果同样多取几点，并将不同点短路时的动作时间在坐标上绘出来，就可得到保护装置 3 的反时限特性曲线，如图 5-26 中的曲线①。同理，对于保护装置 4，也可以得到动作时限特性曲线②。显然，曲线②应高于曲线①。

为了满足选择性要求，且保护装置 4 又要作为保护装置 3 的后备保护，两条时限曲线之间必须有足够大的时限差才能保证线路 L-2 短路时由保护装置 3 先动作，切除故障。从图 5-26 中还可以看出，短路点越靠近线路始端，保护装置的动作时间就越短，可见，这种反时限过电流保护装置可以自动缩短电源侧短路时的动作时间。

【例 5-2】在图 5-26 所示的供电系统中，已知线路 L-2 的最大负荷电流为 298 A，k-3、k-4 点短路电流分别为 $I^{(3)}_{k-3,max}=1627\ A$，$I^{(3)}_{k-3,min}=1450\ A$，$I^{(3)}_{k-4,max}=7500\ A$ $I^{(3)}_{k-4,min}=6900\ A$。拟在线路 L-2 的始端装设反时限过电流保护装置 3，电流互感器的电流比是 400/5，采用两相电流差接线。保护装置 2 在 k-3 点短路时动作时限为 $t_2=0.6$ s。试对保护装置 3 进行整定计算。

解：① 求动作电流。取 $K_{co}=1.2$，$K_W=\sqrt{3}$，$K_{re}=0.8$，则过电流继电器的动作电流为

$$I_{op} = K_{co}K_W / (K_{re}K_{TA})I_{max} = 1.2\times\sqrt{3}/\left(0.8\times400/5\right)\times298\ \mathrm{A} = 9.68\ \mathrm{A}$$

选取 GL-21/10 型感应式继电器一只，I_{op}整定为 10 A，则保护装置 3 的一次侧动作电流为

$$I_{op(1)} = K_{TA}I_{op} / K_W = 462\ \mathrm{A}$$

② 灵敏度校验。作为本段线路的后备保护时

$$S_P = \frac{K_W I_{k-3,min}^{(3)}}{K_{TA}I_{op}} = 3.14 > 1.5$$

所以，后备保护合格。

③动作时限的整定。由时限阶梯原则，k-3 点短路时，保护装置 3 的动作时限 t_3 应比保护装置 2 的动作时限 t_2 大一个时限阶梯 Δt，取 Δt=0.6 s，则当保护装置 3 流过短路电流 $I_{k-3,max}^{(3)}$=1 627 A（相当于动作电流 462 A 的 3.5 倍）时，动作时限应为 $t_3=t_2+\Delta t=(0.6+0.6)\ \mathrm{s}=1.2\ \mathrm{s}$。

取动作电流倍数 n=1 627/462≈3.5，t_3=1.2 s，查图 5-26 所示的时限特性曲线，可得保护装置 3 的 10 倍动作电流时的动作时限为 t_3'=0.7 s。

当求出不同动作电流倍数的动作时限后，就可绘出线路 L-2 的时限特性曲线，如图 5-26 中的曲线①②③。

总结以上两种带时限的过电流保护，可以得到以下结论:

① 定时限过电流保护装置的优点是简单、经济、可靠、便于维护，用在单端电源供电系统中，可以保证选择性，且一般情况下灵敏度较高。其缺点是接线较复杂，且需直流操作电源；靠近电源处的保护装置动作时限较长。

② 定时限过电流保护装置广泛用于 10 kV 及以下供电系统中作为主保护，在 35 kV 及以上系统中作为后备保护。

③ 反时限过电流保护装置的优点是继电器数量大为减少，只需一种 GL 型电流继电器，而且可使用交流操作电源，又可同时实现电流速断保护，因此投资少、接线简单。其缺点是动作时间整定较麻烦，而且误差较大；当短路电流较小时，其动作时限较长，延长了故障持续时间。

二、电流速断保护

在带时限过电流保护中，保护装置的动作电流都是按照线路最大负荷电流的原则整定的，因此，为了保证保护装置动作的选择性，就必须采用逐级增加的阶梯形时限特性。这就造成了短路点越靠近电源，保护装置动作时限越长，短路危害也越严重。为了克服这一缺点，同时又保证动作的选择性，一般采用提高电流整定值以限制保护动作范围的方法，减小保护动作时限，这就构成了电流速断保护。我国规定，当过电流保护的动作时间超过 1 s 时，应装设电流速断保护装置。

电流速断保护分为无时限电流速断保护和限时电流速断保护两种情况。

1. 无时限电流速断保护

（1）无时限电流速断保护的构成

无时限电流速断保护又称瞬时电流速断保护。在小电流接地系统中，保护相间短路的无时限电流速断保护一般都采用不完全星形接线方式。

采用 DL 型电流继电器组成的无时限电流速断保护相当于把定时限过电流保护中的时间继电器去掉。图 5-27 是被保护线路上同时装有定时限过电流保护和电流速断保护的电路图。其

中，KA_3、KA_4、KT、KS_2 与 KM 组成定时限过电流保护，而 KA_1、KA_2、KS_1 与 KM 组成电流速断保护，后者比前者只少了时间继电器 KT。

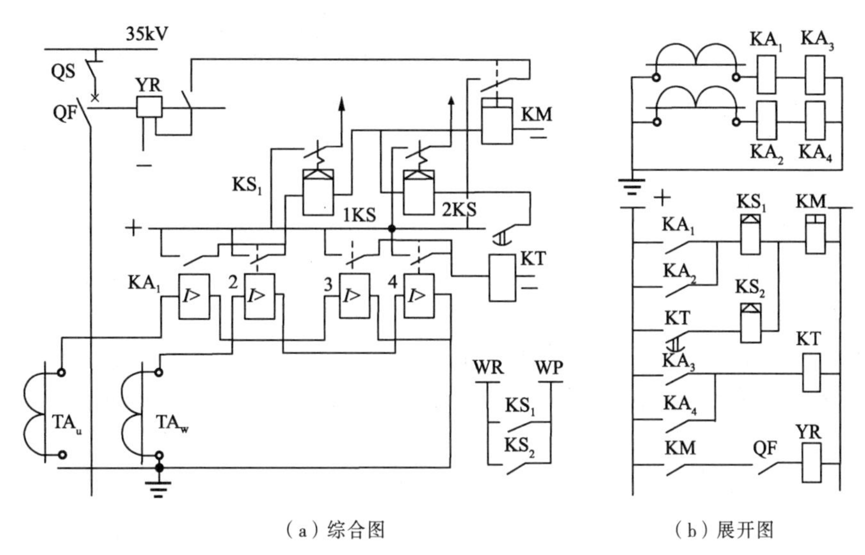

（a）综合图　　（b）展开图

图 5-27　无时限电流速断与定时限过电流保护配合的原理电路图

采用 GL 型电流继电器组成的电流速断保护可直接利用 GL 型电流继电器的电磁系统来实现无时限电流速断保护，而其感应系统又可用作反时限过电流保护。

（2）速断电流的整定

为了保证选择性，无时限电流速断保护的动作范围不能超过被保护线路的末端，速断保护的动作电流（即速断电流）应躲过被保护线路末端最大可能的短路电流。

在图 5-28 所示的线路中，设在线路 WL_1 和 WL_2 装有电流速断保护装置 1、2，当线路 WL_2 的始端 k-1 点短路时，应该由保护装置 2 动作于 QF_2 而跳闸，将故障线路 WL_2 切除，而保护装置 1 不应误动作。

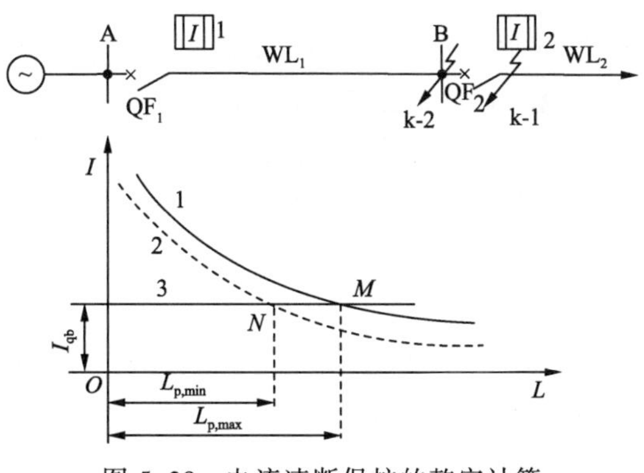

图 5-28　电流速断保护的整定计算

为此必须使保护装置 1 的动作电流躲过（即大于）线路 WL_2 的始端 k-1 点的短路电流 I_{k1}。实际上，I_{k1} 与其前一段线路 WL_1 末端点的短路电流 I_{k2} 几乎是相等的，因为 k-1 点和 k-2 点相距很近，线路阻抗很小，因此无时限电流速断保护装置 1 的动作电流（速断电流）为

$$I_{qb(0)}=\frac{K_{co}K_{W}}{K_{TA}}I_{k,max}^{(3)} \quad (5-16)$$

式中　$I_{k,max}^{(3)}$——线路末端最大短路电流，即三相金属接地电流稳定值。

由于无时限电流速断保护的动作电流躲过了被保护线路末端的最大短路电流，因此在靠近末端的一段线路上发生的不一定是最大的短路电流（例如两相短路电流）时，电流速断保护就不可能动作，也就是电流速断保护实际上不能保护线路的全长。这种保护装置不能保护的区域称为“保护死区”。

图 5-28 中的曲线 1 表示最大运行方式下流过保护装置的三相短路电流与保护安装处至短路点的距离 L 的关系，曲线 2 表示最小运行方式下流过保护装置的两相短路电流与 L 的关系，直线 3 表示保护装置的速断电流 I_{qb}，直线 3 分别与曲线 1 和曲线 2 交于 M 点和 N 点。由图可知，当短路电流值在直线 3 以下时，保护装置就不动作。M 点至保护安装处的距离 $L_{p,max}$ 为最大运行方式下三相短路时的保护范围；N 点至保护安装处的距离 $L_{p,min}$ 为最小运行方式下两相短路的保护范围。

无时限电流速断保护的保护范围是用保护范围长度（L_p）与被保护线路全长（L）的百分比表示的，即

$$L_p\%=\frac{L_p}{L}\times100\% \quad (5-17)$$

（3）灵敏度校验

按照灵敏度的定义，无时限电流速断保护的灵敏度应按其安装处（即线路首端）在系统最小运行方式下的两相短路电流来校验。

无时限电流速断保护作为辅助保护时，要求它的最小保护范围一般不小于线路全长的 15%～20%；作为主保护时，灵敏度应按式（5-18）校验：

$$S_p=\frac{K_W I_{k,min}^{(2)}}{K_{TA}I_{qb(0)}}\geqslant1.5 \quad (5-18)$$

2. 限时电流速断保护

无时限电流速断保护不能保护线路全长，存在保护死区。为弥补此缺陷，须增设一套带时限电流速断保护装置，以切除无时限电流速断保护范围以外（即保护死区）的短路故障，这样既保护了线路全长，又可作为无时限电流速断保护的后备保护。因此，保护范围必然要延伸到下一级线路，当下一级线路发生故障时，它有可能起动。为保证选择性，须带有一定的延时，故称为限时电流速断保护。

（1）限时电流速断保护的构成

限时电流速断保护装置的原理接线图如图 5-29 所示，其与定时限过电流保护的原理基本相同，但是根据情况不同所需继电器的整定值不同。

（2）动作电流和动作时间的整定

限时电流速断保护的整定计算如图 5-29 所示。在图 5-29 中，WL_2 为无时限电流速断保护，WL_1 为限时电流速断保护，动作电流分别为 $I_{qb(0)}$、$I_{qb(t)}$。现分析装设于变电所A处线路 WL_1 的限时电流速断保护，由于要求它保护线路 WL_1 的全长，所以其保护范围必延伸到线路 WL_2，为了满足选择性的要求，且又要尽量缩短动作时间，其动作电流应大于相邻线路的电流速断的

动作电流，这样其保护范围不超出相邻线路的电流速断的保护范围。因此，限时电流速断保护的动作电流和动作时间分别为

$$I_{qb(t)}=\frac{K_{co}K_W}{K_{TA}}I_{qb(0)} \quad (5-19)$$

$$t_1=t_2+\Delta t \quad (5-20)$$

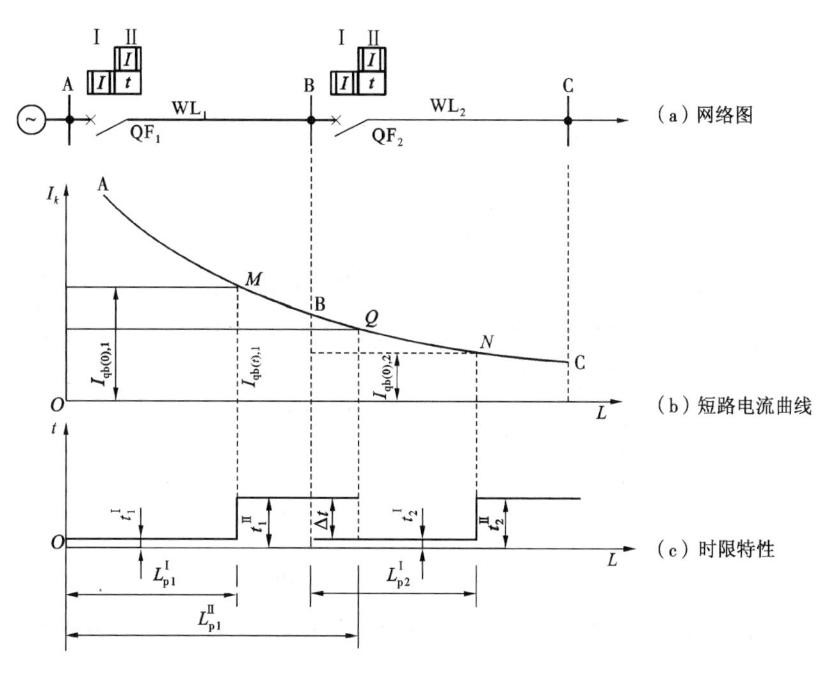

图 5-29　限时电流速断保护的整定计算

（3）灵敏度校验

为了保护线路全长，限时电流速断保护必须在系统最小运行方式下，当线路末端两相短路时，其灵敏度不小于 1.25，即

$$S_P=\frac{K_W I_{k,min}^{(2)}}{K_{TA}I_{qb(t)}}\geqslant 1.25 \quad (5-21)$$

当灵敏度不能满足要求时，可以降低其动作电流，其动作电流应按躲过相邻下一级线路限时电流速断保护的动作电流来整定。为了保证选择性，其动作和时限应比相邻下一级线路的限时电流速断保护的动作时限大一个 Δt。

3. 三段式电流保护

所谓三段式电流保护，就是将无时限电流速断保护、限时电流速断保护和定时限过电流保护相配合，构成一套完整的三段式电流保护。

图 5-30 为三段式电流保护的配合和动作时间示意图。

无时限电流速断保护作为第Ⅰ段保护，它只能保护线路的一部分。限时电流速断保护作为第Ⅱ段保护，它虽然能保护线路全长，但不能作为下一段线路的后备保护。因此，还必须采用定时限过电流保护作为本段线路和下段线路的后备保护，称为第Ⅲ段保护。

三段式电流保护的主要优点是，在供电系统中所有各段上的短路都能较快地切除。其主要

缺点是，在许多情况下，第Ⅰ、Ⅱ段保护的灵敏度不够，保护范围的大小与系统运行方式和短路类型有关，而且只有用于单电源放射形供电系统中才能保证动作的选择性。这种保护在 35 kV 及以下的供电系统中，广泛地用来作为线路的相间短路保护。

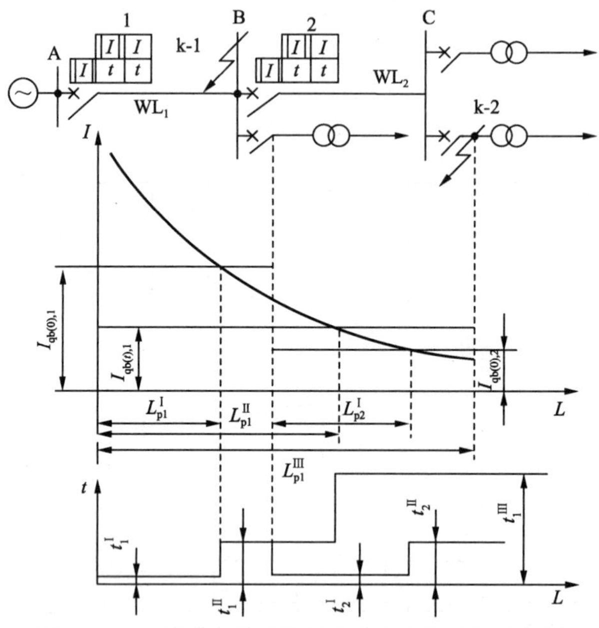

图 5-30　三段式电流保护的配合和动作时间示意图

三段式电流保护的构成如图 5-31 所示。现以例 5-3 来说明三段式电流保护的整定计算方法。

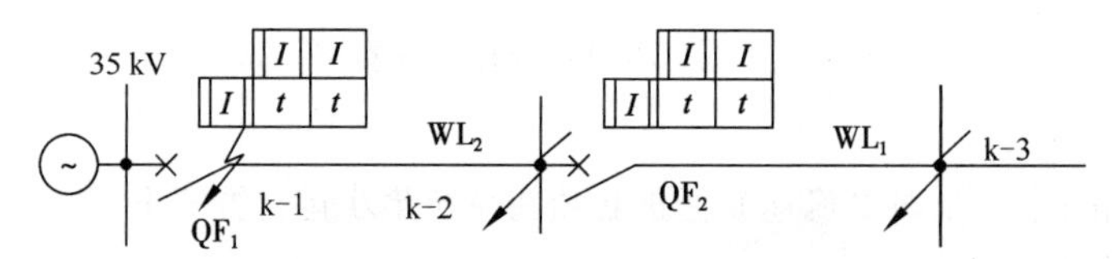

图 5-31　三段式电流保护的构成

【例 5-3】 图 5-31 为无限大容量系统供电的 35 kV 放射式线路，已知线路 WL_2 的负荷电流为 110 A，最大过负荷倍数为 2，线路 WL_2 上的电流互感器电流比为 300/5，线路 WL_1 上定时限过电流保护的动作时限为 2.5 s。在最大和最小运行方式下，k-1、k-2、k-3 各点的三相短路电流如下：

短路点：k-1，k-2，k-3。

最大运行方式下三相短路电流（A）：3 400，1 310，520。

最小运行方式下三相短路电流（A）：2 980，1 150，490。

拟在线路 WL_2 上装设两相不完全星形接线的三段式电流保护，试计算各段保护的动作电流、动作时限，选出主要继电器并进行灵敏度校验。

解：①线路 WL_2 的无时限速断保护：

速断电流为

$$I''_{qb(0)}=\frac{K_{co}K_{W}}{K_{TA}}I_{k,max}^{(3)}=\frac{1.3\times1}{\frac{300}{5}}\times1\,310\ \text{A}=28.4\ \text{A}$$

整定为 28 A，选取动作电流整定范围为 12.5 ~ 50 A 的 DL–21/50 型电流继电器。

由于题中并未给出线路长度，其灵敏度校验为

$$S_{\mathrm{P}}=\frac{K_{\mathrm{W}}I_{\mathrm{k,min}}^{(2)}}{K_{\mathrm{TA}}I_{\mathrm{qb(0)}}}=\frac{\frac{\sqrt{3}}{2}\times 2\,980}{\frac{300}{5}\times 28}=1.54\geqslant 1.25$$

由于 1.54>1.5，所以合格。

② 线路 WL_2 的限时电流速断保护：

首先计算出线路 WL_1 无时限速断保护一次侧的速断电流为

$$I'_{\mathrm{qb(0)}}=K_{\mathrm{co}}I_{\mathrm{k-3,max}}^{(3)}=1.3\times 520\ \mathrm{A}=676\ \mathrm{A}$$

而线路 WL_2 的限时电流速断保护的动作电流为

$$I''_{\mathrm{qb}(t)}=\frac{K_{\mathrm{co}}K_{\mathrm{W}}}{K_{\mathrm{TA}}}I'_{\mathrm{qb(0)}}=12.4\ \mathrm{A}$$

上式 K_{W} 取值为 1。

整定为 12.5 A，选取整定电流范围为 5 ~ 20 A 的 DL–21C/20 型电流继电器。

限时电流速断保护的动作时限应与 WL_1 的无时限电流速断相配合，即 $t_2=t_1+\Delta t$。如果取Ⅰ段的动作时限 $t_1=0.1$ s，$\Delta t=0.5$ s，则Ⅱ段的动作时限 $t_2=0.6$ s。选取时限整定范围为 0.15 ~ 1.5 s 的 BS–11 型时间继电器。

线路 WL_2 限时电流速断保护的灵敏度校验

$$S_{\mathrm{P}}=\frac{K_{\mathrm{W}}I_{\mathrm{k,min}}^{(2)}}{K_{\mathrm{TA}}I_{\mathrm{qb}(t)}}=\frac{\frac{\sqrt{3}}{2}\times 1\,150}{\frac{300}{5}\times 12.5}=1.33\geqslant 1.25$$

由于 1.33>1.25，所以合格。

③ 线路 WL_2 的定时限过电流保护：

定时限过电流保护继电器的动作电流为

$$I_{\mathrm{op}}=\frac{K_{\mathrm{W}}K_{\mathrm{co}}I_{\mathrm{max}}}{K_{\mathrm{re}}K_{\mathrm{TA}}}=\frac{1\times 1.2\times 2\times 110}{0.85\times\frac{300}{5}}\ \mathrm{A}=5.2\ \mathrm{A}$$

整定为 5 A，选取电流整定范围为 2.5 ~ 10 A 的 DL–21C/10 型电流继电器。其动作时限应与线路 WL_1 定时限过电流保护时限相配合，由于线路 WL_1 定时限过电流保护的动作时限 $t'_1=2.5$ s，则线路 WL_2 定时限过电流保护的动作时限为 $t'_2=t'_1+\Delta t=(2.5+0.5)$ s=3 s，查产品技术数据，选取时间整定范围为 1.2 ~ 5 s 的 DS–22 型时间继电器。

线路 WL_2 定时限过电流保护的灵敏度应按系统在最小运行方式下该线路末端 k–2 点两相短路电流进行校验，可得

$$S_{\mathrm{P}}=\frac{K_{\mathrm{W}}I_{\mathrm{k,min}}^{(2)}}{K_{\mathrm{TA}}I_{\mathrm{op}}}=\frac{\frac{\sqrt{3}}{2}\times 1\,150}{\frac{300}{5}\times 5}=3.32\geqslant 1.5$$

由于 3.32>1.5，所以合格。

线路 WL_2 定时限过电流保护作为下段线路 WL1 的后备保护时，灵敏度应按下段线路 WL_1 末端 k−3 点两相短路电流进行校验，可得

$$S_P = \frac{K_W I_{k,min}^{(2)}}{K_{TA} I_{op}} = \frac{\frac{\sqrt{3}}{2}\times 490}{\frac{300}{5}\times 5} = 1.41 \geqslant 1.25$$

由于 1.41>1.25，所以合格。

子任务二　电网的距离保护

子任务目标：

- 理解电网距离保护的工作原理。
- 掌握距离保护的时限特性。
- 了解距离保护的组成。

电流、电压保护的主要优点是简单、可靠、经济，但是，对于容量大、电压高或结构复杂的网络，它们难于满足电网对保护的要求。譬如，对于高压长距离重负荷线路，由于负荷电流大，线路末端短路时，短路电流的数值与负荷电流相差不大，故电流保护就往往不能满足灵敏度的要求；对于电流速断保护，其保护范围受电网运行方式的变化而变化，保护范围不稳定，某些情况下可能无保护区；对于多电源的复杂网络，方向电流保护的动作时限往往不能按选择性的要求整定，且动作时间长，难于满足电力系统对保护快速动作的要求。所以电流、电压保护一般只适用于 35 kV 及以下电压等级的配电网。对于 110 kV 及以上电压等级的复杂网，线路保护采用距离保护。

一、距离保护的工作原理

距离保护装置是反映保护安装处至故障点的距离，并根据距离的远近而确定动作时限的一种保护装置。测量保护安装处至故障点的距离，实际上是测量保护安装处至故障点之间的阻抗大小，故有时又称阻抗保护。与电流保护一样，距离保护也有一个保护范围，短路发生在这一范围内，保护动作，否则不动作，这个保护范围通常只用整定阻抗 Z_{zd} 的大小来实现。正常运行时，保护安装处测量到的阻抗 Z_{cl} 为负荷阻抗 Z_{fh}，即

$$Z_{cl} = \frac{\dot{U}_{cl}}{I_{cl}} = Z_{fh} \tag{5-22}$$

在被保护线路任一点发生故障时，保护安装处的测量电压为母线的残压 $\dot{U}_{残}$，测量电流为故障电流 $\dot{I}_d$，这时的测量阻抗为保护安装地点到短路点的短路阻抗 Z_d，即

$$Z_{cl} = \frac{\dot{U}_{cl}}{\dot{I}_{cl}} = \frac{\dot{U}_{残}}{\dot{I}_d} = Z_d \tag{5-23}$$

在短路以后，母线电压下降，而流经保护安装地点的电流增大，这样短路阻抗 Z_d 比正常时测到的负载阻抗 Z_{fh} 大大降低，所以距离保护反映的信息量 Z_{cl} 在故障前后变化比电流变化量大，因而比反映单一物理量的电流保护灵敏度高。

距离保护的实质是用整定阻抗 Z_{zd} 与被保护线路的测量阻抗 Z_{cl} 比较。当短路点在保护范围

以外时，即$|Z_{cl}|$ > $|Z_{zd}|$时，继电器不动；当短路点在保护范围以内时，即$|Z_{cl}|$ > $|Z_{zd}|$时继电器动作。因此，距离保护又称低阻抗保护。

顺便指出，使距离保护刚能动作的最大测量阻抗称为动作阻抗或起动阻抗。

想一想：距离保护是以距离（　　）元件作为基础构成的保护装置。

A. 测量　　B. 起动　　C. 振荡闭锁　　D. 逻辑

二、时限特性

距离保护的动作时间 t 与保护安装处到故障点之间的距离 l 的关系称为距离保护的时限特性，目前获得广泛应用的是阶梯型时限特性，如图 5-32 所示，这种时限特性与三段式电流保护的时限特性相同，一般也做成三阶梯式，即有与三个动作范围相应的三个动作时限。

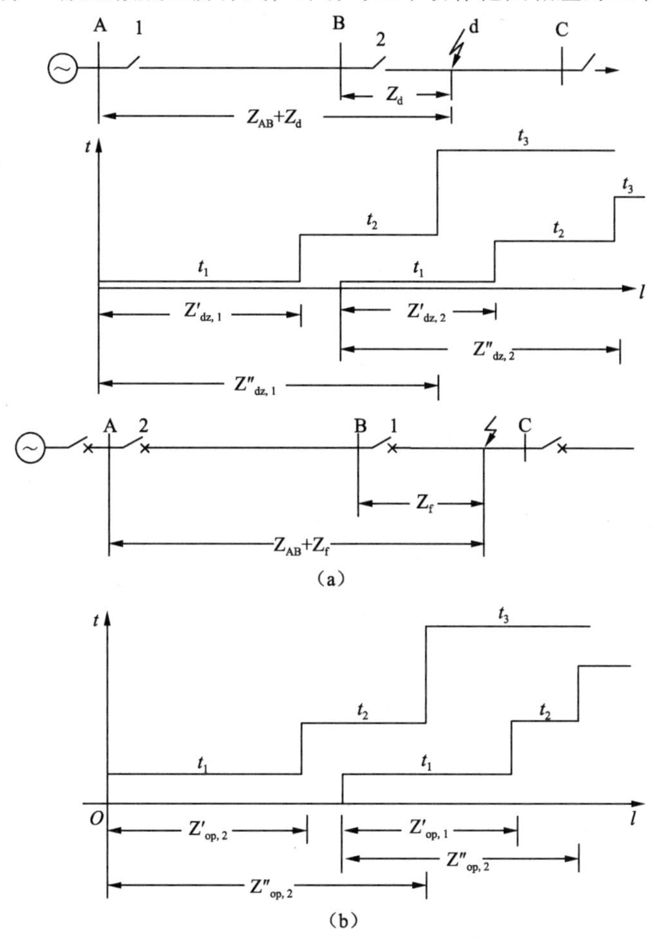

图 5-32　距离保护的阶梯型时限特性

三、距离保护的组成

三段式距离保护装置一般由四种元件组成，包括起动元件、方向元件、距离元件、时间元件，最后由执行部分来完成，其原理框图如图 5-33 所示。

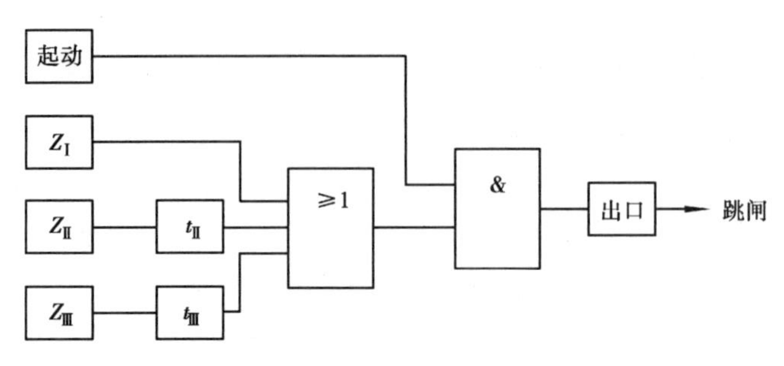

图 5-33　三段式距离保护的原理框图

1. 起动元件

起动元件的主要作用是在发生故障的瞬间起动整套保护。早期的距离保护，起动元件采用的是过电流继电器或者阻抗继电器。近年来，为了提高起动元件的灵敏度，多采用反映负序电流或负序电流与零序电流的复合电流或其增量的元件作为起动元件。

2. 方向元件

方向元件的作用是保证保护动作的方向性，防止反方向故障时，保护误动作。方向元件可采用单独的方向继电器，但更多的是采用方向元件和阻抗元件相结合而构成的方向阻抗继电器。

3. 距离元件

距离元件（Z_{I}、Z_{II}、Z_{III}）的主要作用是测量短路点到保护安装处的距离（即测量阻抗），一般采用阻抗继电器。

4. 时间元件

时间元件（Z_{II}、Z_{III}）的主要作用是按照故障点到保护安装处的远近，根据预定的时限特性确定动作的时限，以保证保护动作的选择性，一般采用时间继电器。

任务三　电力变压器保护

供配电系统中，电力变压器占有很重要的地位，是使用最多的电气设备之一。如果电力变压器发生故障，会对供电可靠性和系统的正常运行带来严重后果。因此，要通过对其进行保护来提高电力变压器工作的可靠性进而保证安全供电。在考虑装设保护装置时，应充分估计变压器可能发生的故障和不正常运行方式，并根据变压器的容量和重要程度装设专用的保护装置，特别要保护大容量变压器，因为它也是非常贵重的元件。

学习目标：

- 了解电力变压器的继电保护类型及适用范围。
- 掌握变压器的瓦斯保护、过电流保护、电流速断保护等继电保护方式的原理及构成。

子任务一　电力变压器的继电保护类型

子任务目标：

- 了解电力变压器的继电保护类型。
- 掌握各种继电保护的保护范围。

变压器故障可分为油箱内部故障和油箱外部故障。油箱内部故障包括相间短路、绕组的匝间短路和单相接地短路。油箱内部故障对变压器来说是非常危险的，高温电弧不仅会烧毁绕组和铁芯，而且还会使变压器油绝缘受热分解，产生大量气体，引起变压器油箱爆炸的严重后果。变压器油箱外部故障包括引线及绝缘套管处会产生各种相间短路和接地（对变压器外壳）短路。

变压器的不正常工作状态主要是由外部短路或过负荷引起的过电流、油面降低和过励磁等。

根据上述可能发生的故障及不正常工作情况，变压器一般应装设下列保护装置：

（1）瓦斯保护

用来防御变压器的内部故障。当变压器内部发生故障，油受热分解产生气体或当变压器油面降低时，瓦斯保护应动作。容量在 800 kV · A 及以上的油浸式变压器和 400 kV · A 及以上的车间内变压器一般都应装设瓦斯保护。其中，轻瓦斯动作于预告信号，重瓦斯动作于跳开各电源侧断路器。

（2）纵联差动保护

用来防御变压器内部故障及引出线套管的故障。容量在 10 000 kV · A 及以上单台运行的变压器和容量在 6 300 kV · A 及以上并列运行的变压器，都应装设纵联差动保护。

（3）电流速断保护

用来防御变压器内部故障及引出线套管的故障。容量在 10 000 kV · A 以下单台运行的变压器和容量在 6 300 kV · A 以下并列运行的变压器，一般装设电流速断保护来代替纵联差动保护。对容量在 2 000 kV · A 以上的变压器，当灵敏度不能满足要求时，应改为装设纵联差动保护。

（4）过电流保护

用来防御变压器内部和外部故障，作为纵联差动保护或电流速断保护的后备保护，带时限动作于跳开各电源侧断路器。

（5）过负荷保护

用来防御变压器因过负荷而引起的过电流。保护装置只接在某一相的电路中，一般延时动作于信号，也可以延时跳闸，或延时自动减负荷（无人值守变电所）。

（6）零序电流保护

对低压侧为中性点直接接地系统（三相四线制），当高压侧的保护灵敏度不能满足要求时，应装设专门的零序电流保护。

想一想：变压器的保护可以分为电量保护和非电量保护，下列属于非电量保护的是（　　）。

A. 差动保护　　B. 电流速断保护　　C. 过电流保护　　D. 瓦斯保护

子任务二　变压器的瓦斯保护

子任务目标：

- 掌握变压器瓦斯保护的概念。
- 掌握变压器瓦斯保护装置的组成及工作原理。

瓦斯保护又称气体继电保护，是防御油浸式电力变压器内部故障的一种基本保护装置。瓦斯保护可以很好地反映变压器的内部故障，如变压器绕组的匝间短路，将在短路的线匝内产生环流，局部过热，损坏绝缘，并可能发展成为单相接地故障或相间短路故障。这些故障在变压器外电路中的电流值还不足以使变压器的差动保护或过电流保护动作，但瓦斯保护却能动作并发出信号，使运行人员及时处理，从而避免事故的扩大。因此，瓦斯保护是反映变压器内部故

障最有效、最灵敏的保护装置。

瓦斯保护的主要元件是瓦斯继电器，它装设在变压器的油箱与储油柜之间的连通管上，如图 5-34 所示。为了使油箱内产生的气体能够顺畅地通过瓦斯继电器排往储油柜，变压器安装时应取 1% ~ 1.5%的倾斜度；而变压器在制造时，连通管对油箱顶盖也应有 2% ~ 4%的倾斜度。

目前，我国采用的瓦斯继电器主要有浮筒式和开口杯式两种形式。目前广泛采用的是开口杯式。图 5-35 是 FJ3-80 型开口杯式瓦斯继电器的结构示意图。

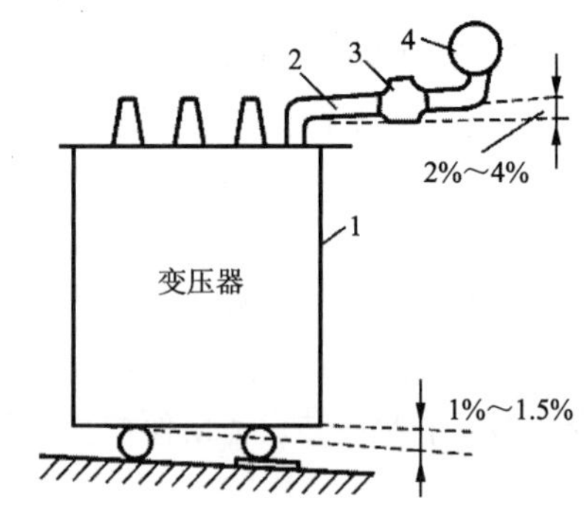

图 5-34　瓦斯继电器在变压器上的安装

1—变压器油箱；2—连通管；3—瓦斯继电器；4—储油柜

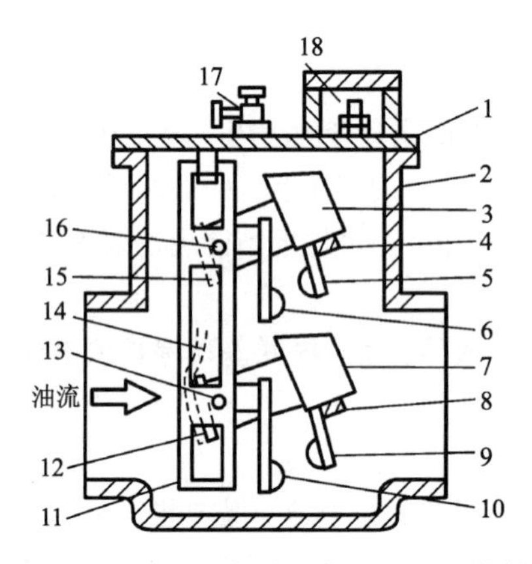

图 5-35　FJ3-80 型开口杯式瓦斯继电器的结构示意图

1—盖；2—容器；3—上油杯；4、8—永久磁铁；5—上动触点；6—上静触点；7—下油杯；9—下动触点；10—下静触点；11—支架；12—下油杯平衡锤；13—下油杯转轴；14—挡板；15—上油杯平衡锤；16—上油杯转轴；17—放气阀；18—接线盒

在变压器正常工作时，瓦斯继电器的上、下油杯中都是充满油的，油杯因其平衡锤的作用使其上、下触点都是断开的。

当变压器油箱内部发生轻微故障致使油面下降时，上油杯因其中盛有剩余的油使其力矩大于平衡锤的力矩而下降，从而使上触点接通，发出报警信号，这就是轻瓦斯动作。

当变压器油箱内部发生严重故障时，由故障产生的大量气体冲击挡板，使下油杯降落，从而使下触点接通，直接动作于跳闸，这就是重瓦斯动作。

如果变压器出现漏油，将会引起瓦斯继电器内的油慢慢流尽。先是上油杯降落，接通上触点，发出报警信号；当油面继续下降时，会使下油杯降落，下触点接通，从而使断路器跳闸，切除变压器。

瓦斯保护只能反映变压器油箱内部的故障，而对变压器外部端子上的故障情况则无法反映。因此，除了设置瓦斯保护外，还需设置过电流、速断或差动等保护。

变压器瓦斯保护的接线示意图如图 5-36 所示。当变压器内部发生轻微故障时，瓦斯继电器 KG 的上触点 1、2 闭合，作用于预告（轻瓦斯动作）信号；当变压器内部发生严重故障时，

KG 的下触点 3、4 闭合，经中间继电器 KM 作用于断路器 QF 的跳闸机构 YR，使 QF 跳闸。同时，通过信号继电器 KS 发出跳闸（重瓦斯动作）信号。为了防止由于其他原因发生瓦斯保护的误动作，可以利用切换片 XB 切换，使 KS 线圈串联限流电阻 R，动作于报警器信号。

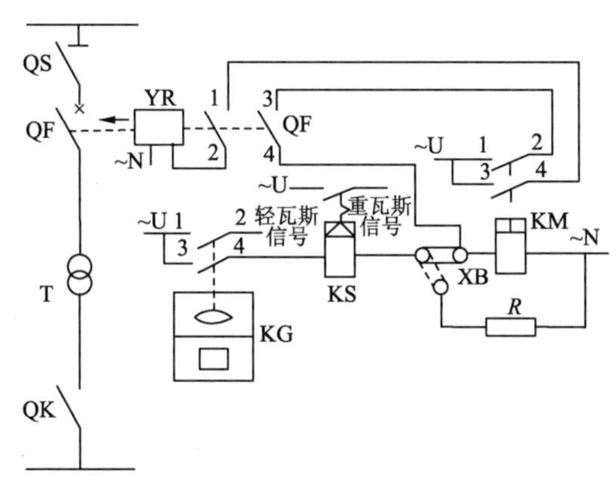

图 5-36　变压器瓦斯保护的接线示意图

需要指出，变压器保护的出口中间继电器 KM 必须是自保持中间继电器，因为重瓦斯是靠油流的冲击而动作的，但变压器内部发生严重故障时油流的速度往往很不稳定，所以重瓦斯动作后 KG 的下触点 3、4 可能有“抖动” 现象，因此，为使断路器有足够的时间可靠地跳闸，利用中间继电器 KM 的上触点 $KM_{1\text{-}2}$ 作为“自保持”触点。只要瓦斯继电器 KG 的下触点 3、4 一闭合，KM 就动作，$KM_{3\text{-}4}$ 接通断路器 QF 跳闸回路，使其跳闸，而后断路器辅助触点 $QF_{1\text{-}2}$ 返回，切断跳闸回路，$QF_{3\text{-}4}$ 返回，切断中间继电器 KM 自保持回路，使中间继电器返回。

想一想： 变压器的轻瓦斯保护动作于（　　），重瓦斯保护动作于（　　）。

A. 信号或声光报警　　　　　B. 跳闸

子任务三　变压器的过电流保护

子任务目标：

- 了解变压器过电流保护的概念。
- 掌握变压器过电流保护装置的组成及工作原理。

变压器的过电流保护用来保护变压器外部短路时引起的过电流，同时又可作为变压器内部短路时瓦斯保护和差动保护的后备保护。为此，保护装置应装在电源侧。过电流保护动作以后，断开变压器两侧的断路器。

工厂供电系统的变电所，其电压等级一般都是 35kV/(6 ~ 10) kV，以下着重介绍 35 kV 电力变压器的过电流保护，其原理也适用于其他电压等级。

变压器的过电流保护采用三相完全星形接线方式或两相三继电器不完全星形接线方式，这样可以提高灵敏度。因为 35 kV 的变压器一般是采用 Y，d11（即 Y/△-11）接线，当变压器低压侧两相短路时，由图 5-37 可知，高压侧（Y 侧）U 相及 W 相中的电流只有 V 相中的一半，所以三相完全星形接线灵敏度比两相两继电器不完全星形接线高一倍。因此，Y，d11 接线的变压器过电流保护一般不采用两相两继电器不完全星形接线，更不能采用两相电流差接线。

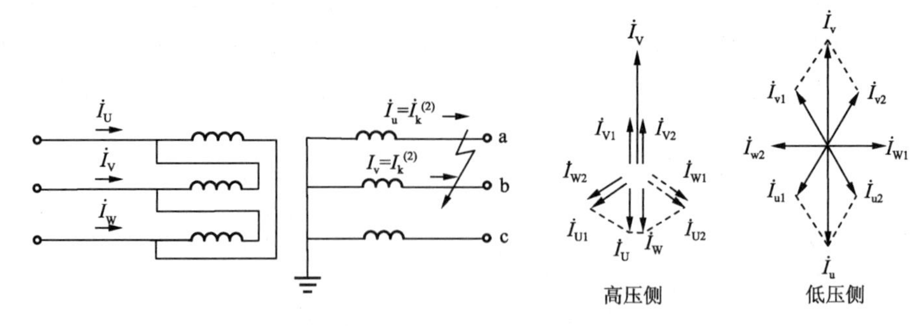

图 5-37　D，yn11 接线变压器低压侧 U、V 相间短路电流分布及相量图

变压器过电流保护和线路过电流保护一样，变压器动作电流的整定应按照躲过最严重工作情况下流经保护装置安装处的最大负荷电流 $I_{\max}$ 来决定，即

$$I_{op(1)}=\frac{K_{co}K_{W}}{K_{re}K_{TA}}I_{\max} \tag{5-24}$$

式中，K_{co}，K_{W}，K_{re}，K_{TA} 与线路过电流保护动作整定公式中的意义相同。

$$I_{\max}=(1.5\sim3)\ I_{NT} \tag{5-25}$$

式中，I_{NT} 为变压器额定一次电流。

按式（5-24）和式（5-25）整定的动作电流还应按变压器二次侧母线上发生两相短路时进行灵敏度校验，即要求

$$S_{P}=\frac{K_{W}I_{k,\min}^{(2)}}{K_{TA}I_{op}}\geqslant 1.5 \tag{5-26}$$

如果变压器的过电流保护还用作为下一级各引出线的远后备保护时，则要求 $S_P\geqslant1.2$。

变压器过电流保护的动作时限仍按阶梯原则整定，与线路的过电流保护完全相同，即应比下一级各引出线过电流保护动作时限最长者大一个时限级差 Δt，即 $t_T=t_{1.\max}+\Delta t$。对于车间变电所来说，其动作时间可整定为最小值（0.5 s）。

子任务四　变压器的电流速断保护

子任务目标：

- 理解变压器电流速断保护的概念。
- 掌握速断保护电流的计算方法。

变压器的电流速断保护是反映电流增大而瞬时动作的保护。装于变压器的电源侧，对变压器及其引出线上各种形式的短路进行保护。变压器的电流速断保护通常选择无时限的速断保护装置。为了保证选择性，其动作电流必须大于变压器二次侧母线上发生短路时流经保护装置的三相最大短路电流次暂态值，以免短路时二次侧母线各引出线错误地断开变压器。因此，变压器电流速断保护装置的速断电流可按式（5-27）决定：

$$I_{qb(1)}=K_{co}I''^{(3)}_{k,\max} \tag{5-27}$$

速断保护电流继电器的速断电流为

$$I_{qb}=\frac{K_{co}K_{W}}{K_{TA}}I''^{(3)}_{k,max} \tag{5-28}$$

变压器电流速断保护的灵敏度应根据变压器一次侧两相短路条件进行校验，即

$$S_{P}=\frac{K_{W}I''^{(2)}_{k,min}}{K_{TA}I_{qb}}\geqslant 2 \tag{5-29}$$

在供配电系统中变压器的阻抗一般较大，灵敏度通常是足够的。若灵敏度不能满足要求时，应改装差动保护。变压器无时限电流速断保护装置虽然结构简单、动作迅速，但保护范围仅限于变压器一次绕组和部分二次绕组到保护装置安装处，且有死区。因此，它必须和过电流保护装置配合使用。

想一想：变压器电流速断保护利用（　　）保证保护的选择性。

A. 动作时间　　B. 动作电流　　C. 功率方向　　D. 动作电压

子任务五　变压器的纵联差动保护

子任务目标：

- 理解变压器纵联差动保护的概念。
- 掌握变压器纵联差动保护装置的组成及工作原理。

变压器纵联差动保护是反映变压器一、二次电流差值的一种快速动作的保护装置，用来保护变压器内部以及引出线和绝缘套管的相间短路，并且也可用来保护变压器的匝间短路，其保护区在变压器一、二次侧所装电流互感器之间。

一、变压器的纵联差动保护原理

变压器纵联差动保护的单相原理接线图如图 5-38 所示。

变压器差动保护是利用保护区内发生短路故障时，变压器一、二次电流在差动回路中引起的不平衡电流而动作的一种保护，该不平衡电流用 I_{UN} 表示，$I_{UN}=I_1'-I_2'$。在正常运行和外部 k-1 点短路时，希望 I_{UN} 尽可能地小，理想情况下 I_{UN}=0，但这几乎是不可能的，I_{UN} 不仅与变压器和电流互感器的接线方式及结构性能等因素有关，而且与变压器的运行方式有关，因此只能设法使之尽可能地减少。下面简述不平衡电流的原因及其减少或消除的措施。

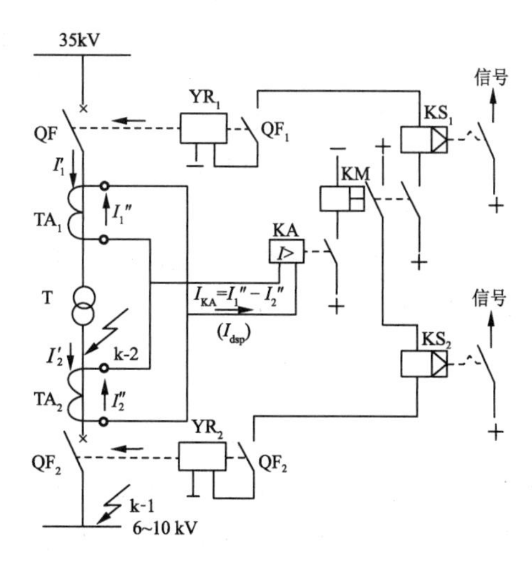

图 5-38　变压器纵联差动保护的单相原理接线图

① 由于变压器一、二次侧接线不同引起的不平衡电流，工厂总降压变电所采用 Y，d11 接线的变压器，其高、低压侧线电流之间就有30°的相位差。因此，即使高、低压侧电流互感器二次电流做到大小相等，其差也不会为零，因而

出现由相位差引起的不平衡电流。

为了消除这一不平衡电流，必须消除上述 30° 的相位差。为此，将变压器 Y 形接线侧的电流互感器接成 d 形接线，而 d 形接线侧电流互感器接成 Y 形接线，从而可以使电流互感器二次侧连接臂（差动臂）上的每相电流相位一致，如图 5-39 所示，这样即可消除因变压器高、低压侧电流相位不同而引起的不平衡电流。

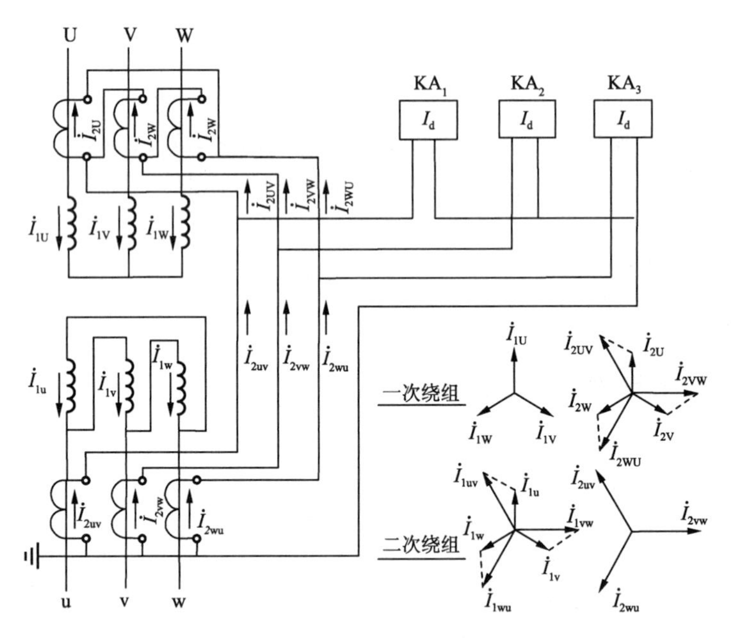

（a）两侧电流互感器的接线　　（b）电流相量分析

图 5-39　Y，d11 连接变压器的纵联差动保护接线

② 由两侧电流互感器电流比的计算值与标准值不同引起的不平衡电流采用上述方法可以使 Y，d11 变压器的差动保护连接臂上电流相位一致，但还没做到其大小相等，这样两者的差仍然不为零。如果变压器一、二次侧电流互感器选的电流比与计算结果完全一样，则不平衡电流 I_{UN}=0。但实际所选电流互感器电流比不可能与计算值完全相同，而只能选择与计算值接近的标准电流比，故两连接臂上还是存在不平衡电流。为了消除这一不平衡电流，可以在电流互感器二次侧回路接入自耦电流互感器来进行平衡，或利用专门的差动继电器中的平衡线圈来进行补偿，消除不平衡电流。

③ 各侧电流互感器型号和特性不同引起的不平衡电流，当变压器一、二次侧电流互感器的型号和特性不同时，其饱和特性也不同（即使型号相同，其特性也不会完全相同）。在变压器差动保护范围外发生短路时，各侧电流互感器在短路电流作用下其饱和程度相差更大，因此出现的不平衡电流也就更大，这个不平衡电流可采用提高保护动作电流躲过。

④ 由于变压器分接头改变引起的不平衡电流变压器在运行时往往采用改变分接头位置（即改变高压绕组的匝数）进行调压。因为分接头的改变就是变压器变比的改变，因此电流互感器二次侧电流将改变，引起新的不平衡电流。也可采用提高保护动作电流的措施躲过。

⑤ 由于变压器励磁涌流引起的不平衡，电流变压器的励磁电流仅流过变压器电源侧，因此本身就是不平衡电流。在正常运行及外部故障时，此电流很小，引起的不平衡电流可以忽略

不计。但在变压器空载投入和外部故障切除后电压恢复时，则可能有很大的励磁电流（即励磁涌流）。

励磁涌流产生的原因是由于变压器铁芯中磁通不能突变引起过渡过程产生的，因此，在变压器差动保护中减小励磁涌流影响的方法如下：

① 采用具有速饱和铁芯的差动继电器。

② 采用比较波形间断角来鉴别内部故障和励磁涌流的差动保护。

③ 利用二次谐波制动而躲开励磁涌流。

在常规保护中普遍使用的是 BCH-2 型（DCD-2 型、DCD-2M 型）带速饱和变流器和短路线圈的差动继电器。

综合上述分析可知，变压器差动保护中的不平衡电流要完全消除是不可能的，但采取措施减小其影响，用以提高差动保护灵敏度是可能的。

二、BCH-2 型差动继电器构成的差动保护

BCH-2 型差动继电器的原理结构图和内部电路图分别如图 5-40、图 5-41 所示。BCH-2 型差动继电器包括速饱和变流器，一个差动线圈（一次线圈）W_d，两个平衡线圈 $Wb_Ⅰ$、$Wb_Ⅱ$，短路线圈 W'_K、W''_K，一个二次线圈 W_2 和 DL-11 型电流继电器。其中速饱和变流器和短路线圈均是用来消除励磁涌流产生的不平衡电流，平衡线圈用来消除电流互感器计算电流比和标准电流比不同引起的不平衡电流。

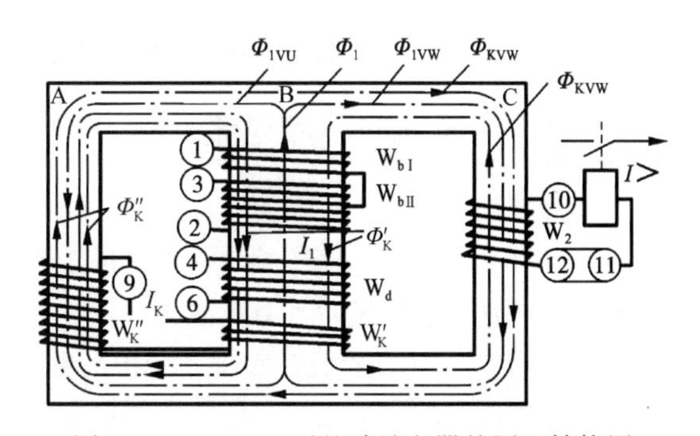

图 5-40　BCH-2 型差动继电器的原理结构图

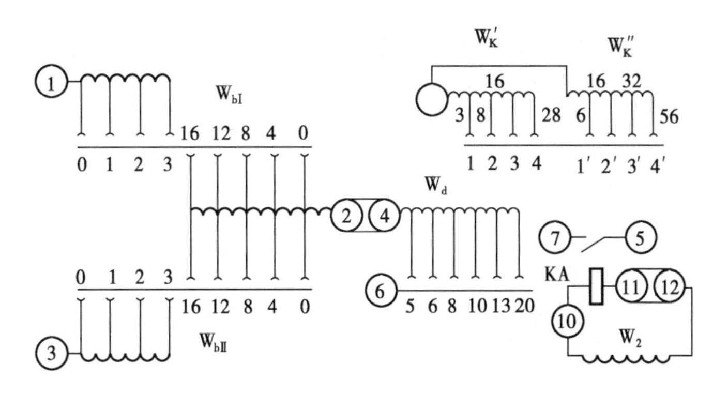

图 5-41　BCH-2 型差动继电器的内部电路图

想一想： 变压器差动保护中的不平衡电流产生的原因是（　　）。

A. 电流互感器误差不一致造成不平衡电流

B. 变压器两侧电流互感器型号不同

C. 电流互感器和自耦变压器电流比标准化产生的不平衡电流

D. 变压器带负荷调节分接头

子任务六　变压器的过负荷保护

子任务目标：

- 理解变压器过负荷保护的概念。
- 掌握变压器过负荷保护动作电流的计算方法。

变压器的过负荷保护用来表征变压器正常运行时出现的过负荷情况，只在变压器确有过负荷可能的情况下才予以装设，一般动作于信号。

变压器的过负荷在大多数情况下都是三相对称的，因此过负荷保护只需要在一相上装一个电流继电器。在过负荷时，电流继电器动作，再经过时间继电器给予一定延时，最后接通信号继电器发出报警信号。

过负荷保护的动作电流应躲过变压器的一次侧额定电流 I_{1NT}，故过负荷保护电流继电器的动作电流为

$$I_{op}=(1.2\sim1.25)I_{1NT}/K_i \tag{5-30}$$

式中　K_i——电流互感器的电流比。

过负荷保护的动作时限应躲过电动机的自起动时间，通常取 10～15 s。

子任务七　变压器的零序电流保护

子任务目标：

- 理解变压器零序电流（接地）保护的工作原理。
- 掌握零序电流的整定计算方法。

对 110 kV 以上中性点直接接地系统中的电力变压器，一般应装设零序电流（接地）保护，作为变压器主保护的后备保护和相邻元件短路的后备保护。

一、变电所单台变压器的零序电流保护

零序电流保护装于变压器中性点接地引出线的电流互感器上，其保护原理图如图 5-42 所示。保护动作后切除变压器一、二次侧的断路器。

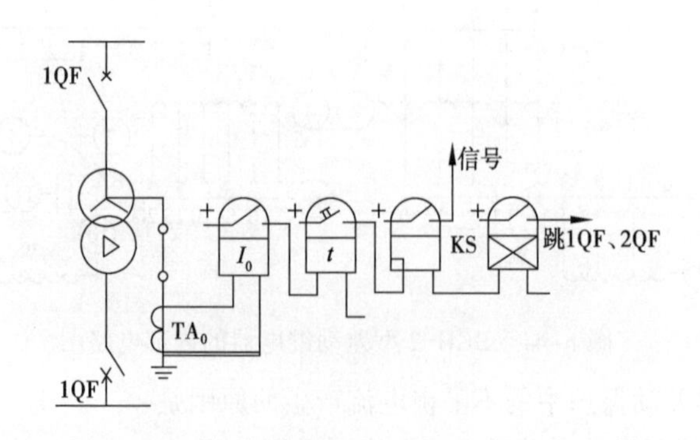

图 5-42　变压器的零序电流保护原理图

零序电流保护的整定计算：

动作电流按与被保护侧母线引出线零序保护后备段在灵敏度上相配合的条件进行整定，即

$$I_{0,op}=K_{co}K_bI'''_{0,op} \qquad (5-31)$$

式中　K_{CO}——配合系数，取 1.1 ~ 1.2；

K_b——零序电流分支系数，其值为远后备范围内故障时，流过本保护与流过出线零序保护零序电流之比；

$I'''_{0,op}$——出线零序电流保护第三段的动作电流。

灵敏度校验：为满足远后备灵敏度的要求得

$$K_{sen}=\frac{3I_{d,0}}{I_{0,op}}>1.2 \qquad (5-32)$$

动作时限为

$$t_0=t'''_0+\Delta t \qquad (5-33)$$

二、变电所多台变压器的零序电流保护

1. 工作原理

当变电所有多台变压器并列运行时，只允许一部分变压器中性点接地。中性点接地的变压器可装设零序电流保护，而不接地运行的变压器不能投入零序电流保护。当发生接地故障时，变压器接地保护不能辨认接地故障发生在哪一台变压器。若接地故障发生在不接地的变压器，接地保护动作，切除接地的变压器后，接地故障并未消除，且变成中性点不接地系统。在接地点会产生较大的电弧电流，使系统过电压。同时，系统零序电压加大，不接地的变压器中性点电压升高，特别是对分级绝缘的变压器，其中性点绝缘水平比较低，其零序过电压可能使变压器中性点绝缘损坏。

为了解决上述问题，变压器的零序保护动作时，首先应切除非接地的变压器，若故障依然存在，经过一个时限阶段 Δt 后，再切除接地变压器，其原理接线如图 5-43 所示。每台变压器都装有同样的零序电流保护，它由电流元件和电压元件两部分组成。正常时零序电流及零序电压很小，零序电流继电器及零序电压继电器皆不动作，不会发出跳闸脉冲。发生接地故障时，出现零序电流及零序电压，当它们大于起动值后，零序电流继电器及零序电压继电器皆动作。电流继电器起动后，常开触点闭合，起动时间继电器 T_1。时间继电器的瞬动触点闭合，给小母线 A 接通正电源，将正电源送至中性点不接地变压器的零序电流保护。不接地的变压器零序电流保护的零序电流继电器不会动作，常闭触点闭合。小母线 A 的正电源经零序电压继电器的常开触点、零序电流继电器的常闭触点起动有较短延时的时间继电器 T_2。经较短时限，首先切除中性点不接地的变压器。若接地故障消失，零序电流消失，则接地变压器的零序电流保护的零序电流继电器返回，保护复归。若接地故障没有消失，接地点在接地变压器处，零序电流继电器不返回，时间继电器 T_1 一直在起动状态，经过较长的延时，T_1 跳开中性

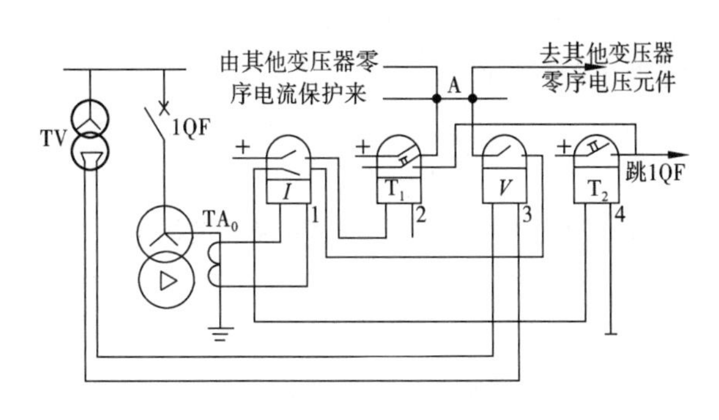

图 5-43　部分变压器中性点接地运行的零序保护

点接地的变压器。

2. 零序电流保护的整定计算

动作电流的整定：

① 与被保护侧母线引出线零序电流第三段保护在灵敏度上相配合，所以

$$I_{0,op}=K_{rel}K_{b}I'''_{0,op} \tag{5-34}$$

式中 K_{rel}——可靠系数；

K_{b}——零序电流分支系数，其值为远后备范围内故障时，流过本保护与流过出线零序保护零序电流之比；

$I'''_{0,op}$——出线零序电流保护第三段的动作电流。

② 与中性点不接地变压器零序电压元件在灵敏度上相配合，以保证零序电压元件的灵敏度高于零序电流元件的灵敏度。

$$U_{dz,0}=3I_{0}X_{0,T} \tag{5-35}$$

式中 $U_{dz,0}$——动作电压；

I_{0}——零序电流；

$X_{0,T}$——变压器零序阻抗。

$$I_{dz,0}=K_{ph}\frac{U_{dz,0}}{X_{0,T}} \tag{5-36}$$

以上两条件计算结果中选其较大值作为动作电流。

动作电压整定：按躲开正常运行时的最大不平衡零序电压进行整定。根据经验，零序电压继电器的动作电压一般为5 V。当电压互感器的电压比为n_{TV}时，电压继电器的一次动作电压为

$$U_{dz,0}=5n_{TV} \tag{5-37}$$

变压器零序电流保护作为后备保护，其动作时限应比线路零序电流保护第Ⅲ段动作时限长一个时限阶段，即

$$t_{0,1}=t'''+\Delta t \tag{5-38}$$

$$t_{0,2}=t_{0,1}+\Delta t \tag{5-39}$$

灵敏度校验：按保证远后备灵敏度满足要求进行校验

$$K_{sen}=\frac{3I_{d,0,min}}{I_{dz,0}}\geqslant 1.5 \tag{5-40}$$

式中 $I_{d,0,min}$——保护范围内故障，流过基本侧的最小零序电流。

想一想： 对于中性点可能接地或不接地的变压器，应装设（　　）接地保护。

A. 零序电流　　B. 零序电压　　C. 零序电流和零序电压

任务四　低压配电系统的保护

低压配电系统的保护包括过电流保护（短路保护和过负载保护）、断相保护、低电压保护（欠压和失压保护）和接地故障保护。如果按保护装置来分，则主要分为熔断器保护和低压断路器保护两种方式。在不同的应用场合，应按规范要求装设不同的保护方式以达到保护目的。

学习目标：

- 理解熔断器保护的工作原理及过程。
- 掌握低压断路器保护的工作原理及过程。

子任务一　熔断器保护

子任务目标：

- 了解熔断器保护的概念。
- 了解熔断器的安秒特性曲线。
- 掌握熔断器的选择方法。

熔断器保护在低压配电系统中是一种简单而实用的保护方式。熔断器在结构上包括熔管（又称熔体座）和熔体，通常将它串联在被保护的设备前或接在电源引出线上，当被保护区出现短路故障或过电流时，熔断器熔体熔断，使设备与电源隔离，免受电流损坏，从而达到保护作用。因熔断器结构简单、使用方便、价格低廉，所以在工业上的应用非常广泛。

一、熔断器的安秒特性曲线

熔断器的技术参数包括熔断器（熔管）的额定电压和额定电流，分断能力，熔体的额定电流和熔体的安秒特性曲线。250 V 和 500 V 属于低压熔断器，3 ~ 110 kV 属于高压熔断器。决定熔体熔断时间和通过电流的关系曲线称为熔断器熔体的安秒特性曲线，如图 5-44 所示，该曲线由实验得出，它只表示时限的平均值，其时限相对误差会高达 ± 50%。

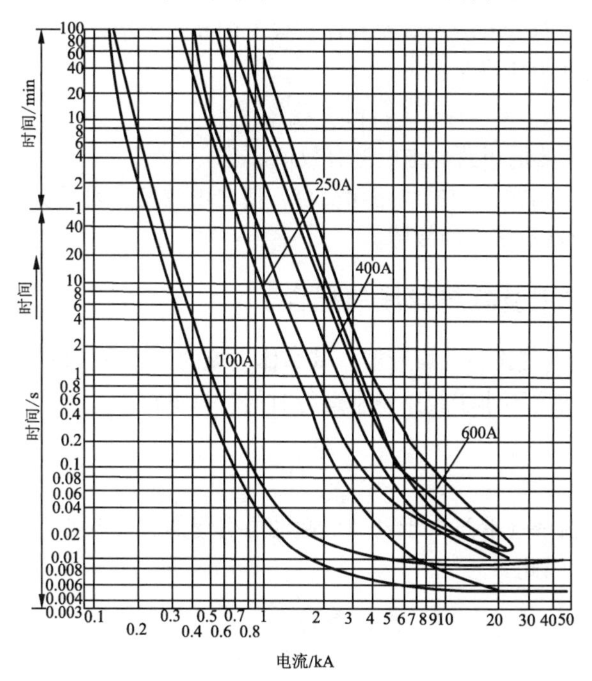

图 5-44　熔断器熔体的安秒特性曲线

图 5-45 是由变压器二次侧引出的低压配电系统示意图。如采用熔断器保护，应在各配电线路的首端装设熔断器。熔断器只装在各相相线上，中性线是不允许装设熔断器的。

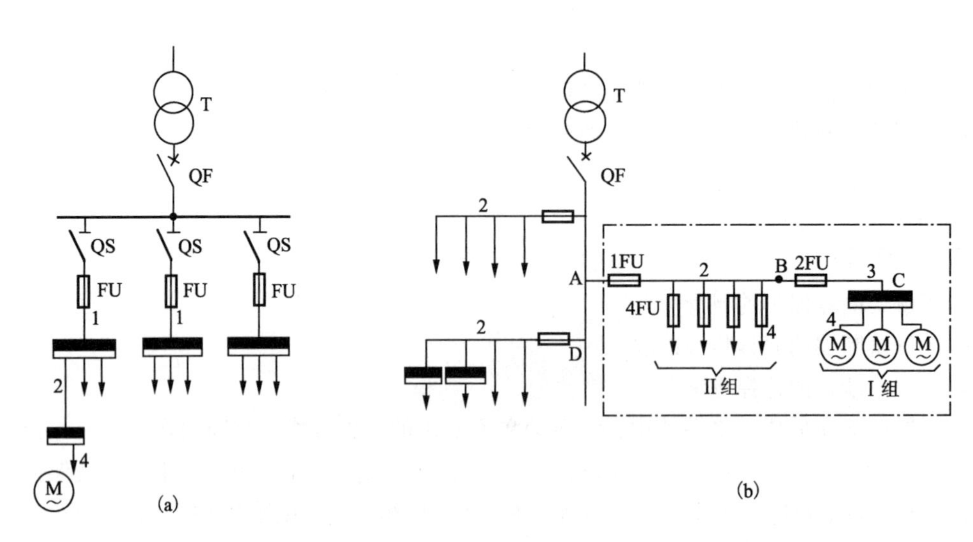

图 5-45　由变压器二次侧引出的低压配电系统示意图

1—干线；2—分干线；3—支干线；4—支线；QF—低压断路器（自动空气开关）

二、熔断器（熔管或熔座）的选择条件

选择熔断器（熔管或熔座）时应满足下列条件：

① 熔断器的额定电压应不小于装置安装处的工作电压；

② 熔断器的额定电流应不小于它所装设的熔体额定电流；

③ 熔断器的类型应符合安装条件及被保护设备的技术要求；

④ 熔断器的断流能力应满足：

$$I_{oc} > I_{sh}^{(3)} \tag{5-41}$$

式中　$I_{sh}^{(3)}$——流经熔断器的短路冲击电流有效值。

⑤ 熔断器保护还应与被保护的线路相配合，使之不致发生因过负荷和短路引起绝缘导线或电缆过热起燃而熔断器不熔断的故障。

三、熔断器的选用及其与导线的配合

对保护电力线路和电气设备的熔断器，其熔体电流的选用可按以下条件进行：

① 熔断器熔体电流应不小于线路正常运行时的计算电流 I_{30}，即

$$I_{N,FE} \geqslant I_{30} \tag{5-42}$$

② 熔断器熔体电流还应躲过由于电动机起动所引起的尖峰电流 I_{pk}，以使线路出现正常的尖峰电流而不致熔断。因此

$$I_{N,FE} \geqslant kI_{pk} \tag{5-43}$$

式中　I_{pk}——尖峰电流；

k——选择熔体时用的计算系数。（在轻负荷起动时起动时间在 3 s 以下，k=0.25 ~ 0.4；重负荷起动时，起动时间应在 3 ~ 8 s，k = 0.35 ~ 0.5；超过 8 s 的重负荷起动或频繁起动、反接制动等，k = 0.5 ~ 0.6）

对一台电动机，尖峰电流为$k_{st,M}I_{N,M}$，对多台电动机，$I_{pk}=I_{30}+(k_{st,Mmax}-1)I_{N,Mmax}$。$k_{st,Mmax}$为起动电流最大的一台电动机的起动电流倍数，$I_{N,Mmax}$为起动电流最大的一台电动机的额定电流。

③ 为使熔断器可靠地保护导线和电缆，避免因线路短路或过负荷损坏甚至起燃，熔断器的熔体额定电流$I_{N.FE}$必须和导线或电缆的允许电流I_{al}相配合，因此要求：

$$I_{N,FE}<k_{OL}I_{al} \tag{5-44}$$

式中　k_{OL}——熔断器熔体额定电流与被保护线路的允许电流的比例系数。

对电缆或穿管绝缘导线，$k_{OL}=2.5$；对明敷绝缘导线，$k_{OL}=1.5$；对于已装设有其他过负荷保护的绝缘导线、电缆线路而又要求用熔断器进行短路保护时，$k_{OL}=1.25$。

对于保护电力变压器，其熔体电流可按式（5-45）选定，即

$$I_{FE}=(1.4\sim 2)I_{NT} \tag{5-45}$$

式中　I_{NT}——变压器的额定一次电流。

熔断器装设在哪一侧，就选用哪侧的额定值用于保护电压互感器的熔断器，其熔体额定电流可选用 0.5 A，熔管可选用 RN2 型。

四、熔断器保护灵敏度校验

熔断器保护的灵敏系数S_P

$$S_P=\frac{I_{k,min}}{I_{N,FE}} \tag{5-46}$$

式中　$I_{k,min}$——熔断器保护线路末端在系统最小运行方式下的短路电流，对中性点不接地系统，取两相短路电流；对中性点直接接地系统，取单相短路电流；对于保护降压变压器的高压熔断器来说，应取低压母线的两相短路电流换算到高压之值。

$I_{N,FE}$——熔断器熔体的额定电流。

五、上下级熔断器的相互配合

用于保护线路短路故障的熔断器，它们上下级之间的相互配合应是这样：

设上一级熔体的理想熔断时间为t_1，下一级为t_2，因熔体的安秒特性曲线误差约为±50%，设上一级熔体为负误差，有$t_1'=0.5t_1$，下一级为正误差，即$t_2'=0.5t_2$，如欲在某一电流下使$t_1'>t_2'$，以保证它们之间的选择性，这样就应使$t_1>3t_2$。对应这个条件可从熔体的安秒特性曲线上分别查出这两熔体的额定电流值。一般使上、下级熔体的额定值相差两个等级即能满足动作选择性的要求。

子任务二　低压断路器保护

子任务目标：

- 了解低压断路器在低压配电系统中的配置方式。
- 掌握整定电流计算的方法。
- 掌握低压断路器与熔断器配合使用的方法。

随着制造技术的不断发展，低压断路器的性能及功能也越来越先进和完善。目前，在工业上的低压配电系统中，已经广泛地应用低压断路器来实现低压配电系统的各种保护功能。

一、低压断路器在低压配电系统中的配置方式

低压断路器在低压配电系统中的配置方式如图 5-46 所示。

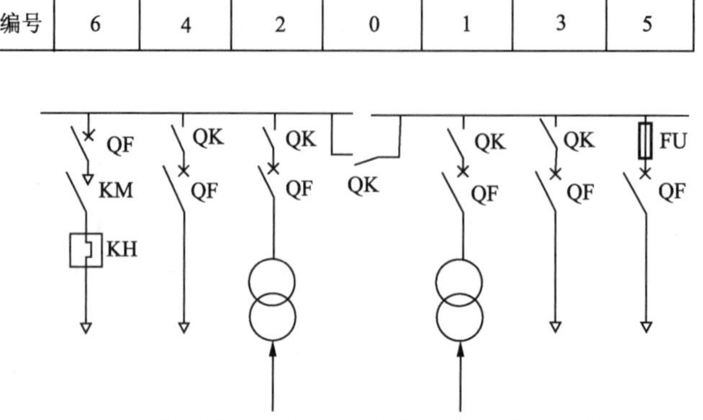

图 5-46 低压断路器在低压系统中常用的配置方式

Q—低压断路器；QK—刀开关；KM—接触器；KH—热继电器；FU—熔断器

图 5-46 中 1#、2#的接法适用于两台变压器供电；3#、4#的接法适用于低压配电出线，其中刀开关 QK 是为了检修低压断路器用的；5#出线是低压断路器与熔断器的配合方式，适用于开关断流能力不足的情况，此时靠熔断器进行短路保护，低压断路器只在过负荷和失电压时才断开电路；6#出线是低压断路器与接触器 KM 配合用的，低压断路器用作短路保护，接触器用作电路控制器，供电动机频繁起动用，其中热继电器 KH 用作过负荷保护。

二、低压断路器的过电流脱扣器

非选择型：动作时间可以不小于 10 s 的长延时电磁脱扣器，或动作时间小于 0.1 s 的瞬时脱扣器，其中长延时用作过负荷保护，短延时或瞬时均用作短路故障保护。

选择型：延时时间分别为 0.2 s、0.4 s、0.6 s 的短延时脱扣器。

低压断路器各种脱扣器的电流整定如下：

1. 长延时过电流脱扣器（即热脱扣器）的整定

$$I_{op(1)} \geqslant 1.1 I_{30} \tag{5-47}$$

式中 $I_{op(1)}$——长延时过电流脱扣器（即热脱扣器）的整定动作电流。

I_{30}——所保护配电线路的计算电流。

但是，热元件的额定电流 $I_{H,N}$ 应比 $I_{op(1)}$ 大 10%～25%为好，即

$$I_{H,N} \geqslant (1.1 \sim 1.25) I_{op(1)} \tag{5-48}$$

2. 瞬时（或短延时）过电流脱扣器的整定

$$I_{op(0)} \geqslant k_{rel} I_{pk} \tag{5-49}$$

式中 I_{pk}——线路可能出现的正常工作尖峰电流有效值。

$I_{op(0)}$——瞬时或短延时过电流脱扣器的整定电流值。

k_{rel}——可靠系数。对动作时间 $t_{op} \geqslant 0.4$ s 的 DW 型断路器，取 1.35；对动作时间 $t_{op} \leqslant 0.2$ s 的 DZ 型断路器，取 1.7～2；对多台设备的干线，取 1.3。

① 规定$I_{op(0)}$在 2 500 A 及以上时，短延时应为长延时脱扣器额定值的 3 ~ 6 倍；2 500 A 以下时，为 3 ~ 10 倍。

② 瞬时脱扣器整定电流调节范围对 2 500 A 及以上的选择型自动开关为 7 ~ 10 倍；对 2 500 A 以下，则为 10 ~ 20 倍；对非选择型开关为 3 ~ 10 倍。

3. 灵敏系数 S_P

$$S_P = I_{k,min} / I_{op(0)} \tag{5-50}$$

式中 $I_{k,min}$——线路末端最小短路电流；

$I_{op(0)}$——瞬时或短延时过电流脱扣器的动作电流。

4. 低压断路器过电流脱扣器整定值与导线的允许电流 I_{al} 的配合

$$I_{op(1)} < I_{al} \tag{5-51}$$

或

$$I_{op(0)} < 4.5I_{al} \tag{5-52}$$

三、低压断路器与熔断器的配合使用

低压断路器与熔断器在低压电网中的设置如图 5-47 所示。若能正确选定其额定参数，使上一级保护元件的特性曲线在任何电流下都位于下一级保护元件安秒特性曲线的上方，便能满足保护选择性的动作要求。图 5-47（a）是能满足上述要求的。因此这种方案应用得最为普遍。

在图 5-47（b）中，如果电网被保护范围内的故障电流 I_k 大于临界短路电流 $I_{cr,k}$（图中两条曲线交点处对应的短路电流），则无法满足有选择地动作。图 5-47（c）中，如果要使两级低压断路器的动作满足选择性要求，必须使 1 处的安秒特性曲线位于 2 处的安秒特性曲线之上；否则，必须使 1 处的特性曲线为 1′ 或 2 处的特性曲线为 2′。由于安秒特性曲线是非线性的，为使保护满足选择性的要求，设计计算时宜用图解方法。

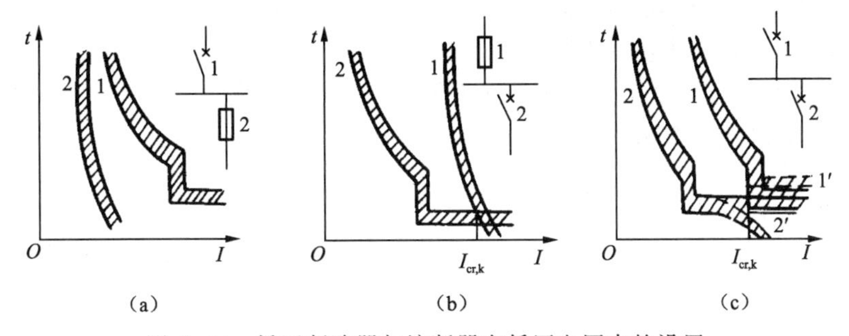

图 5-47　低压断路器与熔断器在低压电网中的设置

想一想： 低压断路器的保护功能包括（　　）。

A. 短路保护　　B. 漏电保护　　C. 过载保护　　D. 失、欠电压保护

任务五　安全用电与防雷保护

随着电能应用的不断拓展，各种电气设备广泛进入工厂、企业、社会和家庭生活中，与此同时，使用电气所带来的不安全事故也不断发生。所以，如何保证安全用电变得尤为重要。此外，由于气候及自然环境特别是雷电气候的影响，电力传输和使用过程也存在很大的风险，防御各种外部干扰特别是防雷成为保护供配电系统安全必须实现的环节。

学习目标：

- 了解供配电系统中的电气危害及安全用电常识。
- 理解雷电的形成、危害以及防雷保护装置的原理和构成。

子任务一　了解安全用电常识

子任务目标：

- 了解常见电气危害。
- 了解电对人体的危害。
- 掌握触电方式及相关急救方法。

为了实现安全用电，保障电气安全，除了要对电网本身的安全进行保护，同时，更要重视用电的安全问题。因此，学习安全用电基本知识，掌握常规触电防护技术，是保证用电安全的最有效途径。

一、电气危害的种类

电气危害有两个方面：一方面是对系统自身的危害，如短路、过电压、绝缘老化等；另一方面是对用电设备、环境和人员的危害，如触电事故、电气火灾、电压异常升高造成用电设备损坏等，其中尤以触电和电气火灾危害最为严重。触电可直接导致人员伤残、死亡，或引发坠落等二次事故致人伤亡。电气火灾是近 20 年来在我国迅速蔓延的一种电气灾害，我国电气火灾在火灾总数中所占的比例已达 30%左右。另外，在有些场合，静电产生的危害也不能忽视，它是发生电气火灾的原因之一，对电子设备的危害也很大。

触电事故种类很多，按照触电事故的构成方式，触电事故通常可分为电击和电伤。

① 电击是指电流通过人体内部，造成人体内部组织、器官损坏，以致死亡的一种现象。电击在人体内部，人体表皮往往不留痕迹。

② 电伤是指由电流的热效应、化学效应等对人体造成的伤害。它是对人体外部组织造成的局部伤害，而且往往在肌体上留下伤疤。

二、电对人体的危害因素

电危及人体生命安全的直接因素是电流，而不是电压，而且电流对人体的电击伤害的严重程度与通过人体电流的大小、持续时间、流经途径、频率和人体的健康情况有关。现就其主要因素分述如下：

1. 电流的大小

通过人体的电流越大，人体的生理反应亦越大。人体对电流的反应虽然因人而异，但相差不甚大，可视作大体相同。根据人体反应，可将电流划为三级：

① 感知电流：引起人感觉的最小电流，称为感知阈。感觉轻微颤抖刺痛，可以自己摆脱电源，此时大致为工频交流电 1 mA。感知阈与电流的持续时间长短无关。

② 摆脱电流：通过人体的电流逐渐增大，人体反应增大，感到强烈刺痛、肌肉收缩。但是由于人的理智还是可以摆脱带电体的，此时的电流称为摆脱电流。当通过人体的电流大于摆脱阈时，受电击者自救的可能性就小。摆脱阈主要取决于接触面积、电极形状和尺寸及个人的

生理特点，因此不同的人摆脱电流也不同。摆脱阈一般取 10 mA。

③ 致命电流：当通过人体的电流能引起心室颤动或呼吸窒息而死亡，称为致命电流。人体心脏在正常情况下，是有节奏地收缩与扩张的。这样，可以把新鲜血液送到全身。当通过人体的电流达到一定数值时，心脏的正常工作受到破坏。每分钟数十次变为每分钟数百次以上的细微颤动，称为心室颤动。心脏在细微颤动时，不能再压送血液，血液循环终止。若在短时间内不摆脱电源，不设法恢复心脏的正常工作，将会死亡。

引起心室颤动与通过人体的电流大小有关，还与电流持续时间有关。一般认为 10 mA 以下是安全电流。

2. 人体的电阻抗和安全电压

① 人体的电阻抗主要由皮肤阻抗和人体内阻抗组成，且电阻抗的大小与触电电流通过的途径有关。皮肤阻抗可视为由半绝缘层和许多小的导电体（毛孔）构成，为容性阻抗，当接触电压小于 50 V 时，其阻抗值相对较大；当接触电压超过 50 V 时，皮肤阻抗值将大大降低，以至于完全被击穿后阻抗可忽略不计。人体内阻抗则由人体脂肪、骨骼、神经、肌肉等组织及器官所构成，大部分为阻性的，不同的电流通路有不同的内阻抗。据测量，人体表皮 0.05 ~ 0.2 mm 厚的角质层电阻抗最大，为 1 000 ~ 10 000Ω，其次是脂肪、骨骼、神经、肌肉等。但是，若皮肤潮湿、出汗、有损伤或带有导电性粉尘，人体电阻会下降到 800 ~ 1 000Ω。所以，在考虑电气安全问题时，人体电阻只能按 800 ~ 1 000 Ω 计算。

② 安全电压是指人体不戴任何防护设备时,触及带电体不受电击或电伤。人体触电的本质是电流通过人体产生了有害效应，然而触电的形式通常都是人体的两部分同时触及了带电体，而且这两个带电体之间存在着电位差。因此，在电击防护措施中，要将流过人体的电流限制在无危险范围内，即在形式上将人体能触及的电压限制在安全的范围内。国家标准制定了安全电压系列，称为安全电压等级或额定值，这些额定值指的是交流有效值，分别为：42 V、36 V、24 V、12 V、6 V 等几种。

要注意安全电压指的是一定环境下的相对安全，并非是确保无电击的危险。对于安全电压的选用，一般可参考下列数值：隧道、人防工程手持灯具和局部照明应采用 36 V 安全电压；潮湿和易触及带电体的场所的照明，电源电压应不大于 24 V；特别潮湿的场所、导电良好的地面、锅炉或金属容器内使用的照明灯具应采用 12 V。

3. 持续时间

人的心脏在每一收缩扩张周期中间，有 0.1 ~ 0.2 s 称为易损伤期。当电流在这一瞬间通过时，引起心室颤动的可能性最大，危险性也最大。

人体触电，当通过电流的时间越长，能量积累增加，引起心室颤动所需的电流也就越小；触电时间越长，越易造成心室颤动，生命危险性就越大。据统计，触电 1 min 后开始急救，90% 有良好的效果。

4. 电流流经途径

电流流经途径有从人体的左手到右手、左手到脚、右手到脚等等，其中电流经左手到脚的流经途径是最不利的一种情况，因为这一途径的电流最易损伤心脏。电流通过心脏，会引起心室颤动；通过神经中枢会引起中枢神经失调，这些都会直接导致死亡；电流通过脊髓，还会导致半身瘫痪。

5. 电流频率

电流频率不同，对人体伤害也不同。据测试，15～100 Hz 的交流电流对人体的伤害最严重。由于人体皮肤的阻抗是容性的，所以与频率成反比，随着频率增加，交流电的感知、摆脱阈值都会增大。虽然频率增大，对人体伤害程度有所减轻，但高频、高压还是有致命危险的。

6. 人体的健康情况

人体的健康情况不同，对电流的敏感程度也不一样。一般地，儿童较成年人敏感，女性较男性敏感。患有心脏病者，触电后死亡的可能性更大。

三、触电方式

按照人体触及带电体的方式和电流通过人体的途径，触电可分为以下三种情况：

（1）单相触电

单相触电是指人体在地面或其他接地导体上，人体某一部分触及一相带电体的触电事故。大部分触电事故都是单相触电事故。单相触电的危险程度与电网运行方式有关。图 5-48 所示为中性点接地系统的单相触电方式。图 5-49 所示为中性点不接地系统的单相触电方式。一般情况下，接地电网里的单相触电比不接地电网里的危险性大。

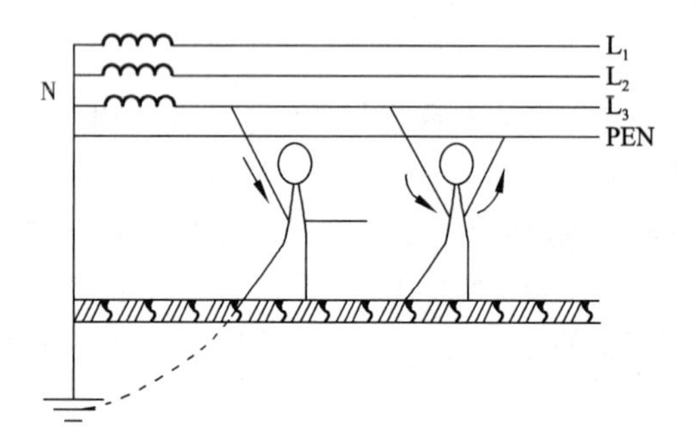

图 5-48　中性点接地系统的单相触电方式

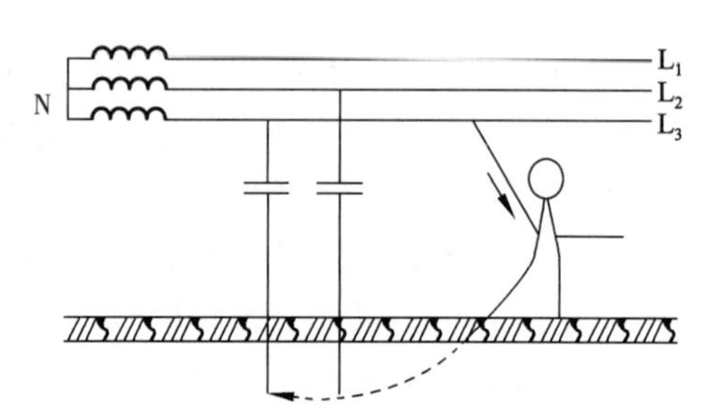

图 5-49　中性点不接地系统的单相触电方式

（2）两相触电

两相触电是指人体两处同时触及两相带电体的触电事故。其危险性一般是比较大的。

（3）跨步电压触电

当带电体接地有电流流入地下时，电流在接地点周围土壤中产生电压降。人在接地点周围，两脚之间出现的电压即跨步电压。由此引起的触电事故称为跨步电压触电，如图 5-50 所示。高压故障接地处，或有大电流流过的接地装置附近都可能出现较高的跨步电压。离接地点越近、两脚距离越大，跨步电压值就越大。一般 10 m 以外就没有危险了。

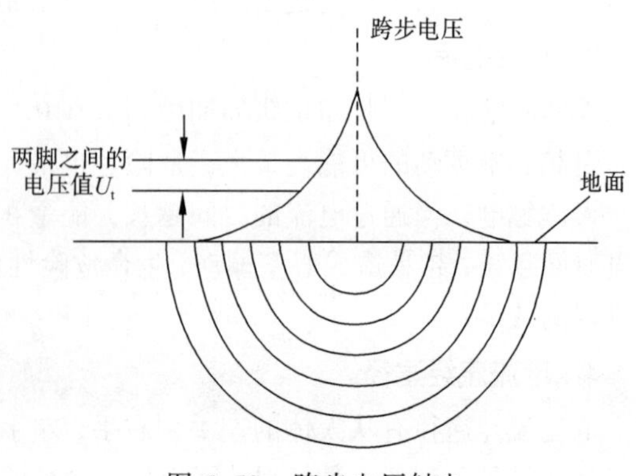

图 5-50　跨步电压触电

四、触电急救

现场急救对抢救触电者是非常重要的，因为人触电后不一定立即死亡，而往往是“假死”状态，如现场抢救及时，方法得当，呈“假死”状态的人就可以获救。据国外资料记载，触电后 1 min 开始救治者，90%有良好效果；触电后 6 min 救治者，10%有良好效果；触电后 12 min 开始救治者，救活的可能性就很小。这个统计资料虽不完全准确，但说明抢救的时间是个重要因素。因此，触电急救应争分夺秒不能等待医务人员。为了做到及时急救，平时就要了解触电急救常识，对与电气设备有关的人员还应进行必要的触电急救训练。

1. 脱离电源

发现有人触电时，首先是尽快使触电者脱离电源，这是实施其他急救措施的前提。脱离电源的方法有：

① 如果电源的闸刀开关就在附近，应迅速拉开开关。一般的电灯开关、拉线开关只控制单线，而且不一定控制的是相线（俗称“火线”），所以拉开这种开关并不保险，还应该拉开闸刀开关。

② 如闸刀开关距离触电地点很远，则应迅速用绝缘良好的电工钳或有干燥木把的利器（如刀、斧、掀等）把电线砍断（砍断后，有电的一头应妥善处理，防止又有人触电），或用干燥的木棒、竹竿、木条等物迅速将电线拨离触电者。拨线时应特别注意安全，能拨的不要挑，以防电线甩在别人身上。

③ 若现场附近无任何合适的绝缘物可利用，而触电者的衣服又不是干的，则救护人员可用包有干燥毛巾或衣服的一只手去拉触电者的衣服，使其脱离电源。若救护人员未穿鞋或穿湿鞋，则不宜采用这种办法抢救。

以上抢救办法不适用于高压触电情况，遇有高压触电应及时通知有关部门拉掉高压电源开关。

2. 对症救治

当触电者脱离了电源以后，应迅速根据具体情况对症救治，同时向医务部门呼救。

① 如果触电者的伤害情况并不严重，神志还清醒，只是有些心慌、四肢发麻、全身无力或虽曾一度昏迷，但未失去知觉，只要使之就地安静休息 1～2 h，不要走动，并仔细观察。

② 如果触电者的伤害情况较严重，无知觉、无呼吸，但心脏有跳动（头部触电的人易出现这种症状），应采用口对口人工呼吸法抢救；如有呼吸，但心脏停止跳动，则应采用人工胸外心脏按压法抢救。

③ 如果触电者的伤害情况很严重，心跳和呼吸都已停止，则需同时进行口对口人工呼吸和人工胸外心脏按压。如现场仅有一人抢救时，可交替使用这两种办法，先进行口对口吹气 2 次，再做心脏按压 15 次，如此循环连续操作。

3. 口对口人工呼吸法和人工胸外心脏按压法

（1）口对口人工呼吸法

① 迅速解开触电者的衣领，松开上身的紧身衣、围巾等，使胸部能自由扩张，以免妨碍呼吸。置触电者为向上仰卧位置，将颈部放直，把头侧向一边掰开嘴巴，清除其口腔中的血块和呕吐物等。如舌根下陷，应把它拉出来，使呼吸道畅通；如触电者牙关紧闭，可用小木片、金属片等从嘴角伸入牙缝慢慢撬开，然后使其头部尽量后仰，鼻孔朝天，这样，舌根部就不会阻塞气流。

② 救护人站在触电者头部的一侧，用一只手捏紧其鼻孔（不要漏气），另一只手将其下颈

拉向前方（或托住其后颈），使嘴巴张开（嘴上可盖一块纱布或薄布），准备接受吹气。

③ 救护人做深吸气后，紧贴触电者的嘴巴向其大量吹气，同时观察其胸部是否膨胀，以决定吹气是否有效和适度。

④ 救护人吹气完毕换气时，应立即离开触电者的嘴巴，并放松捏紧的鼻子，让其自动呼气。

按照以上步骤连续不断地进行操作，每 5 s 一次。

（2）人工胸外心脏按压法

① 使触电者仰卧，松开衣服，清除口内杂物。触电者后背着地处应是硬地或木板。

② 救护人位于触电者的一边，最好是跨骑在其胯骨（腰部下面腹部两侧的骨）部，两手相叠，将掌根放在触电人胸骨下三分之一的部位，即把中指尖放在其颈部凹陷的下边缘，即“当胸一手掌、中指对凹膛”，手掌的根部就是正确的压点。

③ 找到正确的压点后，自上而下均衡地用力向脊柱方向挤压，压出心脏里的血液。对成年人的胸骨可压下 3 ~ 4 cm。

④ 按压后，掌根要突然放松（但手掌不要离开胸壁），使触电者胸部自动恢复原状，心脏扩张后血液又回到心脏里来。

按以上步骤连续不断地进行操作，每秒一次。挤压时定位必须准确，压力要适当，不可用力过大、过猛，以免按压出胃中的食物，堵塞气管，影响呼吸，或造成肋骨折断、气血胸和内脏损伤等；但也不能用力过小，而达不到按压的作用。

触电急救应尽可能就地进行，只有在条件不允许时，才可把触电者抬到可靠的地方进行急救。在运送医院途中，抢救工作也不要停止，直到医生宣布可以停止时为止。

抢救过程中不要轻易注射强心针（肾上腺素），只有当确定心脏已停止跳动时才可使用。

子任务二　防雷保护

子任务目标：

- 了解雷电的形成及作用形式。
- 了解雷电的危害。
- 掌握防雷保护装置的组成及工作原理。

雷电是一种雷云对带不同电荷的物体进行放电的一种自然现象。雷电对电气线路、电气设备和建筑物进行放电，其电压幅值可高达几亿伏，电流幅值可高达几十万安，因此具有极大的破坏性，必须采取相应的防雷措施。

一、雷电的放电过程、特点及参数

1. 雷电的放电过程

5 ~ 12 km 高度的雷云主要带正电荷，1 ~ 5 km 高度的雷云主要带负电荷。当雷云中电荷密集中心的场强达到 25 ~ 30 kV/cm 时，就可能引发雷云放电。雷云放电主要是在云间或云内进行，只有小部分是对地发生的，而且往往对地放电危害最大。75% ~ 90%的雷电流是负极性的。雷电放电方式：线状、片状和球状。

根据云–地之间线状雷电的光学照片（见图 5–51），可了解雷电放电的一般过程。一般一次雷击包括先导、主放电和余辉三个阶段。

（1）先导阶段

雷云下部伸出微弱发光的放电通道向地面的发展是分级推进的，每一级的长度为 25~50 m，停歇时间为 30~90 s，下行的平均速度为 0.1~0.8 m/s，此过程称为先导放电过程。

（2）主放电阶段

当雷电先导接近地面时，会从地面较突起的部分发出向上的迎面先导（又称迎面流注），当不同极性的下行先导和迎面先导相遇时，就产生强烈的电荷中和过程，伴随雷鸣和闪电，出现极大的电流（数十至数百千安），这就是主放电阶段。

（3）余辉阶段

在主放电过程结束后，云中残余电荷经过主放电通道流向大地，这一阶段称为余辉（余光）阶段。

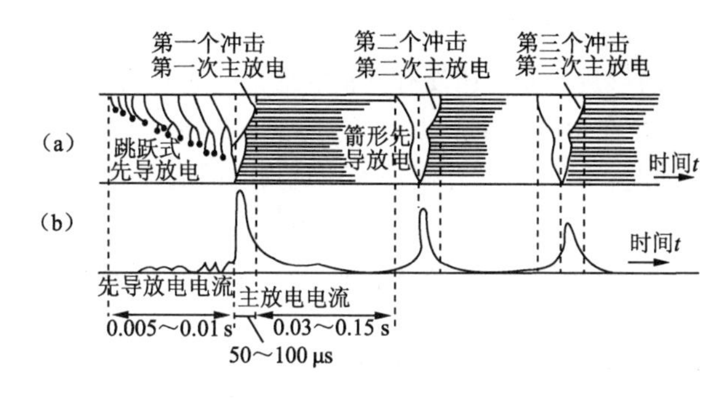

图 5-51　雷电放电的光学照片和电流变化

2. 雷电的特点及参数

（1）雷电特点

雷电流是一种冲击波，雷电流幅值 I_m 的变化范围很大，一般为数十至数千安。电流幅值一般在第一次闪击时出现，又称主放电。典型的雷电流波形如图 5-52 所示。雷电流一般在 1 ~ 4 μs 内增长到幅值 I_m，雷电流在幅值以前的一段波形称为波头；从幅值起到雷电流衰减至 $I_m/2$ 的一段波形称为波尾。雷电流的陡度 α，用雷电流波头部分增长的速率来表示，即 $\alpha = di/dt$，据测定 α 可达 50 kA/μs。雷电流是一个幅值很大，陡度很高的电流，具有很强的冲击性，其破坏性极大。

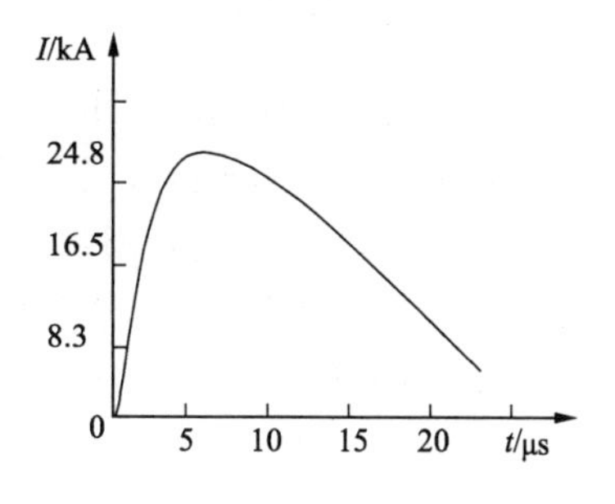

图 5-52　典型的雷电流波形

（2）雷电参数

建筑物遭受雷击的部分是有一定规律的，建筑物雷击部位如下：

① 平屋面或坡度不大于 1/10 的屋面——檐角、女儿墙、屋檐。

② 坡度大于 1/10 且小于 1/2 的屋面——屋角、屋脊、檐角、屋檐。

③ 坡度不小于 1/2 的屋面——屋角、屋脊、檐角。

（3）雷电击的基本形式

雷云对地放电时，其破坏作用表现有以下四种基本形式：

① 直击雷。当天气炎热时，天空中往往存在大量雷云。当雷云较低飘近地面时，就在附近地面特别突出的树木或建筑物上感应出异性电荷。电场强度达到一定值时，雷云就会通过这

些物体与大地之间放电，这就是通常所说的雷击。这种直接击在建筑物或其他物体上的雷电称为直击雷。直接雷击使被击物体产生很高的电位，从而引起过电压和过电流，不仅击毙人畜、烧毁或劈倒树木，破坏建筑物，甚至因而引起火灾和爆炸。

② 感应雷。当建筑上空有雷云时，在建筑物上便会感应出相反电荷。在雷云放电后，云与大地电场消失了，但聚集在屋顶上的电荷不能立即释放，因而屋顶对地面便有相当高的感应电压，造成屋内电线、金属管道和大型金属设备放电，引起建筑物内的易爆危险品爆炸或易燃物品燃烧。这里的感应电荷主要是由于雷电流的强大电场和磁场变化产生的静电感应和电磁感应造成的，所以称为感应雷或感应过电压。

③ 雷电波侵入。当输电线路或金属管路遭受直接雷击或发生感应雷，雷电波便沿着这些线路侵入室内，造成人员、电气设备和建筑物的伤害和破坏。雷电波侵入造成的事故在雷害事故中占相当大的比重，应引起足够重视。

④ 球形雷。球形雷的形成研究，还没有完整的理论。通常认为它是一个温度极高的特别明亮的眩目发光球体，直径在 10 ~ 20 cm 以上。球形雷通常在电闪后发生，以每秒几米的速度在空气中漂行，它能从烟囱、门、窗或孔洞进入建筑物内部造成破坏。

（4）雷暴日

雷电的大小与多少和气象条件有关。评价某地区雷电的活动频繁程度，一般以雷暴日为单位。在一天内只要听到雷声或者看到雷闪就算一个雷暴日。由当地气象台站统计的多年雷暴日的年平均值，称为年平均雷暴日数。年平均雷暴日不超过15 天的地区称为少雷区，超过 40 天的地区称为多雷区。

二、雷电的危害

雷电有多方面的破坏作用，雷电的危害一般分成两种类型：一是直接破坏作用，主要表现为雷电的热效应和机械效应；二是间接破坏作用，主要表现为雷电产生的静电感应和电磁感应。

① 热效应。雷电流通过导体时，在极短时间内转换成大量热能，可造成物体燃烧，金属熔化，极易引起火灾、爆炸等事故。

② 机械效应。雷电的机械效应所产生的破坏作用主要表现为两种形式:一是雷电流流入树木或建筑构件时在它们内部产生的内压力；二是雷电流流过金属物体时产生的电动力。

雷电流的温度很高，一般在 6 000 ~ 20 000 ℃，甚至高达数万摄氏度，当它通过树木或建筑物墙壁时，被击物体内部水分受热急剧汽化，或缝隙中分解出的气体剧烈膨胀，因而在被击物体内部出现了强大的机械力，使树木或建筑物遭受破坏，甚至爆裂成碎片。

另外，我们知道载流导体之间存在着电磁力的相互作用，这种作用力称为电动力。当强大的雷电流通过电气线路、电气设备时也会产生巨大的电动力使它们遭受破坏。

③ 电气效应。雷电引起的过电压，会击毁电气设备和线路的绝缘，产生闪络放电，以致开关掉闸，造成线路停电；会干扰电子设备，使系统数据丢失，造成通信、计算机、控制调节等电子系统瘫痪。绝缘损坏还可能引起短路，导致火灾或爆炸事故；防雷装置泄放巨大的雷电流时，使得其本身的电位升高，发生雷电反击；同时，雷电流流入地下，可能产生跨步电压，导致电击。

④ 电磁效应。由于雷电流量值大且变化迅速，在它的周围空间就会产生强大且变化剧烈的磁场，处于这个变化磁场中的金属物体就会感应出很高的电动势，使构成闭合回路的金属物体产生感应电流，产生发热现象。此热效应可能会使设备损坏，甚至引起火灾。特别存放易燃

易爆物品的建筑物将更危险。

三、防雷保护装置

防雷保护装置一般由接闪器、引下线和接地装置等三个部分组成。接地装置又由接地体和接地线组成。

1. 接闪器

接闪器就是专门用来接收雷云放电的金属物体。接闪器的类型有避雷针、避雷线、避雷带、避雷网、避雷环等，都是经常用来防止直接雷击的防雷设备。

所有接闪器都必须经过引下线与接地装置相连。接闪器利用其金属特性，当雷云先导接近时，它与雷云之间的电场强度最大，因而可将雷云“诱导”到接闪器本身，并经引下线和接地装置将雷电流安全地泄放到大地中去，从而起到了保护物体免受雷击。

（1）避雷针及保护范围

避雷针主要用来保护露天发电、配电装置、建筑物和构筑物。

避雷针通常采用圆钢或焊接钢管制成，将其顶端磨尖，以利于尖端放电。为保证足够的雷电流流通量，其直径应不小于表 5-1 给出的数值。

表 5-1　避雷针接闪器最小直径　　单位：mm

直径 针型	圆钢	钢管
针长<1 m	12	20
针长 1 ~ 2 m	16	25
烟囱顶上的针	20	40

避雷针对周围物体保护的有效性，常用保护范围来表示。在安装有一定高度的接闪器下面，有一个一定范围的安全区域，处在这个安全区域内的被保护的物体遭受直接雷击的概率非常小，这个安全区域称为避雷针的保护范围。确定避雷针的保护范围至关重要。避雷针对建筑物保护范围一般用滚球法确定。

滚球法是将一个以雷击距为半径的滚球，沿需要防直接雷击的区域滚动，利用这一滚球与避雷针及地面的接触位来限定保护范围的一种方法。

避雷针保护范围的确定方法如图 5-53 所示，具体步骤如下：当避雷针高度 h≤滚球半径 d_s。

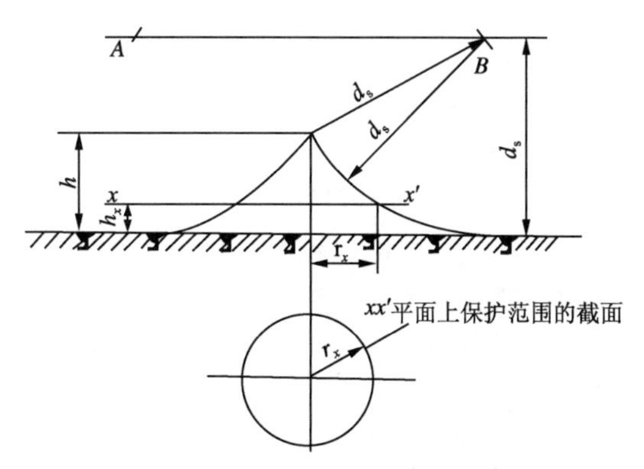

图 5-53　避雷针保护范围的确定方法

① 距地面 d_s 处画一平行于地面的平行线。

② 以避雷针针尖为圆心，以 d_s 为半径，画弧线交平行线于 A、B 两点。

③ 以 A 或 B 为圆心，d_s 为半径画弧线，该两条弧线上与避雷针尖相交，下与地面相切，再将此弧线以避雷针为轴旋转 180°，形成的圆弧曲面体空间就是避雷针保护范围。

④ 避雷针在 h_x 高度 xx' 平面上的保护半径 r_x 按式（5–53）确定（单位为 m）:

$$r_x = \sqrt{h(2d_s - h)} - \sqrt{h_x(2d_s - h_x)} \quad (5\text{–}53)$$

避雷针在地面上的保护半径 r_0 为

$$r_0 = \sqrt{h(2d_s - h)} \quad (5\text{–}34)$$

式中 r_x——避雷针在 h_x 高度的 xx' 平面上的保护半径，m；

d_s——滚球半径，按表 5–2 确定，m；

h——避雷针的高度，m；

h_x——被保护物的高度，m；

r_0——避雷针在地面上的保护半径，m。

表 5–2 按建筑物防雷类别布置接闪器及其滚球半径

建筑物防雷类别	滚球半径/m	避雷网网格尺寸/m
第一类防雷建筑	30	≤5 × 5 或≤6 × 4
第二类防雷建筑	45	≤10 × 10 或≤12 × 8
第三类防雷建筑	60	≤20 × 20 或≤24 × 16

当避雷针高度 $h >$ 滚球半径 d_s。

在避雷针上取高度为 d_s 的一点，代替避雷针针尖作为圆心，其余的作图步骤与避雷针高度 h≤滚球半径 d_s 时的情况相同。用上述计算公式时，h 用 d_s 代替。据此可知，当 $h>d_s$ 时，避雷针的保护范围不再增大，并在其高出滚球半径 $h-d_s$ 部分，将会遭受侧面雷击。

（2）避雷线

避雷线是由悬挂在架空线上的水平导线、接地引下线和接地体组成的。水平导线起接闪器的作用。它对电力线路等较长的保护物最为适用。

避雷线一般采用截面积不小于 35 mm^2 的镀锌钢绞线，架设在长距离高压供电线路或变电站构筑物上，以保护架空电力线路免受直接雷击。由于避雷线是架空敷设的而且接地，所以避雷线又称架空地线。避雷线的作用原理与避雷针相同。

（3）避雷带和避雷网

避雷带和避雷网主要适用于建筑物。避雷带通常是沿着建筑物易受雷击的部位，如屋脊、屋檐、屋角等处装设的带形导体。

避雷网是将建筑物屋面上纵横敷设的避雷带组成网格，其网格尺寸大小按有关规范确定，对于防雷等级不同的建筑物，其要求也不同，见表 5–2。

避雷带和避雷网可以采用圆钢或扁钢，但应优先采用圆钢。圆钢直径不得小于 8 mm，扁钢厚度不小于 4 mm，截面积不得小于 48 mm^2。避雷带和避雷网的安装方法有明装和暗装。避雷带和避雷网一般无须计算保护范围。

（4）避雷环

避雷环用圆钢或扁钢制作。防雷设计规范规定，高度超过一定范围的钢筋混凝土结构、钢结构建筑物，应设均压环防侧击雷。当建筑物全部为钢筋混凝土结构时，可利用结构圈梁钢筋与柱内引下线钢筋焊接作为均压环。没有结合柱和圈梁的建筑物，应每三层在建筑物外墙内敷一圈 ϕ12 mm 镀锌钢作为均压环，并与防雷装置所有的引下线连接。

2. 引下线

引下线是连接接闪器与接地装置的金属导体。其作用是构成雷电能量向大地泄放的通道。引下线一般采用圆钢或扁钢，要求镀锌处理。引下线应满足机械强度、耐腐蚀和热稳定性的要求。

（1）一般要求

引下线可以专门敷设，也可利用建筑物内的金属构件。

引下线应沿建筑物外墙敷设，并经最短路径接地。采用圆钢时，直径应不小于 8 mm，采用扁钢时，其截面积不应小于 48 mm^2，厚度不小于 4 mm。暗装时截面积应放大一级。

在我国高层建筑中，优先利用柱或剪力墙中的主钢筋作为引下线。当钢筋直径不小于 16 mm 时，应用两根主钢筋（绑扎或焊接）作为一组引下线；当钢筋直径为 10 mm 及以上时，应用四根钢筋（绑扎或焊接）作为一组引下线。建筑物在屋顶敷设的避雷网和防侧击的接闪环应和引下线连成一体，以利于雷电流的分流。

防雷引下线的数量多少影响到反击电压大小及雷电流引下的可靠性，所以引下线及其布置应按不同防雷等级确定，一般不得少于两根。

为了便于测量接地电阻和检查引下线与接地装置的连接情况，人工敷设的引下线宜在引下线距地面 0.3 ~ 1.8 m 之间位置设置断接卡子。当利用混凝土内钢筋、钢柱作为自然引下线并同时采用基础接地时，不设断接卡子。但利用钢筋作为引下线时，应在室内或室外的适当地点设置若干连接板，该连接板可供测量、接人工接地体和作为等电位连接用。

（2）引下线施工要求

明敷的引下线应镀锌，焊接处应涂防腐漆。地面上约 1.7 m 至地下 0.3 m 的一段引下线，应有保护措施，防止受机械损伤和人身接触。

引下线施工不得直角转弯，与雨水管相距接近时可以焊接在一起。

高层建筑的引下线应该与金属门窗电气连通。当采用两根主筋时，其焊接长度应不小于直径的 6 倍。

引下线是防雷装置极重要的组成部分，必须可靠敷设，以保证防雷效果。

3. 接地装置

无论是工作接地还是保护接地，都是经过接地装置与大地连接的。接地装置包括接地体和接地线两部分，它是防雷装置的重要组成部分。接地装置的主要作用是向大地均匀地泄放电流，使防雷装置对地电压不至于过高。

接地体是人为埋入地下与土壤直接接触的金属导体；接地线是连接接地体或接地体与引下线的金属导线。

（1）接地体

接地体一般分为自然接地体和人工接地体。

自然接地体是指兼作接地用的直接与大地接触的各种金属体，例如利用建筑物基础内的钢筋构成的接地系统。有条件时应首先利用自然接地体。因为它具有接地电阻较小，稳定可靠，减少材料和安装维护费用等优点。

人工接地体是专门作为接地用的接地体，安装时需要配合土建施工进行，在基础开挖时，也同时挖好接地沟，并将人工接地体按设计要求埋设好。

有时自然接地体安装完毕并经测量后，接地电阻不能满足要求时，需要增加敷设人工接地体来减小接地电阻值。

人工接地体按其敷设方式分为垂直接地体和水平接地体两种。垂直接地体一般为垂直埋入地下的角钢、圆钢、钢管等；水平接地体一般为水平敷设的扁钢、圆钢等。

① 垂直接地体。垂直接地体多使用镀锌角钢和镀锌钢管，一般应按设计所提数量及规格进行加工。镀锌角钢一般可选用 40 mm×40 mm× 5 mm 或 50 mm×50 mm×5 mm 两种规格，其长度一般为 2.5 m。镀锌钢管一般直径为 50 mm，壁厚不小于 3.5 mm。垂直接地体打入地下的部分应加工成尖形，如图 5-54 所示。

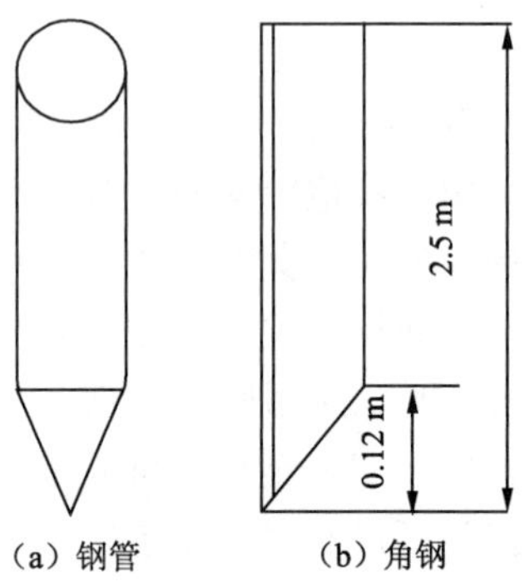

图 5-54　垂直接地体端部处理

接地装置需埋于地表层以下，一般深度不应小于 0.6 m。为减少相邻接地体的屏蔽作用，垂直接地体之间的间距不宜小于接地体长度的 2 倍，并应保证接地体与地面的垂直度。

接地体与接地体之间的连接一般采用镀锌扁钢。扁钢应立放，这样既便于焊接又可减小流散电阻。

② 水平接地体。水平接地体是将镀锌扁钢或镀锌圆钢水平敷设于土壤中，水平接地体可采用 40 mm×4 mm 的扁钢或直径为 16 mm 的圆钢。水平接地体埋深不小于 0.6 m。水平接地体一般有三种形式：普通水平接地体、围绕建筑物四周的闭合环式接地体以及延长外引接地体。普通水平接地体埋设方式如图 5-55 所示。普通水平接地体如果有多根水平接地体平行埋设，其间距应符合设计规定；当无设计规定时，不宜小于 5 m。围绕建筑物四周的闭合环式接地体如图 5-56 所示。当受地方限制或建筑物附近的土壤电阻率高时，可外引接地装置，将接地体延伸到电阻率小的地方，但要考虑到接地体的有效长度范围限制，否则不利于雷电流的泄散。

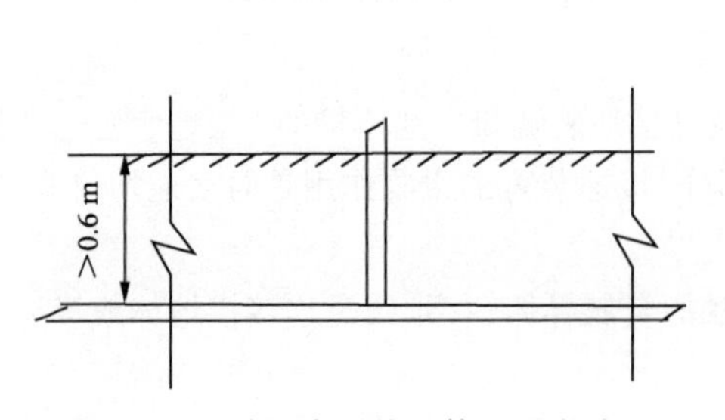

图 5-55　普通水平接地体埋设方式

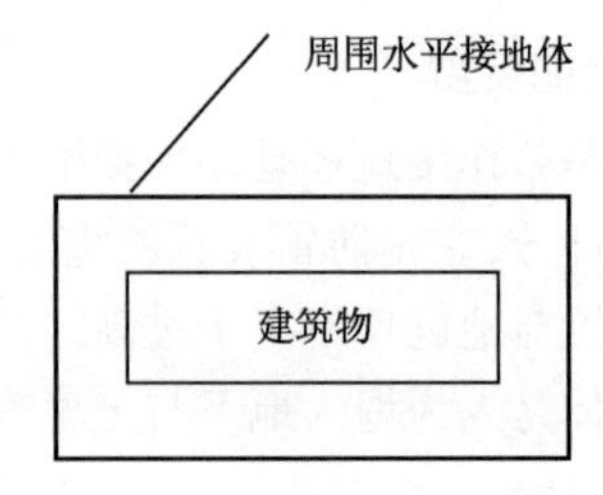

图 5-56　围绕建筑物四周的闭合环式接地体

（2）接地线

接地线是连接接地体和引下线或电气设备接地部分的金属导体，它可分为自然接地线和人工接地线两种类型。

自然接地线可利用建筑物的金属结构，如梁、柱、桩等混凝土结构内的钢筋等。利用自然接地线必须符合下列要求：

① 应保证全长管路有可靠的电气通路。

② 利用电气配线钢管作为接地线时，管壁厚度不应小于 3.5 mm。

③ 用螺栓或铆钉连接的部位必须焊接跨接线。

④ 利用串联金属构件作为接地线时，其构件之间应以截面积不小于 100 mm^2 的钢材焊接。

⑤ 不得用蛇皮管、管道保温层的金属外皮或金属网作为接地线。

人工接地线材料一般采用扁钢和圆钢，但移动式电气设备、采用钢质导线在安装上有困难的电气设备可采用有色金属作为人工接地线，绝对禁止使用裸铝导线作为接地线。采用扁钢作为地下接地线时，其截面积不应小于 25 mm×4 mm；采用圆钢作为接地线时，其直径不应小于 10 mm。人工接地线不仅要有一定机械强度，而且接地线截面积应满足热稳定的要求。

4. 防雷装置的技术要求

前面介绍了各种主要防雷装置的基本结构、工作原理，各种防雷器件保护特性和适用范围。接闪器、引下线与接地装置由于对防雷的要求不同，在使用这些防雷装置时的技术要求就有所差异。各类防雷装置的技术要求对比见表 5-3。

表 5-3　各类防雷装置的技术要求对比

防雷类别 防雷措施特点	一类	二类	三类
防直击雷	应装设独立避雷针或架空避雷线（网），使保护物体均处于接闪器的保护范围之内。 当建筑物太高或其他原因难以装设独立避雷针、架空避雷线（网）时可采用装设在建筑物上的避雷网或避雷针或混合组成的接闪器进行直接雷防护。避雷网的网格尺寸≤5 m×5 m 或≤6 m×4 m	宜采用装设在建筑物上的避雷网（带）或避雷针或混合组成的接闪器进行直接雷防护。避雷网的网格尺寸≤10 m×10 m 或≤12 m×8 m	宜采用装设在建筑物上的避雷网（带）或避雷针或混合组成的接闪器进行直接雷防护。避雷网的网格尺寸≤20 m×20 m 或≤24 m×16 m
防雷电感应	（1）建筑物的设备、管道、构架、电缆金属外皮、钢屋架和钢窗等较大金属物以及突出屋面的放散管和风管等金属物，均应接到防雷电感应的接地装置上。 （2）平行敷设的管道、构架和电缆金属外皮等长金属物，其净距小于 100 mm 时应采用金属跨接，跨接点的间距不应大于 30 m。长金属物连接处应用金属线跨接	（1）建筑物内的设备、管道、构架等主要金属物，应就近接到接地装置上，可不另设接地装置。 （2）平行敷设的管道、构架和电缆金属外皮等长金属物应符合一类防雷建筑物要求，但长金属物连接处可不跨接	

续表

防雷类别 防雷措施特点	一类	二类	三类
防雷电入侵波	（1）低压线路宜全线用电缆直接埋地敷设，入户端应将电缆的金属外皮、钢管接到防雷电感应的接地装置上。 （2）架空金属管道，在进出建筑物处亦应与防雷电感应的接地装置相连。距离建筑物100 m内的管道，应每隔25 m左右接地一次。 （3）埋地的或地沟内的金属管道，在进出建筑物处亦应与防雷电感应的接地装置相连	（1）当低压线路采用全线用电缆直接埋地敷设时，入户端应将电缆的金属外皮、金属线槽与防雷的接地装置相连。 （2）平均雷暴日小于30 d/a地区的建筑物，可采用低压架空线入户。 （3）架空和直接埋地的金属管道在进出建筑物处应就近与防雷接地装置相连	（1）电缆进出线，就在进出端将电缆的金属外皮、钢管和电气设备的保护接地相连。 （2）架空线进出线，应在进出处装设避雷器，避雷器应与绝缘子铁脚、金具连接并接入电气设备的保护接地装置上。 （3）架空金属管道在进出建筑物处应就近与防雷接地装置相连或独自接地
防侧击雷	（1）从30 m起每隔不大于6 m沿建筑物四周设环形避雷带，并与引下线相连。 （2）并将30 m及以上外墙上的栏杆、门窗等较大的金属物与防雷装置连接	（1）高度超过45 m建筑物应采取防侧击雷及等电位的保护措施。 （2）并将45 m及以上外墙上的栏杆、门窗等较大的金属物与防雷装置连接	（1）高度超过60 m建筑物应采取防侧击雷及等电位的保护措施。 （2）并将60 m及以上外墙上的栏杆、门窗等较大的金属物与防雷装置连接
引下线间距	≤12 m	≤18 m	≤25 m

技能实训　触电现场急救

一、实训目的

① 了解安全用电技术的内涵，电流对人体的伤害及后果。
② 掌握口对口人工呼吸的要领，能迅速、正确地对触电者进行急救。
③ 掌握胸外心脏按压的要领，能迅速、正确地对触电者进行急救。

二、实训所需设备、材料

① 设备：智能模拟人1套。
② 材料：棉纱、医用酒精。

三、实训任务及要求

① 现场诊断，判断意识。拍打触电者双肩，并大声呼唤触电者姓名，掐人中、合谷穴。诊断时间不少于10 s。

② 判断触电者有无呼吸。救护者贴近触电者口鼻处判断是否有呼吸，并用眼睛看触电者的胸部是否有起伏，如没有起伏说明触电者停止呼吸。判断时间不少于5 s。

③ 判断触电者有无心跳。用手指轻轻触摸触电者颈动脉喉结旁2～3 cm有无脉搏，触摸

时间不少于 10 s。

④ 报告伤情。

⑤ 对触电者实施口对口人工呼吸。通畅气道采用仰头抬颌法，切勿用枕头等物品垫在触电者头下；如果触电者口腔有异物，应将其身体及头部同时偏转，取出口腔异物。人工呼吸时，让触电者头部尽量后仰，鼻孔朝天，救护者一只手捏紧触电者的鼻孔，另一只手拖住触电者下颌骨，使嘴张开，吹气时先连续大口吹气两次，每次 1 ~ 1.5 s。两次吹气后颈动脉仍无脉搏，可判断心跳停止，立即进行胸外心脏按压。

⑥ 对触电者实施胸外心脏按压。救护者右手的食指和中指沿触电者的右侧肋弓下缘向上，找到肋骨和胸骨接合处的中点；两手指并齐，中指放在切迹中点；食指放在胸骨下部；另一只手的掌根紧挨食指上缘置于胸骨上，即为正确按压位置。胸外心脏按压时，救护者跪在触电者一侧肩旁，上身前倾，两肩位于伤者胸骨正上方，两臂伸直，肘关节固定不弯曲，两手掌重叠，手指翘起，利用身体重量，垂直按压，按压力度为 3 ~ 5 cm，按压完放松时手掌上抬但不要离开触电者身体。胸外心脏按压频率为每分钟 80 ~ 100 次，按压和放松时间均等，按压有效时可以触及触电者颈动脉脉搏。人工呼吸和胸外心脏按压同时进行时，如果是单人救护，操作的节奏为：每按压 15 次后吹气 2 次（15：2），反复进行；双人救护时，每按压 5 次后由另一个人吹气 1 次（5：1），反复进行。

⑦ 判断抢救情况。可以触及触电者颈动脉脉搏，则抢救成功。

四、实训考核

① 针对完成情况记录成绩。

② 分组完成实训后制作 PPT 并进行演示。

③ 写出实训报告。

思考与练习

1. 继电保护有哪些任务？对继电保护有哪些基本要求？

2. 过电流保护装置的动作电流是如何整定的？其整定计算公式是什么？

3. 电流速断保护的动作电流应如何整定？其整定计算公式是什么？电流速断保护为何会出现“死区”？

4. 什么是定时限过电流保护、限时电流速断保护、反时限过电流保护、电流速断保护？

5. 什么是电流保护的接线方式？分析各种接线方式的特点和应用场合。什么是电网的距离保护？分别阐述其工作原理和组成。

6. 什么叫过电压？雷电过电压有哪些？

7. 零序过电流保护的整定原则是什么？为什么不考虑非全相运行？

8. 中性点不接地系统中，单相接地时的特点是什么？

9. 变压器故障可分为哪几种？变压器保护的方式有哪几种？是如何来实现的？

10. 变压器轻瓦斯保护和重瓦斯保护的区别是什么？

变电站（发电厂）倒闸操作票格式

变电站（发电厂）倒闸操作票

单位__________　　编号__________

<table>
<tr><td>发令人</td><td></td><td>受令人</td><td colspan="2"></td><td>发令时间：</td><td>年　月　日　时　分</td></tr>
<tr><td colspan="5">操作开始时间：
年　月　日　时　分</td><td colspan="2">操作结束时间：
年　月　日　时　分</td></tr>
<tr><td colspan="7">（　）监护下操作（　）单人操作（　）检修人员操作</td></tr>
<tr><td colspan="7">操作任务：
____</td></tr>
<tr><td>顺序</td><td colspan="5">操作项目</td><td>√</td></tr>
<tr><td></td><td colspan="5"></td><td></td></tr>
<tr><td></td><td colspan="5"></td><td></td></tr>
<tr><td></td><td colspan="5"></td><td></td></tr>
<tr><td></td><td colspan="5"></td><td></td></tr>
<tr><td></td><td colspan="5"></td><td></td></tr>
<tr><td></td><td colspan="5"></td><td></td></tr>
<tr><td></td><td colspan="5"></td><td></td></tr>
<tr><td></td><td colspan="5"></td><td></td></tr>
<tr><td></td><td colspan="5"></td><td></td></tr>
<tr><td></td><td colspan="5"></td><td></td></tr>
<tr><td></td><td colspan="5"></td><td></td></tr>
<tr><td></td><td colspan="5"></td><td></td></tr>
<tr><td colspan="7">备注：</td></tr>
<tr><td colspan="7">操作人：　　　　监护人：　　　　值班负责人（值长）：</td></tr>
</table>

变电站（发电厂）第一种工作票格式

变电站（发电厂）第一种工作票

单位__________ 编号__________

1. 工作负责人（监护人）________班组________
2. 工作班人员（不包括工作负责人）

____

____

____

____共________人。

3. 工作的变配电站名称及设备双重名称

____

4. 工作任务

工作地点及设备双重名称	工作内容

5. 计划工作时间

自_____年_____月_____日_____时_____分

至_____年_____月_____日_____时_____分

6. 安全措施（必要时可附页绘图说明）

应拉断路器（开关）、隔离开关（刀闸）	已执行
应装接地线、应合接地刀闸（注明确实地点、名称及接地线编号 ）	已执行
应设遮栏、应挂标示牌及防止二次回路误碰等措施	已执行

*已执行栏目及接地线编号由工作许可人填写。

工作地点保留带电部分或注意事项（由工作票签发人填写）：	补充工作地点保留带电部分和安全措施（由工作许可人填写）：

工作票签发人签名________签发日期_____年_____月_____日

7. 收到工作票时间

_____年_____月_____日_____时_____分

运行值班人员签名________ 工作负责人签名________

8. 确认本工作票 1 ~ 7 项

工作负责人签名________ 工作许可人签名________

许可开始工作时间：_____年_____月_____日_____时_____分

9. 确认工作负责人布置的任务和本施工项目安全措施

工作班组人员签名

____

____

____

____

____

10. 工作负责人变动情况

原工作负责人________离去，变更________为工作负责人

工作票签发________ _____年_____月_____日_____时_____分

工作人员变动情况（增添人员姓名、变动日期及时间）：

____

____

____

____

____

工作负责人签名________

11. 工作票延期

有效期延长到_____年_____月_____日_____时_____分

工作负责人签名________ _____年_____月_____日_____时_____分

工作许可人签名________ _____年_____月_____日_____时_____分

12. 每日开工和收工时间（使用一天的工作票不必填写）

收工时间				工作负责人	工作许可人	开工时间				工作许可人	工作负责人
月	日	时	分			月	日	时	分		

13. 工作终结

全部工作于_____年_____月_____日_____时_____分结束，设备及安全措施已恢复至开工前状态，工作人员已全部撤离，材料工具已清理完毕，工作已终结。

工作负责人签名________ 工作许可人签名________

14. 工作票终结

临时遮栏、标示牌已拆除，常设遮栏已恢复。未拆除或未拉开的接地线编号等共____组、接地刀闸（小车）共________副（台），已汇报调度值班员。

工作许可人签名________ _____年_____月_____日_____时_____分

15. 备注

（1）指定专责监护人__________负责监护__________

__________________________________（地点及具体工作）

（2）其他事项____

____

____

电力电缆第一种工作票格式

电力电缆第一种工作票

单位__________ 编号__________

1. 工作负责人（监护人）________班组________

2. 工作班人员（不包括工作负责人）

____

____

____

____共________人。

3. 电力电缆双重名称______________________________

4. 工作任务

工作地点或地段	工作内容

5. 计划工作时间

自_____年_____月_____日_____时_____分

至_____年_____月_____日_____时_____分

6. 安全措施（必要时可附页绘图说明）

（1）应拉开的设备名称、应装设绝缘挡板			
变配电站或线路名称	应拉开的断路器（开关）、隔离开关（刀闸）、熔断器（保险）以及应装设的绝缘挡板（注明设备双重名称）	执行人	已执行

续表

（2）应合接地刀闸或应装接地线		
接地刀闸双重名称和接地线装设地点	接地线编号	执行人

（3）应设遮栏，应挂标示牌	执行人

（4）工作地点保留带电部分或注意事项（由工作票签发人填写）	（5）补充工作地点保留带电部分和安全措施（由工作许可人填写）

工作票签发人签名________签发日期_____年_____月_____日_____时_____分

7. 确认本工作票1～5项

工作负责人签名________

8. 补充安全措施

____

____

____

____

工作负责人签名________

9. 工作许可

（1）在线路上的电缆工作：

工作许可人________用________方式许可自_____年_____月_____日_____时_____分起开始工作。工作负责人签名________

（2）在变电站或发电厂内的电缆工作：

安全措施项所列措施中________（变配电站/发电厂）部分已执行完毕。

工作许可时间_____年_____月_____日_____时_____分。

工作许可人签名________　　工作负责人签名________

10. 确认工作负责人布置的任务和本施工项目安全措施

工作班组人员签名

____

____

____

____

11. 每日开工和收工时间（使用一天的工作票不必填写）

收工时间				工作负责人	工作许可人	开工时间				工作许可人	工作负责人
月	日	时	分			月	日	时	分		

12. 工作票延期

有效期延长到_____年_____月_____日_____时_____分

工作负责人签名________ _____年_____月_____日_____时_____分

工作许可人签名________ _____年_____月_____日_____时_____分

13. 工作负责人变动

原工作负责人________离去，变更________为工作负责人。

工作票签发人________ _____年_____月_____日_____时_____分

14. 工作人员变动（增添人员姓名、变动日期及时间）

工作负责人签名________

15. 工作终结

（1）在线路上的电缆工作：工作人员已全部撤离，材料工具已清理完毕，工作终结；所装的工作接地线共_____副已全部拆除，于_____年_____月_____日_____时_____分工作负责人向工作许可人________用_____方式汇报。

工作负责人签名_________

（2）在变配电站或发电厂内的电缆工作：在__________（变配电站，发电厂）工作于_____年_____月_____日_____时_____分结束，设备及安全措施已恢复至开工前状态，工作人员已全部撤离，材料工具已清理完毕。

工作许可人签名________　　工作负责人签名________

16. 工作票终结

临时遮栏、标示牌已拆除，常设遮栏已恢复；

未拆除或拉开的接地线编号________等共_____组、接地刀闸共_____副（台），已汇报调度。

工作许可人签名________

17. 备注

（1）指定专责监护人________负责监护____

____（地点及具体工作）

（2）其他事项：____

____

变电站（发电厂）第二种工作票格式

变电站（发电厂）第二种工作票

单位__________ 编号__________

1. 工作负责人（监护人）________班组________

2. 工作班人员（不包括工作负责人）

____

____

____共________人。

3. 工作的变配电站名称及设备双重名称

____

4. 工作任务

工作地点或地段	工作内容

5. 计划工作时间

自_____年_____月_____日_____时_____分

至_____年_____月_____日_____时_____分

6. 工作条件（停电或不停电，或邻近及保留带电设备名称）

____

7. 注意事项（安全措施）

____

____

____

____

工作票签发人签名________ 签发日期_____年_____月_____日_____时_____分

8. 补充安全措施（工作许可人填写）

9. 确认本工作票 1 ~ 8 项

许可开始工作时间：_____年_____月_____日_____时_____分

工作负责人签名________　　工作许可人签名________

10. ______确认工作负责人布置的任务和本施工项目安全措施

工作班组人员签名

____

____

____

____

11. 工作票延期

有效期延长到_____年_____月_____日_____时_____分

工作负责人签名________　_____年_____月_____日_____时_____分

工作许可人签名________　_____年_____月_____日_____时_____分

12. 工作票终结

全部工作于_____年_____月_____日_____时_____分结束，工作人员已全部撤离，材料工具已清理完毕。

工作负责人签名________　_____年_____月_____日_____时_____分

工作许可人签名________　_____年_____月_____日_____时_____分

13.备注

____

____

____

____

电力电缆第二种工作票格式

电力电缆第二种工作票

单位__________　编号__________

1. 工作负责人（监护人）__________班组__________

2. 工作班人员（不包括工作负责人）

____

____

____

____共__________人。

3. 工作任务

电力电缆双重名称	工作地点或地段	工作内容

4. 计划工作时间

自_____年_____月_____日_____时_____分

至_____年_____月_____日_____时_____分

5. 工作条件和安全措施

____

____

____

工作票签发人签名________签发日期_____年_____月_____日_____时_____分

6. 确认本工作票 1 ~ 5 项

工作负责人签名________

7. 补充安全措施（工作许可人填写）

____

____

____

8. 工作许可

（1）在线路上的电缆工作：工作开始时间_____年_____月_____日_____时_____分。工

作负责人签名________

（2）在变电站或发电厂内的电缆工作：

安全措施项所列措施中________（变配电站/发电厂）部分，已执行完毕。

许可自_____年_____月_____日_____时_____分起开始工作。

工作许可人签名________工作负责人签名________

9. 确认工作负责人布置的本施工项目安全措施

工作班组人员签名

____

____

____

10. 工作票延期

有效期延长到_____年_____月_____日_____时_____分

工作负责人签名________ _____年_____月_____日_____时_____分

工作许可人签名________ _____年_____月_____日_____时_____分

11. 工作负责人变动

原工作负责人________离去，变更________为工作负责人。

工作票签发人签名________ _____年_____月_____日_____时_____分

12. 工作票终结

（1）在线路上的电缆工作：

工作结束时间_____年_____月_____日_____时_____分

工作负责人签名________

（2）在变配电站或发电厂内的电缆工作：

在________（变配电站，发电厂）工作于_____年_____月_____日_____时_____分结束，工作人员已全部退出，材料工具已清理完毕。

工作许可人签名________　工作负责人签名________

13. 备注

____

____

____

附录F 变电站（发电厂）带电作业工作票格式

变电站（发电厂）带电作业工作票

单位__________　　编号__________

1. 工作负责人（监护人）________班组________
2. 工作班人员（不包括工作负责人）

____

____

____共________人。

3. 工作的变配电站名称及设备双重名称

____

4. 工作任务

工作地点或地段	工作内容

5. 计划工作时间

自_____年_____月_____日_____时_____分

至_____年_____月_____日_____时_____分

6. 工作条件（等电位、中间电位或地电位作业，或邻近带电设备名称）

____

____

____

7. 注意事项（安全措施）

____

____

____

工作票签发人签名________签发日期_____年_____月_____日

8. 确认本工作票 1 ~ 7 项

工作负责人签名________

9. 指定________为专责监护人　　专责监护人签名________

10. 补充安全措施（工作许可人填写）

____

____

____

11. 许可工作时间

_____年_____月_____日_____时_____分

工作许可人签名________　　工作负责人签名________

12. 确认工作负责人布置的任务和本施工项目安全措施

工作班组人员签名

____

____

____

13. 工作票终结

全部工作于_____年_____月_____日_____时_____分结束，工作人员已全部撤离，材料工具已清理完毕。

工作负责人签名________　工作许可人签名________

14. 备注

____

____

____

变电站（发电厂）事故应急抢修单格式

变电站（发电厂）事故应急抢修单

单位__________　　编号__________

1. 抢修工作负责人（监护人）________班组________
2. 抢修班人员（不包括抢修工作负责人）

____共______人。

3. 抢修任务（抢修地点和抢修内容）

____

____

____

4. 安全措施

____

____

____

5. 抢修地点保留带电部分或注意事项

____

____

6. 上述 1 ~ 5 项由抢修工作负责人________根据抢修任务布置人________的布置填写。
7. 经现场勘察需补充下列安全措施

____

____

____

经许可人（调度/运行人员）________同意（_____年_____月_____日_____时_____分）后，已执行。

8. 许可抢修时间

_____年_____月_____日_____时_____分

许可人（调度/运行人员）_________

9. 抢修结束汇报

本抢修工作于_____年_____月_____日_____时_____分结束。

现场设备状况及保留安全措施：

抢修班人员已全部撤离，材料工具已清理完毕，事故应急抢修单已终结。

抢修工作负责人________　　许可人（调度/运行人员）________

填写时间_____年_____月_____日_____时_____分

附录H 二次工作安全措施票格式

二次工作安全措施票

单位__________ 编号__________

<table>
<tr><td colspan="2">被试设备名称</td><td colspan="4"></td></tr>
<tr><td>工作负责人</td><td></td><td>工作时间</td><td>月　　日</td><td>签发人</td><td></td></tr>
<tr><td colspan="6">工作内容：

</td></tr>
<tr><td colspan="6">安全措施：包括应打开及恢复连接片、直流线、交流线、信号线、联锁线和联锁开关等，按工作顺序填用安全措施</td></tr>
</table>

序号	执行	安全措施内容	恢复

执行人：________ 监护人：________ 恢复人：________ 监护人：________

附录I

标示牌式样

标示牌式样

名　称	悬　挂　处	式　　样		
		尺寸（mm×mm）	颜　色	字　样
禁止合闸，有人工作	一经合闸即可送电到施工设备的断路器（开关）和隔离开关（刀闸）操作把手上	200×160 和 80×65	白底，红色圆形斜杠，黑色禁止标志符号	黑字
禁止合闸，线路有人工作	线路断路器（开关）和隔离开关（刀闸）把手上	200×160 和 80×65	白底，红色圆形斜杠，黑色禁止标志符号	黑字
禁止分闸	接地刀闸与检修设备之间的断路器（开关）操作把手上	200×160 和 80×65	白底，红色圆形斜杠，黑色禁止标志符号	黑字
在此工作	工作地点或检修设备上	250×250 和 80×80	衬底为绿色，中有直径 200 mm 和 65 mm 白圆圈	黑字，写于白圆圈中
止步，高压危险	施工地点临近带电设备的遮栏上；室外工作地点的围栏上；禁止通行的过道上；高压试验地点；室外构架上；工作地点临近带电设备的横梁上	300×240 和 200×160	白底，黑色正三角形及标志符号，衬底为黄色	黑字
从此上下	工作人员可以上下的铁架、爬梯上	250×250	衬底为绿色，中有直径 200mm 白圆圈	黑字，写于白圆圈中
从此进出	室外工作地点围栏的出入口处	250×250	衬底为绿色，中有直径 200mm 白圆圈	黑体黑字，写于白圆圈中
禁止攀登，高压危险	高压配电装置构架的爬梯上，变压器、电抗器等设备的爬梯上	500×400 和 200×160	白底，红色圆形斜杠，黑色禁止标志符号	黑字

注：在计算机显示屏上一经合闸即可送电到工作地点的断路器（开关）和隔离开关（刀闸）的操作把手处所设置的“禁止合闸，有人工作！”和“禁止合闸，线路有人工作！”以及“禁止分闸！”的标记可参照上表中有关标示牌的式样。

绝缘安全工器具试验项目、周期和要求

绝缘安全工器具试验项目、周期和要求

<table>
<tr><th>序号</th><th>器具</th><th>项目</th><th>周期</th><th colspan="4">要　求</th><th>说　明</th></tr>
<tr><td rowspan="10">1</td><td rowspan="10">电容型验电器</td><td>起动电压试验</td><td>1年</td><td colspan="4">起动电压值不高于额定电压的40%，不低于额定电压的15%</td><td>试验时接触电极应与试验电极相接触</td></tr>
<tr><td rowspan="9">工频耐压试验</td><td rowspan="9">1年</td><td rowspan="2">额定电压/kV</td><td rowspan="2">试验长度/m</td><td colspan="2">工频耐压/kV</td><td rowspan="9"></td></tr>
<tr><td>1 min</td><td>5 min</td></tr>
<tr><td>10</td><td>0.7</td><td>45</td><td>—</td></tr>
<tr><td>35</td><td>0.9</td><td>95</td><td>—</td></tr>
<tr><td>63</td><td>1.0</td><td>175</td><td>—</td></tr>
<tr><td>110</td><td>1.3</td><td>220</td><td>—</td></tr>
<tr><td>220</td><td>2.1</td><td>440</td><td>—</td></tr>
<tr><td>330</td><td>3.2</td><td>—</td><td>380</td></tr>
<tr><td>500</td><td>4.1</td><td>—</td><td>580</td></tr>
<tr><td rowspan="10">2</td><td rowspan="10">携带型短路接地线</td><td>成组直流电阻试验</td><td>不超过5年</td><td colspan="4">在各接线鼻之间测量直流电阻，对于25mm^2，35 mm^2，50 mm^2，70 mm^2，95 mm^2，120 mm^2的各种截面，平均每米的电阻值应分别小于0.79 mΩ，0.56 mΩ，0.40 mΩ，0.28 mΩ，0.21 mΩ，0.16 mΩ</td><td>同一批次抽测，不少于两条，接线鼻与软导线压接的应做该试验</td></tr>
<tr><td rowspan="9">操作棒的工频耐压试验</td><td rowspan="9">4年</td><td rowspan="2">额定电压/kV</td><td rowspan="2">试验长度/m</td><td colspan="2">工频耐压/kV</td><td rowspan="9">试验电压加在护环与紧固头之间</td></tr>
<tr><td>1min</td><td>5min</td></tr>
<tr><td>10</td><td>—</td><td>45</td><td>—</td></tr>
<tr><td>35</td><td>—</td><td>95</td><td>—</td></tr>
<tr><td>63</td><td>—</td><td>175</td><td>—</td></tr>
<tr><td>110</td><td>—</td><td>220</td><td>—</td></tr>
<tr><td>220</td><td>—</td><td>440</td><td>—</td></tr>
<tr><td>330</td><td>—</td><td>—</td><td>380</td></tr>
<tr><td>500</td><td>—</td><td>—</td><td>580</td></tr>
</table>

续表

<table>
<tr><th>序号</th><th>器具</th><th>项目</th><th>周期</th><th>要求</th><th>说明</th></tr>
<tr><td>3</td><td>个人保安线</td><td>成组直流电阻试验</td><td>不超过5年</td><td>在各接线鼻之间测量直流电阻，对于10 mm^2，16 mm^2，25 mm^2各种截面，平均每米的电阻值应小于1.98 mΩ、1.24 mΩ、0.79 mΩ</td><td>同一批次抽测，不少于两条</td></tr>
<tr><td>4</td><td>绝缘杆</td><td>工频耐压试验</td><td>1年</td><td>
<table>
<tr><th rowspan="2">额定电压/kV</th><th rowspan="2">试验长度/m</th><th colspan="2">工频耐压/kV</th></tr>
<tr><th>1 min</th><th>5 min</th></tr>
<tr><td>10</td><td>0.7</td><td>45</td><td>—</td></tr>
<tr><td>35</td><td>0.9</td><td>95</td><td>—</td></tr>
<tr><td>63</td><td>1.0</td><td>175</td><td>—</td></tr>
<tr><td>110</td><td>1.3</td><td>220</td><td>—</td></tr>
<tr><td>220</td><td>2.1</td><td>440</td><td>—</td></tr>
<tr><td>330</td><td>3.2</td><td>—</td><td>380</td></tr>
<tr><td>500</td><td>4.1</td><td>—</td><td>580</td></tr>
</table>
</td><td></td></tr>
<tr><td rowspan="4">5</td><td rowspan="4">核相器</td><td>连接导线绝缘强度试验</td><td>必要时</td><td>
<table>
<tr><th>额定电压/kV</th><th>工频耐压/kV</th><th>持续时间/min</th></tr>
<tr><td>10</td><td>8</td><td>5</td></tr>
<tr><td>35</td><td>28</td><td>5</td></tr>
</table>
</td><td>浸在电阻率小于100 Ω · m水中</td></tr>
<tr><td>绝缘部分工频耐压试验</td><td>1年</td><td>
<table>
<tr><th>额定电压/kV</th><th>试验长度/m</th><th>工频耐压/kV</th><th>持续时间/min</th></tr>
<tr><td>10</td><td>0.7</td><td>45</td><td>1</td></tr>
<tr><td>35</td><td>0.9</td><td>95</td><td>1</td></tr>
</table>
</td><td></td></tr>
<tr><td>电阻管泄漏电流试验</td><td>半年</td><td>
<table>
<tr><th>额定电压/kV</th><th>工频耐压/kV</th><th>持续时间/min</th><th>泄漏电流/mA</th></tr>
<tr><td>10</td><td>10</td><td>1</td><td>≤2</td></tr>
<tr><td>35</td><td>35</td><td>1</td><td>≤2</td></tr>
</table>
</td><td></td></tr>
<tr><td>动作电压试验</td><td>1年</td><td>最低动作电压应达0.25倍额定电压</td><td></td></tr>
<tr><td>6</td><td>绝缘罩</td><td>工频耐压试验</td><td>1年</td><td>
<table>
<tr><th>额定电压/kV</th><th>工频耐压/kV</th><th>时间/min</th></tr>
<tr><td>6～10</td><td>30</td><td>1</td></tr>
<tr><td>35</td><td>80</td><td>1</td></tr>
</table>
</td><td></td></tr>
<tr><td>7</td><td>绝缘隔板</td><td>表面工频耐压试验</td><td>1年</td><td>
<table>
<tr><th>额定电压/kV</th><th>工频耐压/kV</th><th>持续时间/min</th></tr>
<tr><td>6～35</td><td>60</td><td>1</td></tr>
<tr><td>6～10</td><td>30</td><td>1</td></tr>
<tr><td>35</td><td>80</td><td>1</td></tr>
</table>
</td><td></td></tr>
</table>

续表

<table>
<tr><th>序号</th><th>器具</th><th>项目</th><th>周期</th><th colspan="4">要　　求</th><th>说　明</th></tr>
<tr><td rowspan="3">8</td><td rowspan="3">绝缘胶垫</td><td rowspan="3">工频耐压试验</td><td rowspan="3">1 年</td><td colspan="2">电压等级</td><td>工频耐压/kV</td><td>持续时间/min</td><td rowspan="3"></td></tr>
<tr><td colspan="2">高压</td><td>15</td><td>1</td></tr>
<tr><td colspan="2">低压</td><td>3.5</td><td>1</td></tr>
<tr><td rowspan="2">9</td><td rowspan="2">绝缘靴</td><td rowspan="2">工频耐压试验</td><td rowspan="2">半年</td><td colspan="2">工频耐压/kV</td><td>持续时间/min</td><td>泄漏电流/mA</td><td rowspan="2"></td></tr>
<tr><td colspan="2">25</td><td>1</td><td>≤10</td></tr>
<tr><td rowspan="3">10</td><td rowspan="3">绝缘手套</td><td rowspan="3">工频耐压试验</td><td rowspan="3">半年</td><td>电压等级</td><td>工频耐压/kV</td><td>持续时间/min</td><td>泄漏电流/mA</td><td rowspan="3"></td></tr>
<tr><td>高压</td><td>8</td><td>1</td><td>≤9</td></tr>
<tr><td>低压</td><td>2.5</td><td>1</td><td>≤2.5</td></tr>
<tr><td>11</td><td>导电鞋</td><td>直流电阻试验</td><td>穿用不超过20 h</td><td colspan="4">电阻小于 100 kΩ</td><td></td></tr>
</table>

注：接地线如用于各电源侧和有可能倒送电的各侧均已停电、接地的线路时，其操作棒预防性试验的工频耐压可只做 10 kV 级，且试验周期可延长到不超过 5 年一次。

带电作业高架绝缘斗臂车电气试验标准表

带电作业高架绝缘斗臂车电气试验标准表

电压等级/kV	试验部件	试验项目、标准					备注
		交接试验		预防性试验			
		工频耐压	泄漏电流	工频耐压	泄漏电流	沿面放电	
各级电压	单层作业	50 kV 1 min	—	45 kV 1 min	—	—	斗浸水中高出水面 200 mm
	作业斗内斗	50 kV 1 min	—	45 kV 1 min	—	—	
	作业斗外斗	20 kV 1 min	—	—	0.4 m 20 kV ≤0.2 mA	0.4 m 45 kV 1 min	泄漏电流试验为沿面试验
	液压油	油杯：2.5 mm 电极，六次试验平均击穿电压≥20 kV，任一单独击穿电压≥10 kV					更换、添加的液压油应试验合格
10	上臂（主臂）	0.4 m 50 kV 1 min	—	0.4 m 45 kV 1 min	—	—	耐压试验为整车试验，但在绝缘臂上应增设试验电极
	下臂（套筒）	50 kV 1 min	—	45 kV 1 min	—	—	
	整车	—	1.0 m 20 kV ≤0.5 mA	—	1.0 m 20 kV ≤0.5 mA	—	在绝缘臂上增设试验电极
35	上臂（主臂）	0.6 m 105 kV 1 min	—	0.6 m 95 kV 1 min	—	—	耐压试验为整车试验，但在绝缘臂上应增设试验电极
	下臂（套筒）	50 kV 1 min	—	45 kV 1 min	—	—	
	整车	—	1.5 m 70 kV ≤0.5 mA	—	1.5 m 70 kV ≤0.5 mA	—	在绝缘臂上增设试验电极

续表

电压等级/kV	试验部件	试验项目、标准					备注
		交接试验		预防性试验			
		工频耐压	泄漏电流	工频耐压	泄漏电流	沿面放电	
63	上臂（主臂）	0.7 m 175 kV 1 min	—	0.7 m 175 kV 1 min	—	—	耐压试验为整车试验，但在绝缘臂上应增设试验电极
	下臂（套筒）	50 kV 1 min	—	45 kV 1 min	—	—	
	整车	—	1.5 m 70 kV ≤0.5 mA	—	1.5 m 70 kV ≤0.5 mA	—	在绝缘臂上增设试验电极。同时，核对泄漏表
110	上臂（主臂）	1.0 m 250 kV 1 min	—	1.0 m 220 kV 1 min	—	—	耐压试验为整车试验，但在绝缘臂上应增设试验电极
	下臂（套筒）	50 kV 1 min	—	45 kV 1 min	—	—	
	整车	—	2.0 m 126 kV ≤0.5 mA	—	2.0 m 126 kV ≤0.5 mA	—	在绝缘臂上增设试验电极。同时，核对泄漏表
220	上臂（主臂）	1.8 m 450 kV 1 min	—	1.8 m 440 kV 1 min	—	—	耐压试验为整车试验，但在绝缘臂上应增设试验电极
	下臂（套筒）	50 kV 1 min	—	45 kV 1 min	—	—	
	整车	—	3.0 m 252 kV ≤0.5 mA	—	3.0 m 252 kV ≤0.5 mA	—	在绝缘臂上增设试验电极。同时，核对泄漏表

登高工器具试验标准表

登高工器具试验标准表

序号	名　称	项　目	周　期	要　　求			说　明
1	安全带	静负荷试验	1 年	种类	试验静拉力/N	载荷时间/min	牛皮带试验周期为半年
				围杆带	2 205	5	
				围杆绳	2 205	5	
				护腰带	1 470	5	
				安全绳	2 205	5	
2	安全帽	冲击性能试验	按规定期限	受冲击力小于 4 900 N			使用寿命：从制造之日起，塑料帽≤2.5 年，玻璃钢帽≤3.5 年
		耐穿刺性能试验	按规定期限	钢锥不接触头模表面			
3	脚扣	静负荷试验	1 年	施加 1 176 N 静压力，持续时间 5 min			
4	升降板	静负荷试验	半年	施加 2 205 N 静压力，持续时间 5 min			
5	竹（木）梯	静负荷试验	半年	施加 1 765N 静压力，持续时间 5 min			

高压电气设备绝缘的工频耐压试验电压标准

高压电气设备绝缘的工频耐压试验电压标准

额定电压/kV	最高工作电压/kV	1 min 工频耐受电压（kV）有效值											
		电压互感器		电流互感器		穿墙套管				支柱绝缘子、隔离开关			
						纯瓷和纯瓷充油绝缘		固体有机绝缘、油浸电容式、干式、SF_6 式		纯瓷		固体有机绝缘	
		出厂	交接	出厂	交接	出厂	交接	出厂	交接	出厂	交接	出厂	交接
3	3.6	25(18)	20(14)	25	20	25(18)	25(18)	25(18)	20(14)	25	25	25	22
6	7.2	30(23)	24(18)	30	24	30(23)	30(23)	30(23)	24(18)	32	32	32	26
10	12	42(28)	33(22)	42	33	42(28)	42(28)	42(28)	33(22)	42	42	42	38
15	17.5	55(40)	44(32)	55	44	55(40)	55(40)	55(40)	44(32)	57	57	57	50
20	24.0	65(50)	52(40)	65	52	65(50)	65(50)	65(50)	52(40)	68	68	68	59
35	40.5	95(80)	76(64)	95	76	95(80)	95(80)	95(80)	76(64)	100	100	100	90
66	69.0	140/185	112/148	140/185	112/148	140/185	140/185	140/185	112/148	165	165	165	148
110	126	200/230	160/184	200/230	160/184	200/230	200/230	200/230	160/184	265	265	265	240
220	252	395/460	316/368	395/460	316/368	395/460	395/460	395/460	316/368	495	495	495	440
330	363	510/630	408/504	510/630	408/504	510/630	510/630	510/630	408/504				
500	550	680/740	544/592	680/740	544/592	680/740	680/740	680/740	544/592				

注：1. 括号内的数据为全绝缘结构电压互感器的匝间绝缘水平；

2. 斜杠上下为不同绝缘水平取值，以出厂（铭牌）值为准。

参 考 文 献

[1] 周乐挺. 工厂供配电技术[M]. 北京：高等教育出版社，2014.
[2] 马桂荣. 工厂供配电技术[M]. 北京：北京理工大学出版社，2014.
[3] 田淑珍. 工厂供配电技术及技能训练[M]. 北京：机械工业出版社，2009.
[4] 周文彬. 工厂供配电技术[M]. 天津：天津大学出版社，2008.